当代科普名著系列

Seeds of Science
Why We Got It so Wrong on GMOs

科学之种
我们为什么深深地误会了转基因

马克·莱纳斯（Mark Lynas） 著

朱机 黄琪 译

 上海科技教育出版社

Philosopher's Stone Series

哲人石丛书

立足当代科学前沿

彰显当代科技名家

绍介当代科学思潮

激扬科技创新精神

策 划

哲人石科学人文出版中心

对本书的评价

◇

马克·莱纳斯讲述了一个关于群体错觉的精彩故事，原始的民科直觉、神圣的价值观、某些宗教组织提供的虚假信息，共同营造了这种群体错觉。在展示一种具有巨大潜力造福人类的事物并深刻描述围绕这种技术进步的紧张关系上，他揭露的事实有重要贡献。

——史蒂芬·平克(Steven Pinker)，哈佛大学心理学荣誉教授，

《语言本能》(*The Language Instinct*)、《思想本质》(*The Stuff of Though*)作者

◇

本书一部分是清醒看待转基因的利弊，一部分是马克讲述自己如何开始认识到，在分析作物产量和耕作的问题上，科学方法总的来说并不坏。我发现它很吸引人，主要是因为他写作出色又兼容并蓄。我强烈推荐这本书。

——菲利普·普曼(Phillip Pullman)

◇

这个扣人心弦的故事讲述了一个充满激情的麻烦制造者如何变成了一个捍卫事实且依旧充满激情的活动家。《科学之种》不仅仅是吸引人的论证，还是马克·莱纳斯改变人生之路的故事。阅读这本书，或许也会改变你的人生。

——蒂姆·哈福德(Tim Harford)，

《塑造现代经济的50项伟大发明》(*Fifty Inventions That Shaped the Modern Economy*)作者，广播节目"多多少少"主持人

◇

马克·莱纳斯是勇敢的作者,他对转基因生物的立场发生的循证转变应该是所有环保主义者的教训。任何一个关心未来的人都应该读一读这本书。

——西蒙·辛格(Simon Singh),科普作家,
《数学大爆炸》(*The Simpsons and Their Mathematical Secrets*)作者

内容提要

　　马克·莱纳斯是最早发起破坏转基因农田的活动家之一。早在20世纪90年代，他就与环保活动者一起秘密活动，深夜偷袭试验田，砍倒转基因农作物。20年过去，从美国到中国，全世界有很多人仍然认为"转基因"食品有害身体健康或是破坏环境。然而莱纳斯的想法已经转变。这本书解释了转变的原因。

　　2013年，在一场世界瞩目的演讲中，莱纳斯宣布转变立场，为曾经破坏转基因作物而道歉。随后的几年里，他去了非洲和亚洲，与植物学家共事，科学家们采用转基因技术帮助发展中国家的小农户，以提高农作物对抗虫害、疾病和干旱的能力。

　　本书揭示了反转基因狂潮的真相，让我们看到随着失控的情绪席卷全球，科学是如何被抛在一边。莱纳斯带领我们回到这项技术的起源时刻，给我们介绍了发明这项技术的科学先驱。他解释了自己是怎么开始质疑对转基因食品的原有看法，并且与这场激烈争辩的双方进行了交谈，以了解如今是什么力量还在鼓动世界各地的反对派。在这个过程中，他提出并回答了一个最关键的问题：在转基因生物的问题上，我们都是怎么做错的？

作者简介

马克·莱纳斯(Mark Lynas)著有三本环境科学方面的畅销书:《涨潮》(*High Tide*, 2004)、《6度》(*Six Degress*, 2008)、《上帝的物种》(*The God Species*, 2011)。《6度》荣获英国皇家学会的年度图书奖,并被美国国家地理拍成纪录片。

莱纳斯在2009—2012年受聘为马尔代夫总统的气候变化顾问。他常现身全球各大媒体,上过CNN、BBC等广播机构,并为《卫报》(*Guardian*)、《纽约时报》(*New York Times*)、《华盛顿邮报》(*Washington Post*)等众多报刊撰稿。他经常在世界各地演讲,谈论科学、气候和农业议题。自2014年起,他在康奈尔大学科学联盟担任客座研究员。

纪念戴维·麦凯(David MacKay)

CONTENTS 目录

目 录

001 — 关于定义的说明

001 — 第一章　英国的直接行动——我们如何挡住了来势汹汹的转基因

020 — 第二章　科学之种——我是怎么改变想法的

037 — 第三章　基因工程的发明者

055 — 第四章　孟山都的真实历史

076 — 第五章　自杀种子？从加拿大到孟加拉的农民和转基因生物

101 — 第六章　非洲——让他们吃有机玉米笋吧

131 — 第七章　反转基因运动的不断兴起

158 — 第八章　反对转基因的活动者做对了什么

185 — 第九章　环保主义者是怎么想的

208 — 第十章　20年的失败

224 — 注释

240 — 致谢

关于定义的说明

我在本书中会混用 GMO(转基因生物)、GM(基因改造或遗传修饰)、GE(基因工程)这几个术语。其中第一个特别容易引起歧义。我之所以在标题里用这个词,是因为它在国际上的辨识度最高,但我认识的很多科学家原则上都拒绝用这个词。GMO的全称是 Genetically Modified Organism(基因改造过的生物),这到底是什么意思呢? 宠物狗是从原始的狼改变了基因而来的,否则你不会让它接近孩子。所有的农作物和家畜都是它们的祖先经过基因改造而来,变得对人类有用,那它们也是转基因生物吗? 让科学家烦恼的是,单单把那些在实验室里受到改造的物种挑出来,予以特殊对待甚至诽谤,根本没有道理。本书的主题是利用实验室里的分子操作技术改变基因,而这与传统的人工选择育种并无本质区别。

我用 GMO(转基因)一词指示当前的这场争论,并不是我认为这个词具有科学效力,甚至不能说它定义明确。其实 GM(Genetically Modified)和 GE(Genetically Engineered)两个词更合适一些。我发现 GM 主要用于英国,因为这个缩写在美国指代的是一家大型汽车公司。为了避免重复,在文中我两者都会用。

◇ 第一章

英国的直接行动——我们如何挡住了来势汹汹的转基因

凌晨3点,一片漆黑。不过,附近的路灯隔了两块地投来一点点光线,足以让人看到面前整齐的玉米植株。它们齐肩高,长得健康茁壮。虽然光线极弱,无法辨清颜色,但我想我能认出它们那宽大的叶片和粗壮的茎干是郁郁葱葱的深绿色。当我准备好手上的砍刀时,突然在想为什么即便外面看起来一片漆黑,眼睛一旦适应了黑暗,还是有足够的光线可以看清周围。其中的原理在我身上只失效过一次,那是几年前在南威尔士,我和几名反对露天煤矿的活动者一起横穿树林,当时因为天实在太黑,我一头撞在了树上。今晚我们与现代文明的距离更近,毕竟这是在英格兰东部,虽然深入农村,但总不会离居住区太远。这也是为什么我们关掉了手电筒——你根本不知道会有谁看着你。

我抡起砍刀,砍向一排玉米,一时间有些心痛。作为一名园艺爱好者,并且在农场待过,我并不愿意毁掉健康的植物。眼前这些植株说实在的看上去比我自己种的植物长得更好,可它们是转基因的,因而我认为它们不够天然。在我看来,这些无辜的玉米就是一种人工入侵物,是不该在英国乡村出现的生物污染。这就是必须彻底清除它们的原因。我一边这样提醒自己,一边形成了某种节奏:砍倒,砸断,劈开;砍倒,砸断,劈开。一旦干起来,事情就变得出奇简单。玉米植株直挺挺地倒了下去,如同森林里被伐的树木。

当然我不是一个人。还有十来人分散在田间，每人负责一排玉米。在几乎全黑的环境里使用利器必须万分小心，这可不是受伤的时候。其他活动者有些是密友，有些我不太熟。我们是坐同一辆租的车子过来的，路上开了两三个小时，大家都穿着帽衫，身边是金属工具。服装要求是黑色或者尽可能深的颜色。和所有的犯罪分子一样，我们都没带身份证，只带了一点零钱以备不时之需。

站在法律的对立面是一种有趣的感觉。我想很多人，出于各种好的坏的原因，明白我说的意思。突然间一切颠覆了。友善的警察成了敌人，你不再以同样的方式感觉到自己是日常社会中的一员。你和普通人之间就好像隔了一层纱。你是法外分子，怀揣着秘密。你或许看起来正常，实际上却不是。你有不可告人的事情，不能透露给陌生人知道。那个晚上在玉米地里，和其他大多数时候一样，我们彼此之间极其谨慎，很多人用的是昵称或假名。交流内容通常只基于"必要"信息。提问太多会招来怀疑。同伴中某个穿着标准式样的军服、编着脏辫的人有可能其实是个卧底警察。*

曾经有一次我们在诺福克郡的一条便道上被警察拦下，当时大家带着锹和刀挤在一辆车后面。警察让我们都出来，在路边站好，然后在本子上记下了我们的姓名和地址。我像个傻瓜似的把真实信息都报了出来。此后几天里，我惴惴不安地等待着家门被敲响。并没有人来，而我还是疑心那些警察在深更半夜让一辆载满年轻园丁的奇怪车子靠路边停下时一定有什么想法。他们会猜我们到底是去干嘛吗？他们真会相信我们匆匆编造出的借口，是参加完什么"园艺派对"后回家吗？

三刻钟过去，我们在玉米地里进展得不错。一大片先前还茂盛挺拔的庄稼现在萎靡地倒伏在地上。叶片和茎秆脱离了支撑它们的强壮

---

* 一些与我联络的活动者后来被证明确实是警方卧底。

根部,被碾入英伦的土地。不过我们离干完还差得远。休息了一小会儿,低声交谈了几句,我们加倍卖力地干了起来。砍倒,砸断,劈开。砍倒,砸断,劈开。这片转基因玉米田外围的树篱另一侧有汽车前灯的光透了过来。如果只是巡逻车的话,未免移动得太慢了吧?我们都呆住了。不过,那些车继续前进,嗡鸣着开远了。几分钟后,远处的角落亮起了不同于车灯的闪光。被突袭了?我们再次停了下来。接着,灯光灭了。或许是什么夜里的把戏?我继续动手,把注意力放在手的动作上,全神贯注于眼前成排的玉米植株。砍倒,砸断,劈开。砍倒,砸断,劈开。

突然间一片混乱。喊叫声,沉闷的重击声,四面八方都有人在跑动。还有绝不可能和其他声音混淆的警用无线电的噼啪声。我试着移动身子,动作很慢,就像人们常在噩梦里经历的腿脚如被糖浆粘住那样。此刻唯有一个想法:逃跑。玉米地的那一头有片树林,但从我所在的位置过去,中间有一大片空旷地带。最好的掩护是玉米地本身,躲到高高的植株下。我跑到几排玉米开外,趴在地上。我试图屏住呼吸,嘴里有泥土的味道。这儿不止我一人,一个从牛津来的朋友就躺在我旁边,不过她一直在轻声说着什么。我压低嗓音厉声叫她闭嘴。接着,周围彻底安静下来,只有追捕我们的警察踩上被砍倒的玉米植株时靴子底下发出的嘎吱声。一分钟后,他们带来了警犬。我听到了阿尔萨斯狼狗急速的喘息声,它们冲向一排排玉米植株,上上下下嗅探,搜寻着不出声的猎物。有一条警犬已经凑近我俯卧的位置,我几乎可以感觉得到它呼吸时喷出的热气正越来越近……然后,不知什么原因它略过了我,又往远处去了。

身后不远处传来一阵呵斥。有人被抓住了。警犬受过的训练是一旦咬到什么就不会使其逃脱——抗争是没有意义的。这下我们的机会来了。"赶紧走!"我悄声对那个牛津的朋友说。我们拨开掩护,以百米冲刺的速度冲向树林的安全地带。那儿有铁丝网栅栏。深色外套被扯破了,不过没关系。还有一道木栅栏,接着有一扇门。我们穿了过去,在树木和灌木丛的遮蔽下,离警察越来越远。到了安全距离后,我们藏在灌木丛中,天亮后去了附近的火车站。备用现金不够,不过没关系,我们翻过闸机,跳上了发往伦敦的头班车。回家的路上我一直在留意车站、街角等各处的闭路电视摄像头,看它们有没有盯着我转动。我是不是迟早会被逮捕,出庭露一下面后就会被判处长时间监禁?我一身污垢地回到家,筋疲力尽。

＊ ＊ ＊

就我个人来说,故事要从上述事件发生的三年前,也就是1996年11月,在布赖顿一座冷嗖嗖的私人建筑开始。那是一栋半荒废的写字楼,掉了一地的混凝土块和碎玻璃,墙上是涂鸦。没水,没电,组织者说整个14层楼里只有两层还能用。我们裹着睡袋,睡在一堆碎石上,寒冷刺骨,显然谁也不会睡很久。这里当然不是什么适合发起运动的风水宝地。

次日早晨,睡眼惺忪的我们吃完和平常一样的全素早餐(有些是从附近超市的垃圾桶里捡回来的废弃食物),大伙儿按主题分成了不同的小组进行讨论。有的探讨偷占空屋和无家可归者,有的支持最近罢工的利物浦码头工人,有的在交流墨西哥南部的萨帕塔解放运动有何进展,有的在向活动者们更新近来纽伯里绕路活动的情况,那里计划建造的一条公路要穿过乡间和古老的林地,不畏严寒的抗议人士正在树屋和地下通道露营以示反对。我和另外六七个人去了旁边的房间,听吉姆·托马斯(Jim Thomas)讨论"遗传学"的新主题。吉姆当时是为绿色和平组织服务的专职活动家,后来到牛津和我同住过一小段时间。他和我一样,那时20出头,但我记得他就像一头长着胡子的大熊,在他和蔼的甚至是小狗般的热情底下,有一种天然的权威感。他是一个聪明的活动家,头脑灵活,有敏锐的战术洞察力,对议题有深刻的理解力,这些特质使他受到很多人的尊敬。吉姆给我们分发了绿色和平组织印的黑白传单,讲的是"基因工程"。正是在那栋冷风呼呼吹的楼里,我在吉姆的讨论组中第一次听说了那个不详的名字:孟山都。孟山都,听起来就很邪恶。就像是撒旦亲自开办的公司,决意毒害我们的食物。

听吉姆·托马斯说,这家孟山都公司正在从黄豆开始改造作物的基因,想为"移植"了基因的新植物获取专利,并借此牢牢占据全球食品供应的主导。他担忧这项技术会加剧企业力量集中化和经济全球化。"生命没有专利"成为新的战斗口号。他告诉我们,孟山都是一家美国的化学制品跨国公司,基因改造的新食物(后来以"弗兰肯食物"一词广为流传,传言这个词是我发明的,事实并非如此)马上会悄无声息地出现在欧洲的货架上。更为关键的是,据吉姆·托马斯的说法,这些新作物被基因改造的唯一目的是使之能承受孟山都自家生产的除草剂——农达(Roundup)。与我们希望看到的对野生生物友好的农作系统正相反,这些全新的、非天然的转基因作物将生长在经过"消毒"的田地里,这是人们所能想象到最糟的依赖化学物质的单一栽种模式。

我被吸引住了。回到牛津家中,我们已经有了完美的平台来宣传和推广新的反基因工程(anti-GE)运动:《企业观察》(*Corporate Watch*),一份新办的活动者杂志。吉姆让绿色和平组织把他们过去放在总公司备用的几台旧电脑拿给我们,然后我们把帐篷搭在别人家的空房里,后来搭在活动者共享的办公室里。我们以廉价的方式制作和复印杂志,邮寄发送到全国各个草根直接行动小组。我是杂志6名联合创始人之一。在布赖顿直接行动会议之前的那个月,也就是1996年10月,我们已经发行了创刊号。杂志的黑白封面上是一幅漫画,画着一间会议室,里面全是邪恶商人在讨论利润。而一名活动者拿着话筒躲在桌子底下,另一名活动者举着望远镜藏身于屋外树丛。画中的活动者正是我们对自己的定位：研究调查、搜集真相，揭露那些日益掌控全世界的大公司的不端行为。在创刊号的"编者按"中我们宣称：对于那些拒不采用负责态度做事的公司，《企业观察》将调查、揭露它们的罪行和虚伪。封面上还有一条标语："地球不是在自然死亡，而是正在被毁灭。那些毁灭地球的人有名有姓。"这句经典名言引自民谣歌手犹他·菲利普斯（Utah Phillips）。

在发现孟山都是用生物技术种子毁灭地球的新企业巨头后，我决心尽我所能曝光它、反对它。回到牛津，我写了一篇文章，标题是"反对转基因——它是食物，吉姆，但不是我们认识的食物"。这篇文章在一个月以后，也就是1996年12月登在了杂志第2期上。引言概述了整篇文章的内容："化学品和食品公司为了追求更大的利润，正在进行一场全球性的大型遗传实验，我们消费者是这场实验的小白鼠。如果在这场战斗中任凭他们迫使我们接受转基因产品，那么地球上的生命历程或将被永远改变。马克·莱纳斯报道。"

文章还配了两幅插图。一幅是一个巨大的叉框住了一名不明真相的购物者。绿色和平组织把这个叉设计成介于染色体和电视剧《X档案》（X-Files）的样子[1]，作为早期反转基因运动的一个商标样的东西。另一幅画的是一个鱼和胡萝卜嵌合的怪物与一个青蛙和番茄嵌合的怪物，十分狰狞。"在阅读这篇文章的同时，你可能已经在不知不觉间吃下了转基因食物。"我在文中提醒读者，"来自美国的'抗农达'转基因大豆将很快大批量进口，连绿色和平组织都难以阻止。"（绿色和平组织在1996年11月26日刚刚在利物浦码头开展了一次行动，试图阻止一艘装载转基因大豆的货船停靠。）"假如任其发生，将会打开防洪的闸门……"文末，我引用了报纸文章和一些专家关于转基因危害健康和环境的言论，发出警告："危险就在前方。"

《企业观察》并不打算只是被动地给活动者提供信息，而是想要激发人们采取行动,采取直接行动。也就是毁坏财产、排演戏剧、占领办公室等任何有可能对周围形势起作用的方式,要么获取关注,要么直接改变实际情况。我们在主流媒体上发布了一个小册子,上面列出了英国一些大企业的董事的姓名和家庭住址,指出这些人应对我们认定的罪行负有个人责任。此举让我们一时众所皆知。我那篇转基因的文章也采用了同样的方法。在文章的第三页,我详细列出了以孟山都为首的反派公司。"孟山都率领的破坏活动要把转基因食品硬塞到消费者的餐盘中。"我这样写道,后面加上了它们过去被指控的一连串不端行为,从生产"橙剂"(美国政府在越南战争中喷洒的落叶剂)到制造人工甜味剂阿斯巴甜。关于后者,我写到"有一些研究把它和癌症、情绪波动、行为改变和癫痫发作联系起来",但没有提供更具体的细节或参考文献来证明这些指控的合理性。

文中有一整个对开页列出了英国正在农田里试验的转基因作物在哪里、有什么类型,从菊苣、草莓到杨树,不一而足。我们可以知道这些转基因农作物试验田的确切位置,精确到六面网格坐标,这都要感谢英国政府的"转基因公共注册"项目。虽说政府的初衷是通过最大程度的透明化来缓解公众的恐慌,但对于我们来说,这成了一种趁手的工具,可以用来定位试验田里长着的每一株转基因作物并将其摧毁。一个伦敦的朋友后来制作了一份长长的电子表单,把所有试验田及其网格坐标列入各栏,每"消除污染"一处,就在表格里勾掉一栏。非常简单。

据我所知,在绿色和平组织发起最初的号召后,我在《企业观察》上写的这篇文章是活动者宣传中第一个旨在促使英国环境运动采取反转行动的。我和《企业观察》同仁发起的挑战野心勃勃。过去我们尝试过叫停道路建设项目,或是专注于有生态危害的特殊事件,例如开采露天煤矿、修建侵入古老森林的机场跑道。这次我们试图阻挡一项技术的进军。我们并不指望能完全阻止转基因生物,但我们希望这种呼吁动员可以触发更多的直接行动,至少可以让事情缓上几年。

我们没有失望。

*　　*　　*

随后到了1997年4月21日,这一天被称为反对转基因的"行动日"。我立马想到我希望发生什么,以及我认为哪家公司应该成为目标。我之前发现,孟山都公司的英国总部在我牛津的家以南20英里*,位于海威科姆镇附近的奇尔特恩丘陵,一栋不起眼的办公楼内。我开着我那辆小小的福特嘉年华过去,把车停在他们公司的停车场,四处看了看。孟山都总部是栋五层的红砖楼,周围是开放的停车区,防盗门、围栏之类不让人轻易靠近楼房的东西一概没有。不过,附近隐蔽的地方也不多,没有那种可供活动者在发动袭击之前藏身的小树林。这样的话,我们就只能采取直截了当地进攻的方式。唯一的障碍是前门的密码锁,不过我注意到底层有个餐厅,它的窗户大部分都开着。

我做了几百张传单,每张有四分之一张A4纸那么大,印着《企业观察》上那篇文章的插图,就是一个紧张兮兮的购物者被一个大叉框住。传单的标题是"基因工程——反企业行动日"。我在上面标了时间和集会地点,就在国王十字车站的拐角处,很方便作为伦敦市中心的出发点。传单上还有一行小字:"做好干一整天的准备。目标待定。这将是一场非暴力直接行动。"底部还有责任申明:"由企业观察网络制作。"这个企业观察网络还只是我的设想,不过我有点儿希望可以将其设为《企业观察》负责直接行动的职能部门。在大叉图下方的文字值得全文引用。我不能代表其他活动者说什么,但至少当时在我看来,这是一份简洁明了的总结:

> 基因工程是在毫无关系的物种之间移植DNA。如此做法

---

*1英里约为1.6千米。——译者

既危险又无必要。然而，在你吃的食品中，有六成或许已经含有转基因产品。诺华、孟山都之类的大型企业，在雀巢等食品加工商和英佰瑞*等零售商的协助下，正在利用遗传学计划一场针对整个食品供应的企业收购。现在阻止它们还来得及。

下一步是租大巴。这事儿容易，我自己掏腰包，这样当天参与的那些活动者就可以免费坐车。我之所以付得起租车费，是因为在直接行动的活动者中我是少数几个有"正业"的。那份工作让我稍微有点儿尴尬，想要好好利用之。我并不是说我为哪家邪恶企业工作，其实我在一家叫OneWorld的小型网站当编辑，是做人权和环境慈善内容的，办公地点就在牛津和海威科姆之间，非常方便。但是，拥有一份实际工作，而不是勇敢地靠吃福利和吃垃圾为生，让我在活动者的啄序中处于下风。比方说，我没法接受立即行动的召唤，冲到某个面临驱逐的公路抗议营地，因为上班时间我很可能是在林子里用车库改装的OneWorld总部默默地敲键盘。活动者运动实行一种不成文的投入分级制，所有时间都扑在抗议营地的人处于上级，像我这种一只脚在抗议现场、另一只脚还锚定在主流社会的周末参与者处于下级。至少这一次我希望自己可以发挥不可或缺的作用，用工作所得的金钱来推动事情进展。

日子到了。我非常紧张。这次行动会彻底失败吗？会有人来吗？会不会进不了大楼，大家会被迫像傻子似的站在停车场，然后因为我计划不周大家都冲着我大喊大叫？很快来了一些好消息：国王十字车站那里来了不少人，大约50名活动者安全地坐上大巴，上了M40高速公路，离开伦敦朝海威科姆的孟山都总部开去。我和几个牛津的活动者一起，很早就上了我自己的车，在安全距离处等着。大致的计划是先试正门，不行的话走底层窗户。我和大巴那边通过移动电话——这在当

---

* Sainsbury's，英国老牌超市。——译者

时还是新鲜事物——保持联系。我让大巴先在远处等着，直到我们解决进去的问题。假如目标大楼里的人看见外面开过来一辆辆满载抗议者的大巴，肯定马上会采取封锁措施。

最终，事情以典型的英国方式搞定。孟山都的一名员工无法抗拒礼貌的本能，就这么给我们开了门。因此，昂贵的高科技密码锁安全系统被巧妙地避开了。一接到移动电话的下一道指令，大巴从拐角处开过来，进入停车场。大巴车门呼啦啦打开，几十名活动者跳下来。他们穿着色彩极其鲜艳的奇装异服。这是"反转超级英雄"(Super Heroes Against Genetix)的第一次亮相，我们很喜欢其缩写SHAG*。一群斗士，戴着面具和披风，裤子外面套着超级英雄标志性的内裤。我们牛津的几个人轮流把着孟山都总公司的门，大家一拥而入，冲上了楼梯。没几分钟，反转基因的横幅就从楼上的窗户垂了下来。还有几名活动者占据了玻璃隔墙的董事会会议室，并站到了桌子上，举行了模拟董事会会议。

短短几分钟时间，整栋楼都归我们了。虽然没看到孟山都的主管下令，但工作人员都排成一溜，顺从地走出了办公室，而他们的办公桌，更重要的是他们的文件，都没人看守。我用手机给媒体打电话的同时，清空了文件柜，文件中有机密信息的做了扫描，其余的就破坏掉，反正就是要阻碍我们认为孟山都所做的"杀死地球"的阴谋。在和几个困惑不解的海威科姆警察谈判了几个小时后，我们离开了这栋被我们搞得面目全非的大楼，爬上了大巴。我们的超级英雄们身后飞扬着披风，头昂得高高的，皆因干了一桩漂亮的工作。

对于孟山都来说，这无疑是当头一棒，一个明确的信号，说明在它试图用新的转基因产品打入欧洲市场时并不会畅通无阻。[2] 就我所知，

---

* shag有性交之意。——译者

这是全世界第一起瞄准孟山都场区的行动。接下来这类行动更多,其中不乏以孟山都角度看来更糟糕的一些行动。

＊　　＊　　＊

在绿色和平组织成员吉姆·托马斯鼓舞人心的领导下,这次轮到我来主持研讨会了。在活动者集会上,"瞄准孟山都"的新闻开始蔓延。在某一个被称为"大基因聚会"的会议上,英国最受尊敬的两位直接行动活动者西奥·西蒙(Theo Simon)和香农·斯米(Shannon Smy)就坐在观众席上。作为政治民谣乐队"把握今天"(Seize the Day)的两大台柱,西奥和香农给直接行动运动写了一首歌。西奥话音柔和,但充满魅力,非常雄辩,带有一点点迷人的西南部口音。香农一头耀眼的金色长卷发,穿着飘逸的长衣,弹着吉他,写出了更能触动人情绪、更柔和的歌。我本来就是他们的忠实歌迷,后来有幸与他俩成了朋友。

"把握今天"之所以能在音乐家中与众不同,除了唱出环境被破坏和全球不公正,还因为他们打算做得更多。他们准备直接发起挑战,把自己投身于险境,甘冒被捕、被起诉甚至受伤的风险。我几乎没有见过比他们更勇敢、更有道德感的人。从我们第一次合作开始,他们的大胆不羁就表露无遗,当时他们和另外三名活动者在索霍区的孟山都广告代理商百比赫的屋顶上脱光了衣服。一丝不挂的身体旁边,是写着红色字的横幅:揭去转基因的遮羞布。在此之前的一周,我也为促成这项行动出了点力:我以自由撰稿人的身份耐着性子给百比赫的一位高级主管做了冗长的采访,以此为借口在白天获得了进入百比赫大楼的权限,好找机会记住门锁密码,但记密码这事儿我不擅长,以失败告终。不过,这种后勤小问题对西奥和香农来说成不了阻碍。到了预定的日子,他们在隔壁楼发现了一个无人看守的楼梯间,并设法从5楼的窗户爬了出来。冒着寒冷,在大群旁观者窥探的目光中,他们以惊人的毅力吟唱着。与此同时,我站在下面,全身裹着暖和的衣服,进行媒体发布——根据事先准备好及现场生成的新闻稿进行写作和传真,在电话中以他们的名义给媒体可引用的文字。

根据我们的新闻稿,裸体抗议者向孟山都提出了三项要求,包括孟山都"保证我们不会因为食用他们现在和未来生产的转基因食品而产生不良反应","保证突变的DNA不会泄漏到环境中",以及,假如他们不能保证,抗议者提出"他们是否为这些产品对人类和地球造成的损害担负起一切经济和道德责任"。这份声明谴责孟山都是"用DNA扮演上帝,把消费者当小白鼠"。文中继续说道:

> 赤裸裸的真相是,孟山都的全球实验并不能提前预测会有什么后果。然而,已经掺入了病毒基因和细菌基因的食物正在商店里出售,没有标签,未经测试。还有新的作物正在我们的田地中生长,开始把突变DNA传播给野生的相关植物。为了满足私人利益,有人在重新设计自然界。而像百比赫这样的代理商拿了钱在向消费者掩盖危害。*

我跟警方交谈,帮助西奥和香农回到地面。两小时后,他们胜利返回,目的达成。在我们看来,孟山都肯定很尴尬,没有人被捕意味着我们下一次还可以自由组织行动。又是一个好结果。

*　　*　　*

那段时间我最奇特的经历之一是参与了一个秘密小团体,我们的计划倘若真如预期那样成功实施,那将会是我们最胆大妄为的行动。出于显而易见的原因,所有参与者在事后15年里都对这项密谋闭口不谈。现在,我第一次写文披露此事。

我们当时决定偷走科学史上第一只克隆动物,也就是全世界闻名

---

　　* 这段引文来自OneWorld的新闻报道,也是我写的,因此我是引用了自己的新闻稿。毫无顾忌地打破了又一条好新闻的基本规则!

的多利羊。

有一个背景对于理解这个事件来说很重要：我们所反对的不只是针对农作物的基因工程和孟山都，反对的其实是生物技术领域的整体科研进步，以及对"繁殖"这一有性生命过程进行技术操控的想法。出于这个原因，我们也强烈反对新兴的动物克隆技术，并为人类生殖方面的科技进展（例如对胚胎的遗传筛查）深感不安，将其视为通向优生学的倒退。我们认为，被自然赋予了难度和复杂性的有性生殖不应当受技术干涉。我们将这类技术视为对有性生殖的人工威胁，为此我们策划了一项行动想要引起大众注意。那将是一场大规模的"乱搞"：由几十个人，也可能是几百个人，在户外自由性交，以示自然方式才是最好的方式。我认为这个主意非常棒，热切期待密切参与计划和执行。可惜的是，和另一些了不起的主意一样，这场"乱搞"没能实现。

然而偷多利羊的计划差一点就成功了。多利是1996年6月在罗斯林研究所由科学家制造出来的——我们会说是"创造"出来。那地方离我读大学的那座老城爱丁堡不远。为了实施我们的计划，我和另三名活动者在1998年的一个秋日如期把自己送到了苏格兰。白天，我装作一名搞学术的研究人员，以开展某项研究的名义获准进入罗斯林研究所的图书馆。通过前台之后，我在楼道里四处转悠，试图找出多利羊关在外面的哪一间棚屋里。与此同时，另一名特别擅长模仿各地口音的活动者戴着一顶彩色的宽檐软帽，把头发别在下面，操着得克萨斯口音，假装是一名在附近迷了路的美国游客。而她迷路时所站的那条小道正好通向我准备经由图书馆接近的同一个棚屋。

到傍晚时，我们自认为已经找到我们想要找的牲畜棚。但在与图书馆有相当一段距离的地方，我被人看到了，引起了一些怀疑。"哦，对不起，我有点儿迷路了。天呐，那边的棚屋好大啊，里面是什么呀？"与此同时，我们那位假扮的美国游客也在外面做着差不多的事情，问着

"那是养多利的地方吗？好整洁呀！你刚才说的具体是哪一间棚屋？"之类的问题。尽管如此，太阳下山后很久，在几乎漆黑一团的情况下，我们四个人在罗斯林研究所后面大约一英里的地方沿着一条乡间小路悄悄摸了过去。走着走着，迎面碰到两个男人，把我们吓了一大跳，毕竟我们是半夜三更偷偷摸摸地前进。还好，那两人不是看门的，而是盗猎者，一人提着一串野鸡。大家简单地点了个头，相互说了声"晚上好"，然后各走各的路。

接下来的一个多钟头，我们派了一个人去周围打探，其余三人躲在离我们认为的正确棚屋只有几百码*的一块田地里，忍着刺骨的寒意躺在一片荆棘丛中静静等待。虽然确认了没有被抓的危险，但是，那些棚屋全都锁上了。更过分的是，屋子里面全是羊。太糟糕了！任何一个不够老到的牧羊人都可以作证，所有的绵羊看起来都差不多。

更何况，按定义来说，克隆羊就长得更像了。尽管我们精心策划了一切预防措施（比方说为了防止警方的窃听，我们从不通过电话讨论行动方案），还是被罗斯林研究所的科学家们碾压——多利羊就藏在我们的眼前。当第一缕晨光照射到彭特兰丘陵的草坡时，我们愤愤不平地空着手回到了爱丁堡，满怀沮丧，全身发抖。[3]

顺便提一句，多利羊活了没几年。正是为了挫败我们这样的活动者，大部分时间它被关在屋里，就因为这样，超重和关节炎让它不得不在2003年被安乐死。如今它的尸体剥制标本陈列在爱丁堡的苏格兰国家博物馆。去那里看它，你可以比我们离它更近。

*   *   *

1999年7月的一个夏日，我和几百号人聚集在牛津郡沃特灵顿附近的一片草地上，开展另一项"行动日"活动。那里刚好紧挨着25英

---

* 1码约为0.3米。——译者

亩*的转基因油菜试验田。经过我方过去三年目标越来越集中的"去污"努力,英国的试验田已经所剩无几,这是其中一处。这块试验田被列入全英范围内展开的一个科学项目,由政府资助,对耐除草剂作物的潜在生态影响作出"农场规模的评估",⁴所以我们知道无论怎样农民们都会获得经济补偿。我们没兴趣等待这些试验田的结果,我们只想清除它们。把此次活动称为"阻止作物"(Stop the Crop)不是没有道理的。

我们给演讲者搭了一个舞台,绿色和平组织的吉姆·托马斯是演讲者之一。接下来的一周里,绿色和平组织的英国执行主管皮特·梅尔切特勋爵(Lord Peter Melchett)与其27名同事在夷平另一块农场规模的转基因试验田时被捕,那是在诺福克的一片玉米地。这起案件的结果令人惊讶:诺里奇刑事法庭的陪审团宣判28名运动参与者无罪,理由是他们对转基因玉米作物的攻击有"合法的解释",因为那些作物对环境构成了威胁。根据新闻报道,当绿色和平组织的活动者被无罪释放时,不仅旁听席上有掌声,后来在法庭外有一些被告还得到了陪审团成员的祝贺。⁵显然,这场运动的传播已经远远超出了绿色和平组织的努力和我们这些自由职业者的直接行动。至此,它牢牢地嵌入了主流社会,扎根于民意,这才有了诺里奇陪审团的裁决。

与此同时,运动像滚雪球一样越滚越大。将转基因成分从学校食堂、养老院和议会经营的餐饮服务中清除的一场全国性活动引起了40个地方当局的参与。⁶英佰瑞超市在3月宣布,他们的自有品牌产品中已经清除了所有的转基因成分,其他零售商也已迅速跟进。超市一直是我们的目标。过去我们搞过一项叫作"超市大扫除"的行动:往手推车里放满食物,推到收银台,高声询问有关转基因生物的问题。于是,就会招来一名经理。接着,我们夸张地表示拒绝购买任何无法保证不

---

* 1英亩约为4047平方米。——译者

含转基因的商品,从而结束行动。我还因为把骷髅头贴纸贴在素肠上的行为被玛莎百货终身禁止进入。

一年前,这项反转基因运动还得到英国皇室的赞同,查尔斯王子(Prince Charles)在《每日电讯报》(*The Daily Telegraph*)上言辞激烈地写了一篇文章,称基因改造"把人类带入了属于且仅属于上帝的领域",并警告人类健康和环境可能会受到灾难性的影响。前披头士成员麦卡特尼(Paul McCartney)震惊地发现,他妻子琳达注册商标的素食产品系列很可能含有转基因大豆,要求立即将其去除。甚至像肯德基、汉堡王这些快餐连锁店也拼命承诺不含转基因。[7]这不再只是左翼政治在意的问题了。全英权威的右翼中间市场报纸《每日邮报》(*Daily Mail*)发起了一项"基因食品观察"的运动,吓人的标题频频出现,不可避免地包括了"弗兰肯食品"这样的词。

世界各地的报纸都注意到了英国的这场转基因风波。美国密苏里州——孟山都老家——发行的《圣路易斯快邮报》(*St Louis Post-Dispatch*)的一条标题是这么说的:"恐惧蔓延,震中在英国"。[8]正如该报的记者所说:"英国已经成为反转基因食品运动的中心,这场运动拖慢了生物技术产业的进步。"[9]很难想象,仅仅三年前,整个英国的反转基因运动只有6个活动者在布赖顿偷占的昏暗的空屋里,而如今,我们走向了全世界。正如《圣路易斯快邮报》所言,我们制造了一场政治地震,地震波向全世界扩散。

我们在沃特灵顿继续部署直接行动。过去的两周,我们占据了附近一座废弃的农场建筑,把它改成了一个抗议营地,并在一拖拉机进口粪肥的帮助下,把杂草丛生的园子变成了"永续农业"和有机示范地块。大型活动前的那个星期三,随着媒体对即将到来的抗议活动越来越有兴趣,我来到转基因油菜田的一角,面对摄像机,插着耳机,连线独立电视新闻(ITN),开始面向全国作现场直播。当天,田边有一些卫星转播车,我记得在天空新闻台(Sky News)的车子里接受了采访,里面有一大堆不知道是什么的技术设备,看护着一个在前一晚婚礼上醉倒的人。我只有26岁,似乎在媒体上大出风头。

引人注目的"行动"只是我们所做工作中为公众所见的那一部分。其背后是每日数小时的琐碎事务,例如维护电子邮件名单服务,在不同城市的各组之间协调信息共享,组织聚会以便开展战略规划并提出新想法。事后来看我们在全世界取得的成功,我不认为我个人的贡献有多大,而且肯定远不及吉姆·托马斯和其他组成了英国"基因工程网络"(Genetic Engineering Network)的专职活动者。我的贡献有限,主要集中在早期阶段,而反转基因运动后来才成为了根基广泛、十分高效的运动。

乔治·门比奥特(George Monbiot)是我们最善于表达的发言人之一。乔治过去是、现在仍然是《卫报》(Guardian)的一名专栏作家,是我的密友(我俩在牛津东区挨着住了好几年),在20世纪90年代早期他就是一名资深的直接行动抗议者。他还有战斗的伤痕可以作证,那是在巴斯附近的道路抗议现场,他被保安摔到地面的金属栏杆上,脚被一根长钉穿透。像往常一样,乔治的发言不用打草稿,他在沃特灵顿的集会上作了精彩的演说:

> 对环境和人类的威胁正在可怕地蔓延,我们或许会指望政府做些什么……但事实一再证明,要在选民想要的东西和大企业想要的东西之间作出选择时,政府总是站在大企业那边。我们呼吁环境保护国际条约,条约却被那些不惜一切代价追求强制贸易的人推翻。假如我们不去为正在发生的事情扛起责任,那么没有人会负责。现在,我们不要再去猜**他们**会怎么做,而是要开始思考**我们**接下来该怎么做。[10]

如果说有谁之前还对接下来会发生什么有任何疑虑的话,现在已经完全消除。穿上象征性的白色生物危害防护服,戴上呼吸面罩,呐喊声响起。有人丢出一颗烟雾弹,舞台上的音乐回荡在田地中。我们蜂拥着穿过宁静的乡村小路,冲进转基因油菜田。这是一支白色武装部队,与偷偷入侵乡郊的突变植物作战。我们每一个人都像疯了一样,鞭打、拔出、碾压着那些可恶的植株,也不管警方的直升飞机正在头顶上无力地嗡嗡作响。有几个人在现场一侧发生的争吵中被捕。不过我没有。我待在安全距离以外,尽情享受着肆意破坏的乐趣。一个多小时后,这片25英亩的农田基本上被夷为平地。在一张标志性的照片中,我们全都穿着白色防护服,生物危害标记的旗帜高高飘扬,画面的外围是高大的橡树和风景如画的英国乡村*。这样一幅景象描画了一场运动,一场即将大获成功的运动。

绿色和平组织的活动家、带领我走上这条路的吉姆·托马斯,后来把英国反转基因运动的成果归功于多项因素。"在英国反转基因运动的强劲势头幕后,是艰苦努力、机缘巧合、策略与激情共谱的一曲曼妙舞蹈。"他写道。在德文郡的托特尼斯镇,居民们的生活方式多种多样(在写着"托特尼斯"的路标上,有人热切地写着"与纳尼亚一模一样"),如同俄勒冈州波特兰的英国版,那里的转基因试验点因为被认为威胁到附近的有机农场而遭到数百人(包括我父亲)的反对。到2000年时,反对转基因作物的运动团体已经有多家:走专业路线的地球之友(Friends of the Earth)、绿色和平和土壤协会(Greenpeace and the Soil Association)、走草根路线的遗传雪球(Genetix Snowball)、地球优先(Earth-First!)、基因观察(GeneWatch)和基因工程网络。

到了2002年,英国已经没有什么可以破坏了。农田"去污"行动的

---

* 这张照片可以在 David Hoffman 图片库中找到,拍摄者为康宾(Nick Cobbing)。我猜图中那个背黑色背包的人是我,但不肯定。

总数在1999年超过70起,远高于前一年的40起,而在1997年运动势头刚起来时,行动项目的数量屈指可数。有一次,对批准商业种植至关重要的全国10项转基因种子列表试验,在一夜之间被破坏殆尽。[11]受打击的不光是农作物:1999年7月的夜间,活动者们在伯克郡砍倒了捷利康(Zeneca)公司植物科学部种植的50棵杨树,那些树经过了基因工程改造以减少木质素。[*12]那些树没有补种,后来项目终止了。《每日镜报》(*Daily Mirror*)1999年2月刊登的一张合成照片大概是当时最具代表性的大众媒体形象,绿色的布莱尔(*Tony Blair*)脖子上戴着一颗弗兰肯斯坦螺栓。这位英国首相被改名为"首怪",上面的标题为:"布莱尔怒道:我吃弗兰肯斯坦食物,是安全的。"

即使是在当时,这种成功中也有一些让我感觉良心不安的东西。这场把科学家妖魔化成现代版弗兰肯斯坦博士的运动连销量巨大的大众报纸也兴高采烈地参与了进来,这算一种什么样的胜利?我们在破坏科学实验之前不该三思吗?我不确定自己是否同意查尔斯王子所说的应当阻止科学家闯入"属于且仅属于上帝的领域",因为那听起来像是宗教原教旨主义,使我想起试图在学校里阻止讲授进化论的那些创造论者。这是环保主义者应当参与的事吗?后来那些年,我转向了其他议题,开始做自己的科学研究,脑中随之萌生出疑问。我的疑虑就像一颗科学的种子,发芽并传播。最终,这些问题迫使我作出改变人生的决定,让我与曾经最亲密的盟友和伙伴发生了彻底、激烈的冲突。

---

*英国捷利康公司与瑞典阿斯特拉公司在1999年合并为阿斯利康公司,植物科学部所属的捷利康农业化学部门后来从原公司中独立出来。培育低木质素杨树的目的是使其有助于造纸。——译者

◇ 第二章

科学之种——我是怎么改变想法的

我的最后一项直接行动由我独自完成。那个项目此后就像一块磨石悬在我的脖子上。这件事让我在某些圈子里稍微出了点名，刚认识我的人会惊讶地说："那么你就是那个……"态度是欣赏还是厌恶，由他们的立场决定。

出于这个原因，我一直记得确切的日期：2001年9月5日。当时离我从阿拉斯加回来没几个月，我一直在那里开展有关气候变化影响的实地研究，为我写的第一本关于全球变暖的书《涨潮》（*High Tide*）搜集案例。在阿拉斯加，我与当地的因纽特人待了一段时间，他们的生活正受到气候变化的严重影响。在阿拉斯加州西海岸的一个因纽特人小镇希什马廖夫，我看到沙质悬崖上倒塌的房屋。由于海冰在秋季的形成时间延后，在春季的融化时间又提前，那些房屋无法再靠海冰来抵挡波浪的侵蚀。在内陆，我去了费尔班克斯市周围的一些地区参观，那里由于冻土融化，道路和建筑物大幅倾斜，树木倒下，在荒野中形成了名为"热喀斯特"（thermokarst）的泥泞洞穴。当地人告诉我，湖泊整片整片地消失，有的甚至一夜之间就不见了，被吸进了融化的土地里。自上次冰期以来一直冻结着的冰层正在消失，而且速度越来越快。我请教了阿拉斯加大学费尔班克斯分校和别处的科学家，他们告诉我近些年气温上升是前所未有的，可能过去10万年都没有这么剧烈过。我还去了北冰洋沿海的普拉德霍湾,那里是阿拉斯加石油工业的核心。我亲眼目睹了一个矛盾的画面:这个州正开采着数百万桶石油,石油的燃烧加剧了气温上升,而气温上升在这个州的其他地方造成了如此明显的问题。

这些场景为我的抗议奠定了道德基础,就像我在之后的新闻稿里写的,我的抗议"得到了阿拉斯加当地的印第安人和因纽特人的支持,他们在控诉气温上升、海冰减少及其对鸟类和其他动物越发严重的影响"。[1]我承认,利用这些信息来促成直接行动的抗议并不是新闻业的标准做法,但反过来说,我也从来不认为新闻可以脱离价值观而存在,我想我还是摆明自己的立场为好。而且无论如何,我开始相信科学站在我这一边,但其中不包括我的抗议目标——丹麦统计学家比约恩·隆伯格(Bjørn Lomborg)。隆伯格当时出版了一本极具争议的新书,叫《多疑的环保主义者》(*The Skeptical Environmentalist*)。书中认为,大多数环境问题要么是完全错误的,要么就是过分夸大的,其中就包括全球变暖。他写道:"我们并没有耗尽能源或自然资源……挨饿的人越来越少了。全球变暖……可能确有其事,但是这么早就把大幅削减化石燃料当作典型的解决方案,会造成严重得多的问题……此外,全球变暖的总体影响也不会在未来造成灾难性的问题。"

隆伯格的书非常厚,因为其中包含了2000多条参考文献,还有大量表格和图表。它的出版商剑桥大学出版社给我寄来一份校样,不知什么原因,他们认为我是一名潜在的审稿人。多亏它的重量和厚度,我在下面藏了一样东西:一块超市里买的廉价海绵蛋糕,上面涂满了罐装奶油。我相当乐观(也不失讽刺)地称它为"烤阿拉斯加"。我把它带去了牛津书店,接下来的事都记录在一段YouTube视频里了。你可以看到隆伯格自信地大步走入镜头,脱下皮夹克准备演讲。[2]他显然是健身房的常客,体格健壮,穿着一件黑色T恤,一头典型的斯堪的纳维亚金发。为免引起不必要的注意,我穿上了我唯一的一套正装,参加婚礼和葬礼时也会穿的那套。隆伯格整理他的文件时,我拿着手里的东西迅速侧身向他走去。隆伯格站了起来,但他很不幸地没有往我这边看,而是专心看着笔记、等着主持人介绍自己。啪!"烤阿拉斯加"正砸在他脸上,奶油屑飞得到处都是。隆伯格完全惊呆了,他踉踉跄着后退几步,擦去脸上的奶油。与此同时,我在他面前踱来踱去,准备开始我的辩白。在视频中,可以看到几排人面对着我们,坐在书店店员临时摆放的椅子上。每个人都目瞪口呆,但没有一个上来干预。

我本以为保安会马上英勇地把我从店里拖走,这样我就不用在镜头前再说什么了,但是并没有。隆伯格的脸上和黑色T恤上还沾着一些溅上的奶油,他正耐心地等待着十几岁的书店员工停止漫无目的地闲逛,去给他拿些纸巾。舞台已经让给了我,聚光灯在我身上。我要做的就是自信而雄辩地阐明我在抗议什么、我对隆伯格在全球变暖问题上不屑一顾的态度是多么愤慨、我的立场又是如何得到了严谨的同行评议科研成果的支持。

"朝你扔蛋糕,是因为你关于环境所说的一切都是胡扯!"我用几不可闻的声音语无伦次地说,"因为你在气候变化问题上撒谎!你对一切和环境有关的事情自鸣得意,就会得到这个下场……"然后是一阵意味深长的停顿。事实上,我已经开始为自己方才的作为感到羞愧,尤其是看到隆伯格还带着一身奶油站在那里。"嗯……对不起,但这是很多人的要求,"我为自己辩解道,"这件事是一定要做的。朝比约恩·隆伯格的脸上扔蛋糕!滚蛋吧,谎言!这就是对环境说谎的下场。"

最后,终于!一位工作人员温和地请我离开,我也就赶紧离开了,快得有点不合时宜。大约有两个人鼓掌。

*　　*　　*

对,那就是我干的。我就是那个"朝比约恩·隆伯格扔蛋糕的人"。这次行动对我的影响很可能远甚于对他的影响。我之所以知道这一点,是因为多年以后,我向他作出了迟来的道歉。他的回答既有绅士风度,又相当淡然:他让我别去想了。特别是,这段经历教会了我(当我努力为隆伯格那本具有争议但引文丰富的著作准备批判材料时)要仔细留意那些支持性的证据。我意识到,仅仅因为意识形态甚至道德上的反感就否定他的观点是不够的,不管我的反感有多么强烈。他在事实问题上是对还是错,必须根据他用来支持主张的证据来判断,而不是根据对主张的好恶。我有信心把蛋糕扔到他脸上,倒不是因为环保主义者对他的说法感到愤怒,而是因为科学界的大多数人也对他提出了强烈批评。我想通过揭穿他来"捍卫科学",所以我埋头细读了政府间气候变化专门委员会(Intergovernmental Panel on Climate Change,简称IPCC)两英寸*厚的科学报告。在这个过程中,我进入一个全新的世界。我发现了大量的学术期刊,都是少有人看的,它们的标题晦涩难懂,却包含了气候变化领域引人入胜的前沿研究。我觉得我找到了新的职业。

事实上,我要从一个抗议者变成气候变化方面的作家很容易,因为环保界和科学界在这个问题上是紧密一致的。当我开始参加科学会议并努力熟悉广泛的学术文献时,这两个领域的大量重叠让我非常自在。当我的书《涨潮》在2004年出版时,我担心有人会因为我写了一篇游记而批评我,他们或许会指出"数据"不是轶事的组合,也不是其他和轶事有关的老生常谈。我在前言里已经试图回避这种批评:"虽然这本书中的大部分信息都来自普通人的陈述和我自己的经历,但它的严谨和真实却最终建立在数百位气候学家、气象学家、大气物理学家和其他学科专家的研究之上……"我还确保了书最后的250条对同行评议科学的引用都是用适当的学术引用风格写成的。

---

*1英寸约为2.54厘米。——译者

对环保主义者来说，学历并不重要，这也是合理的。这是一场有浓郁精英主义色彩的运动，参与者在非正式的等级制度中晋升，根据的是创造力、个人魅力和责任感，而不是大学学位。与我共事的一些活动者——有些是所有活动者中最聪明、最能干的——甚至从未完成学业，他们当时没有正式工作，甚至露宿街头。但我很快发现，科学是相当不同的。在做研究的时候，有时我会收到一封写给"莱纳斯博士"的电子邮件，我不得不遗憾地承认，这个头衔只能指我的父亲，他曾是一名拥有博士学位的专业地质学家，而我不是。我不仅没有博士学位，而且中学毕业后也没有任何正式的科学资格证书。尽管作为激进的活动者，我们常常对正式的权威机构有着正当的怀疑，但我确实看到，在科学领域，尊重真正的专业知识是有道理的，因为这些知识是建立在顶级期刊、前沿领域研究或其他专业的源头之上的。我知道自己永远无法跻身于这些顶尖科学家的行列，但我希望至少他们尊重我的工作。不管怎样，这一切都给了我一个强大的动力，让我格外注意不在科学上出错。

我有一个学位，但不是科学学位。我在爱丁堡大学获得过政治学和现代史的硕士学位。历史学课程很吸引人，但可以肯定地说，它们不太注重实证。老师告诉我们，客观性的概念或多或少是一种社会建构，意识形态或政治观点同任何普遍"真理"的概念一样有效。十年后的今天，当我坐在牛津拉德克利夫科学图书馆灯光昏暗的地下室里，阅读基于真实世界数据得出的科学结论时，感觉就像吸进了一口新鲜空气。这就像是拉开了多重模糊的面纱，第一次看到真实的世界。在大学里，我将欧洲启蒙运动作为一个"历史现象"去学习了解，但现在我觉得我第一次真正理解了"启蒙"是什么意思。每天早晨骑车去图书馆的时候，我都有一种自己正在受启蒙的陶醉感觉。

我发现自己还挺喜欢当一个数据控，程度不亚于当一个环保活动者。在我2007年出版的《6度》(*Six degree*)一书的写作过程中,我花了一年多的时间将结论整理成一张巨大的电子表格。我从几十种期刊上发表的数百篇不同的科学论文中筛选了这些论文,从地球物理学到海洋学,再到古气候学,每一篇论文都以各自不同的方式暗示着,随着气温迅速上升,地球气候可能会发生怎样的变化。因此,《6度》在正文后面列出了超过500篇科学参考文献。我的出版商向2008年英国皇家学会科学图书奖(Royal Society Science Books Prize)推荐了这本书,令我大为惊讶的是它居然得奖了。《卫报》第二天报道说:"对全球变暖影响的严肃探索赢得了英国最负盛名的科学写作奖。"[3]虽然我在《6度》的叙述中使用了一些想象和艺术的手法,随着内容的推进展示了从1度变到6度的过程中气候影响造成的危害越来越大,但是我很清楚,我所有的原始材料都是在期刊上发表过的,我引用的也都是真实的研究,来自科学家钻探沉积物芯、分析气候模型、克服艰难险阻实地收集温度数据的结果。因此,《卫报》的报道援引我的话说:"这不仅是对我的褒奖,也是对气候科学家的工作的褒奖,我的写作正是站在了他们的肩膀上。这本书是写给普通读者的,当然没有经过同行评议,所以能从世界上最杰出的科学机构之一获得这项荣誉意义重大。"

我不想在科学方面显得太天真,甚至太浪漫。在撰写两本气候书时,我很快发现科学是复杂的。科学家们常常意见不一,有时还会对其他科学家发表的充满尖刻言辞的论文进行反驳。靠一篇备受推崇的论文建立地位的科学家在受到同行质疑时,往往极不愿意改变想法。有时,在《自然》(*Nature*)或《科学》(*Science*)等顶级期刊上获得大量报道的重磅论文,会在一两年后被推翻,甚至偶尔会被作者本人或出版商撤下。我知道,在理论上,可重复性,也就是能够重复一项研究并审查它的结论,这一点很关键。但是我也看到,真能被重复出来的研究很少,而且对不同结论的长期辩论必须建立在数据分析的基础上,而数据分析又是需要接受过多年的前沿统计学训练才能理解的领域。此外,所有这一切都隐藏在学术期刊中,这些期刊收藏在牛津大学图书馆庄严肃穆的大厅里(我有幸能够进去查阅),或是出版商网站的付费专区中,单单下载一次,就要收取令人却步的50美元或更多。

在筛选相互矛盾的材料时,我学会了首先要相信自己的直觉,我还明白了,对那些提出不太可能结论的独家论文,不能只看表面。我开始明白科学知识是逐步积累的,就像砖砌房子一样要慢慢建立。有时个别的砖块需要重新铺设或是取出并替换,但总的来说,墙壁会继续升高。只有在极少数情况下它们才会被彻底推倒重建,比如出现了板块构造说或自然选择进化论这种改变科学范式的发现。因此,绝大多数自称像伽利略(Galileo)一样推翻了一个世纪的科学研究的人,基本上都是妄人罢了。

对于那些想采取反对立场的人来说,的确能找到很多奇怪而矛盾的文章。比约恩·隆伯格的著作就是其中之一,我和许多人在批评他时都指出他只挑选对自己有利的数据。为了避免自己陷入这样的陷阱,我努力在气候变化问题上紧跟科学共识,当我在辩论中或媒体上与气候怀疑论者争论时,我自己不是专家,但我会尽可能忠实地呈现科学共识。因此,我才成了政府间气候变化专门委员会(IPCC)这头笨重巨兽的忠实追随者。该委员会由1000多名科学家组成,每7年发表一份具有里程碑意义的报告,评估气候变化科学的现状。IPCC就像气候风暴中的一座灯塔——尽管它的光束每7年才出现一次。

我的《6度》在2008年6月16日获得了皇家学会科学图书奖。在整个颁奖仪式中,我感觉要么自己会从美梦中醒来,要么会有人告诉我搞错了,获奖的是另一本书(有人告诉我,这是一种非常普遍的感觉)。然而,就在获奖后的第三天,当我本应沐浴在英国最负盛名的科学机构的认可之光中时,有人公开指责我是一个伪君子。

　　事情是这样的：我正在牛津的家里，这时电话铃响了。来电的是《卫报》的一名专栏组稿编辑。他对我说（大意如此）："有个政府部长对转基因作物说了一些积极的话，你能为我们写一篇文章，讲讲他错在哪里吗？"我说当然可以。我闭着眼睛就能迅速写出一篇反对转基因的文章。不到一个小时我就写完发了过去。当天，这篇文章就以"转基因不会给世界带来丰收"为题发表了。我在文中断言：

> 　　如果转基因生物出了问题，就会引发一种全新的风险。传统的污染——无论是DDT之类的毒素还是放射性废物——会混杂在一起，最终在环境中消散或分解。然而基因污染是自我复制的，因为它包含在生物体中，一旦释放，就永远无法召回，也可能永远无法控制，届时转基因超级杂草、转基因细菌或转基因病毒将会猖狂繁殖。我并不是在讲耸人听闻的故事：现在全世界都记录了无数转基因作物开始侵染有机作物或非转基因作物田地的例子。

　　这篇文章刊登在《卫报》网站上，我没想太多，直到有一天我正好有空，于是去看了文章下面的一些评论。令我有些惊讶的是，其中的大多数都持强烈的否定态度。有人抱怨我"完全缺乏科学知识和理解"；另一个人说"这只是绿党的宣传"；第三个人断言，对转基因的恐惧"是欧洲版的神创论"。一位化名"化石"的网友发表了如下评论：

> 　　无论有意无意，莱纳斯都在散布对转基因技术的恐惧，这种行为已经成功地把欧洲的反转基因运动变成了全世界科学家嘲笑的对象。他拒绝承认基因（以及它编码的蛋白质）只是基因、它的作用有限。如果一种基因恰好是在一种病毒中被发现，然后被引入土豆的基因组中，那么它并不会带上一圈邪恶的光环。唯一重要的是土豆的生化变化，这很可能是（在现

实生活中也通常是)完全良性的。任何相反的暗示,都是廉价的神秘主义和彻底的迷信。

虽然初看到这一段时我也产生了怀疑,但我知道这一定是无稽之谈。转基因植物当然在污染其他农田!我决定快速研究一下来证明"化石"是错的,因为我知道他或她肯定是错的,然后我可能以作者的身份加上一段回复。我感到有点内疚——这件事本该早点做。《卫报》的那篇文章是即兴写的,发表时没有参考文献,所以我回到图书馆,开始在我常用的科学资料中搜寻。我越找越觉得震惊:竟然没有太多证据支持我的说法,并没有"无数例子"证明转基因作物在侵入其他农田,或在以其他方式传播破坏性的"基因污染"。在绿色和平组织和地球之友等活动组织的网站上有很多这方面的信息,但为了尽量保险起见,我还是坚持参考同行评议的材料。这方面偶尔有些争议,比如转基因玉米花粉是否会危害帝王蝶或其他昆虫,[4]有一场争论相当激烈,即转基因玉米是否"污染"了墨西哥本地的玉米,[5]但我已经从我的气候工作中明白,把结论建立在大多数科学家强烈反对的另类研究之上,会被批评为"只捡对自己有利的说"。

我决定走一条安全可信的路,回归主流科学共识,引用英国皇家学会或美国国家科学院等机构的声明来支持我的观点。但是,这次我依然无法从这些信息源中找到转基因作物特别有害的证据。事实上,我所关注的这些可敬的学术机构似乎都持相反的观点,认为转基因作物极有可能是安全的。我感到相当不安。我记得我在座位上突然感到一阵不适的燥热。我的世界观好像裂开了一条缝,我不知道在缝的另一边会发现什么。如果真正的科学家甚至整个科学界,都在这个问题上站在我的对立面,那就非常令人担忧了。如果是这样,还会提出另外一些棘手的问题。是不是有这个可能:不仅绿色和平组织,而且整个环保运动,乃至整个文明进步的自由主义社会,都把转基因生物问题完全搞错了？我知道，仅仅考虑这种可能性，就可能使我成为环保运动的弃儿，当然也会影响到我们的友谊。另一方面，如果我继续在没有科学界支持的情况下反对转基因生物，我就很难再把自己看作是科学的捍卫者了。我的眼前有两条路：要么背叛朋友，要么背叛良心。我该选哪一条呢？

与绿色运动中的其他人就核能问题进行斗争的不愉快经历让我变得更加谨慎。那次的起因是2005年一篇非常具有试探性的文章，当时我只是《新政治家》（*New Statesman*）的临时专栏作家，那是英国左翼的一本内部期刊。由于气候变化是当务之急，我迟疑地问道，作为迫切需要的零碳电力来源，核电站是否应该继续开放，甚至更新。在回应中，我立即被贴上了骗子、叛徒和工业界帮衬的标签。这篇文章在网上发表后的几个小时内，朋友和读者的回应就如潮水般涌来，纷纷表达委屈和愤怒，偏偏编辑又给文章加了个标题叫"皈依核能"（Nuclear Power: A Convert）。[6]我不想在转基因生物上重蹈覆辙。如果说核能是20世纪七八十年代绿色环保人士的高压线，那么转基因生物就是我们这些90年代的环保人士的高压线。考虑到我们在后一个问题上是如何并肩作战的，这一点并不意外。我知道自己在绿色伙伴中的声誉已经因为核问题的分歧而受损，但我（我承认这是自私地）热切希望不再制造任何不必要的伤害。

我决定暂时保持沉默。然而，大约一年之后，我收到了美国资深环保主义者斯图尔特·布兰德（Stewart Brand）写的一本书。布兰德写过一本《地球的目录》（*Whole Earth Catalog*），因此在20世纪60年代末声名大噪，当时任何一个参加返土归田运动的嬉皮士肯定都读过这本书。他的新书标题与之相似——《地球的法则》（*Whole Earth Discipline*）。书中认为，像我们这样的环保主义者在过去这些年里犯了几个关键的错误，其中一个就是反对基因工程。第五章名为"绿色基因"（Green Genes），开篇就是一句狠话："我敢说，环保运动对基因工程的反对比我们在其他任何方面所犯的错误都更具伤害性。"这句话颠覆成见，使人毛骨悚然，尤其是它出自一位已经做了一辈子环保思想领袖的人。他的书是如此勇敢，因此我决定冒险说几句支持的话。

我在2010年1月28日的《新政治家》上撰文，除了赞扬布兰德的新书"写得精彩"之外，也坦率地指出了核能和转基因作物中的悖论，并表达了自己的歉意：

> 虽然多年来我一直支持反核事业，但我从来都不是一个积极的反核活动家。另一方面，基因工程是我花了数年时间来反对的。然而，在这个领域，在根据科学评估了转基因可能的风险和收益之后，我发现自己错了。比如，没有任何证据表明现有的转基因食品对任何人构成健康风险……我们不能一边批评全球变暖的怀疑者否认气候问题上的科学共识，一边又无视关于核能和基因工程的安全性、实用性的科学共识。[7]

我不确定自己期待什么结果。文章没有回音，倒让我松了口气。接下来几年我回到图书馆，研究科学材料，一年后下一本书《上帝的物种》（The God Species）出版了。虽然书中提到转基因作物的篇幅很小，我却发现科学家谈论基因工程时主要说的是优点而不是害处。与我之前的理解相反，转基因作物显然没有增加倒是减少了化学品的使用。基因工程似乎也有助于少用人造肥料，甚至解决气候变化难题。就此我花了几页笔墨，只是字句间还有些举棋不定。

科学共识让我最终选择了阵营。2006年，美国科学促进会（American Association for the Advancement of Science，简称AAAS）就气候变化发布了一份有力的声明。"科学证据表明：人类活动正在引起全球气候变化，这将持续危害整个社会。"文章立意清晰，跟科学语言一样简单直接。2012年10月，AAAS委员会又发布了一份同样措辞强烈的声明，这一次是关于转基因食品的安全性问题。"科学界非常确定：用现代分子生物技术改进的农作物安全可靠。"字词跟之前气候变化声明一样毫不含糊。AAAS还引用了其他专业机构更广泛的科学共识。"世界卫生组织、美国医学会、美国国家科学院、英国皇家学会以及所有其他权威机构在审查了数据后，均得出相同结论：食用同种食品时，含有转基因作物成分的食品相比含有传统技术所改良的同种农作物成分的食品，并无更多风险。"

清清楚楚。我不能一边笃信关于气候变化的科学共识，一边否认关于转基因的科学共识，同时自诩为科学写作者。了解AAAS的立场后，我深感急需作出更强烈的声明来缓解良心的不安。几个月后我得到了这样一个机会。我并未料及随后的影响，没想到它最后会成为我人生的转折点。

* * *

那是2013年1月3日。我踏上了牛津农业会议的演讲台，准备向数百位农民、政治家和媒体记者作演讲。会议在牛津大学考试院举行，那是一座壮观的建筑，维多利亚晚期哥特风格，有着高高的雕花穹顶和镀金的内饰。西装革履的我，手攥5000字的演讲稿，比往常更紧张，因为心里明白此番再无回头路，多年来的积累也将一去不返。我把演讲内容的每一个字都写了出来，部分原因是如果不那么做我担心自己会没有勇气把它全讲出来。当然，我只能算泛泛之辈，演讲名单上还有政府高官和查尔斯王子（通过视频连线），媒体争相而来的目的是他们，不是我。

若早知有那么多人收看演讲，我肯定还会多用点心。稿子写得仓促，有些过激的词句和不必要的煽动性表述。所幸这些细节没人在意。大部分人留意的是演讲醒目的开头：

尊敬的阁下，女士们，先生们。我想首先表达歉意。在此我郑重声明，我为前几年诋毁转基因作物的行为道歉。我在20世纪90年代中期推动发起了反转基因运动，由此推波助澜地妖魔化一种可用于造福环境的重大技术选择，对此我深感愧疚。身为环保人士，并且相信世界上所有人都有权自己选择健康营养的饮食，我却选择了刚好相反的道路。现在我感到万分后悔。

后面我解释了自己思想的转变，分析了误解转基因的一些原因。最后应答了提问，回到座位上。我用手提电脑将演讲稿上传到博客，发了几条推特，会议结束后，我感到如释重负。

当晚我发觉事态不对。我的演讲像病毒一样传开了，博客的访问量疯了似的上涨。第二天我的服务器崩溃了，博客也登不上，原因是访问量实在太汹涌，带宽不够了。牛津农业大会传到视频网站Vimeo上的演讲视频收获了数万次观看。我再次联网时发现演讲稿已经有了50多万次的下载量。在家中，我看到全球各时区的社交媒体接连转载，主流媒体也竞相报道，我惊呆了。

接下来几天，负面回应也纷纷涌来。有一则流传颇广的文章，标题很不善：马克·莱纳斯转变背后的真相——从报道气候变化到吆喝转基因食品。有趣的是，这篇文章的两名作者——都来自美国有机消费者协会——大概觉得我的演讲意义非凡。"主流媒体迫不及待地报道，"他们抱怨说，"一时间马克·莱纳斯的'转变演讲'成了大新闻。《纽约客》（New Yorker）称，'一位环保人士的变身'；《纽约时报》（New York Times）则说，'转基因作物宿敌的至暗转变'……媒体纷纷巴结莱纳斯的改弦易辙。"

那么重要的问题来了。我到底在干什么？"一个因报道气候变化闻名的记者，如何变成了生物技术的狂热宣扬者和代言人？并在此过程中变成媒体最新的宠儿？莱纳斯是不是在博人眼球，狡猾地自我推销？还是他将灵魂出卖给了生物科技行业？"到底哪一个才是真的？

尽管因为某些原因不太想得起来了，我还是记得当时有很多人发来邮件给予支持：世界各地的人们主动要求将我的演讲稿翻译成他们的语言，让我愧不敢当。后来那些我从未谋面的志愿者将演讲稿翻译成了汉语、意大利语、德语、西班牙语、法语、越南语、斯拉夫语和葡萄牙语。

我试图保留一点判断力，没有立刻回应。我没有花时间发推特和写博客来辩称自己没被"生物科技巨头"收买，因为觉得我的过去不证自明——何况显然前来诽谤的人也不会相信这种否认。这意味着，当支持转基因的新闻报道出于他们的目的夸大了我在早期反转基因运动中起的作用时，我也没有纠正。按《澳大利亚人报》（*Australian*）的说法，我是"90年代中期反转基因运动的首批领袖之一"[8]；《纽约时报》说我"曾推动了欧洲反对转基因作物的运动"。[9]在一次电视访谈中，我被描述为"这场运动的教父级人物之一"。这标签很顽固，而且历久弥坚。甚至2015年还出过一篇文章，题为"反转基因运动创始人为何改投科学阵营"。

后来，20世纪90年代曾与我一起在英国共事的很多人，包括吉姆·托马斯、西奥·西蒙，以及地球之友与绿色和平组织的很多其他资深人士，联名签署了一份声明，说他们"不承认莱纳斯的贡献有报道里说的那么重要"。[10]我得说我同意他们的话。但是我似乎对此也做不了什么。

* * *

牛津演讲后不到一个月，我与媒体发生了一次难忘的较量。那是萨克（Stephen Sackur）主持的一个著名对抗性谈话节目，BBC全球频道（BBC World）的《针锋相对》（*HARDTalk*）。[11]在休息室里一边调整麦克风一边闲聊时，萨克很和善可亲。一旦摄像机转动起来，他立刻判若两人。像对待那些行为不端的政客一样，萨克聚焦于我立场的前后矛盾、对科学概念的误解和之后被迫承认错误的羞耻。"让我们先谈谈你最近高调宣布放弃几乎毕生奉献的反转基因食品的运动，"他开始说道，眼神一如既往地咄咄逼人，"是不是可以这么讲，你给自己下结论说过去的想法完全错了？"

差不多整个访谈都是这样的腔调。每当我要作出合理的回答时，萨克就会揪住我承认错误。"那，可以这么说，你让自己名誉扫地了。"他带着无邪的嘲讽说，手指摆弄笔的样子像在发出指控，让人生畏，迫使我承认自己并"没有自豪"参与过"真正造成破坏"的运动。"你对自己完全缺乏严谨的思维和整个所采取的方式感到羞耻。"他步步紧逼。我再次说自己已经为摧毁转基因作物的行为道过歉，而且——这次我的措辞更为小心——也为"参与挑起反转运动"道过歉。萨克亮出杀手锏："如果你过去这么无知、无能又浅薄，为什么我们能相信现在的你不一样了呢？"我只想到一种回答："这下我更有理由改主意了。"我在心里撇了撇嘴。

萨克或许没想到眼前的访谈对象不同以往——不像政客、商业领袖之类，我毫不介意承认自己的观念大转弯。实际上，我要谈的就是这个。就像经济学家凯恩斯（J. M. Keynes）说的*："事实变化时，我的想法也会变。先生，你会怎样做呢？"想法转变或许是政界的大忌，在科学界却是工作的自带属性。因此我完全可以作为一个案例来说明，不仅改变想法是一件合理的事，基于实际证据改变想法也是理所应当的事。

*　　*　　*

如果你觉得这听起来像是对科学的天真乐观，那听我说一段个人经历吧，事实就是那样。曾有一个关于转基因作物的压力巨大的实验，

---

*这句引言可能是别人说了安在凯恩斯头上的。

相关科学家和机构的名誉都与实验结果休戚相关。这项重要的实验工作由罗瑟姆斯特德研究所开展，那是英国南部哈彭登一座公办植物科学中心。2012年初，该所开发了一块转基因小麦的露天试验田（多年来是英国首例），有高围栏和24小时监控的保护。研究目的是检验添加了某个基因的小麦会不会表达出可以驱赶蚜虫的报警信息素，从而减少化学杀虫剂的使用。当时的压力很大，因为一群反转基因抗议者扬言要在实验出结果前捣毁试验田。作为回应，科学家们在YouTube上发布了一段视频，向媒体慷慨陈词，希望这项可能减少化学品使用的小麦实验可以顺利进行。我在幕后为罗瑟姆斯特德团队出了点小力，鼓励他们充满信心地走出实验室，开诚布公地谈谈手中的工作。

其中一位科学家布鲁斯（Toby Bruce），是视频中的主要呼吁者。[12]他直面镜头说：

> 我们培育了这种新品种小麦，不需要杀虫剂，用的是天然的驱蚜虫素。这种驱蚜虫物质在大自然中早已广泛存在，有400多种植物都会分泌。我们将这种特性加入小麦基因组中，让小麦也可以驱蚜虫、自我防护。你真的反对吗？因为这可以对环境产生很多好处。还是因为它是转基因生物你就不信呢？

视频中另一位罗瑟姆斯特德的科学家珍妮特·马丁（Janet Martin）相当理性地质问道："大概在我们有机会做实验前，你们就已经认定这个转基因小麦品种是坏的。但你们是怎么知道的呢？"她顿了顿，发出一声无奈的叹息。她接着说："你们肯定不是通过科学调查，因为连我们都还没做过实验。你们在网站上严重怀疑转基因小麦的蚜虫报警信息素肯定会有某些影响，你们说的是有可能的。但如果你们毁掉了试验田，就真没有人知道结果了，不是吗？"视频和相关公开呼吁引起了极大共鸣。支持科学的运动团体科学智识(Sense About Science)*发起了万人请愿,社交媒体上带有"别毁研究"标签的话题讨论热了起来。新闻报道对科学家们的困境尽表同情,这跟10年前活动家们搭台唱戏的情景截然不同。2012年5月27日,原本计划的破坏活动的日子,前来毁坏围墙的抗议者寥寥无几,小麦终于可以顺利挺到收获季。

以实验的名义,科学家投入了那么多时间、数百万英镑和机构声誉,当实验结果出来时,按说会让罗瑟姆斯特德研究所极为尴尬,因为结果确凿无疑地表明,实验失败了。无可否认:这批转基因小麦未能像预期那样可以驱抗蚜虫。但是,值得赞扬的是,罗瑟姆斯特德没有掩藏坏消息。团队在《自然》旗下的《科学报告》(Scientific Reports)发表了一篇可公开获取的论文,清楚说明"田间试验……显示蚜虫数量没有减少"。[13]此外,还附上一篇新闻稿,标题为"科学家对转基因小麦田间试验结果感到失望"。新闻稿直言:"数据显示,转基因小麦未能像假设的那样获得早先在实验室环境下看到的结果——驱抗田间的蚜虫。"文中还引用了在视频中出现过的布鲁斯的话。"在科学领域,我们从不期待每一个假设都能得到证实。"他说,"往往是负面结果和意外的惊喜才带来了重大的进展,比如青霉素就是无意间发现的。如果每个问题在一开始都知道答案,就不需要科学了,也就不会有创新了。"

我觉得,整个故事最精彩的讽刺之处在于,罗瑟姆斯特德的小麦试验最终证明活动家是对的,科学家是错的,但不是意识形态的凭空断言,而是通过严谨的经验数据。用这个例子来说明科学方法的可贵真是再合适不过了。

---

*科学智识是总部设于英国的一家慈善机构,通过与科学家、记者及其他相关方合作,旨在促进公众对科学的理解,确保公众对科学的讨论建立在充分证据的基础上。——译者

◆ 第三章

基因工程的发明者

牛津演讲后没几天，我突然收到费多罗夫（Nina Fedoroff）教授的电邮。她是科学家，曾在分子遗传学领域作出创举，那时还是美国科学促进会（AAAS）的主席，推动 AAAS 在转基因生物的科学共识上发出声明——那份声明鼓舞了我发表公开演讲。在希拉里·克林顿（Hillary Clinton）任美国国务卿时期，费多罗夫曾是她的科学顾问。我不由怀着敬畏和期待读完她的邮件。"欢迎加入科学阵营。"她风趣地开了头，"你的处境可能不那么舒服，不过请务必坚持。你可比伽利略当时要好受多咯。"

费多罗夫希望突然成为焦点的我尽可能地多知道一些信息。"你说的那些，没有什么是我们这些年里没说过的，"她坦白地说，"但你现在得到了很多关注——利用好这一点。"接着，她慷慨地提出做我的非正式科学顾问。我发了几个问题过去，费多罗夫建议我读一读《分子和细胞生物学傻瓜书》（*Molecular & Cell Biology for Dummies*），我读完后发现很有帮助。我还读了费多罗夫在 2004 年出的书《厨房里的孟德尔——一位科学家对转基因食品的看法》（*Mendel in the Kitchen: A Scientist's View of Genetically Modified Food*），里面讲了更广泛的遗传学史中的有趣故事。书名中的孟德尔（Gregor Mendel）是一位 19 世纪的捷克修道士，他用豌豆培育实验发现了基因遗传中的数学规律。故事说到了

1953年克里克(Francis Crick)和沃森(James Watson)的突破。两位年轻的剑桥科学家当时同富兰克林(Rosalind Franklin)及威尔金斯(Maurice Wilkins)一起弄清了DNA分子的化学结构,也就是如今著名的双螺旋。

费多罗夫的历史故事还延伸到更近的时代,提到科学家如何把其他来源的DNA加入已有的基因组。她的书重燃了我的历史学家梦想,我决定将基因工程这门技术的真正发明过程好好研究一番。我发现的内容鲜有人知,但它们应当在经典的科学发现故事中占据一席之地。两块大陆上的三支团队,从20世纪70年代初开始,相互竞争了十多年,起先是纯粹理论上的科学问题,到最后激烈争斗,都想成为第一个把基因工程这项应用技术带入世界农业的人。

＊　　＊　　＊

2016年2月末,欧洲之星列车到达终点站布鲁塞尔南站,"基因工程之父"马克·范蒙塔古(Marc Van Montagu)教授越过人群向我挥手。以他低调老派的比利时作风,他必不会贸然自称什么"之父"。但随后在我们一起吃海鲜晚餐时,他的妻子、曾做过牙医的诺拉(Nora),显然觉得丈夫没有得到应有的认可,忍不住说了起来。"谁是基因工程之父?"面对我的委婉提问,她爆发了。"当然是他!"她指向桌对面撅着嘴的范蒙塔古。范蒙塔古抓着餐巾,尴尬地盯着吃了一半的鱼。诺拉执意说他应该把自己的经历写本书,范蒙塔古却有现成的理由:"文件都丢啦。""过去太久喽。"一旁的我有一种感觉,这是那种反复发生的争吵,凡是结婚多年的夫妇都很熟悉,而这对夫妇,已经结婚59年。范蒙塔古不为所动,他妻子倒也说得明白:他已82岁,需要把故事讲出来,不然就再也没机会了。

马克·范蒙塔古和诺拉·波德加茨基(Nora Podgaetzki)大学时相识,当时两人20岁。他们孩童时都经历过第二次世界大战,而诺拉的故事更特别一点。她是犹太小孩,在1942年到1944年纳粹占领期间,被

"藏"在比利时的根特小镇。神奇的是,两年时间里她居然每天去上学,整个班级共同保守着这个秘密:班里有位犹太女孩。操场上所有的人,连最年幼的小孩,也没有告诉过德国兵一个字。当时每个人都知道犹太身份意味着被驱逐到东边的一座集中营,甚至意味着死亡。诺拉藏在一户比利时人家里,他们自己也有几个孩子。据诺拉说,那家的男主人是位教授。他承担着难以想象的风险。如果被纳粹发现窝藏犹太人,送去死亡集中营的很可能不只有诺拉,还会有教授和他的孩子。诺拉的父母也留在了根特,整个纳粹占领期间不得不躲在某处。有一回诺拉和几个孩子被带到小镇另一头某座房子的花园去玩。她不知道,那时她的父母正躲在窗帘后偷偷看她。那是两年中他们唯一一次看到她。

马克·范蒙塔古的童年同样见证了20世纪初欧洲翻天覆地的变化。1933年,他出生在根特一个工人阶级街区。他的母亲死于分娩。后来他写过:"分娩时母亲死去或新生儿死去,这在当时很常见。我妈是我外婆9次怀孕生下的唯一孩子。"范蒙塔古没有母亲和兄弟姐妹,由外婆和姨婆养大,"是整个家族那一辈唯一的孩子,受到了充分的爱护和关注"。当时根特是个纺织城镇,"大型厂房周围密布着死胡同和矮小的工人住房"。战前的比利时是个穷国。"多数住房没有自来水,街上有个公共水龙头。有些街道中间有公用厕所。照明靠煤油或煤气灯,极少人家有电。"

年幼的范蒙塔古很快懂得,只有刻苦学习才能逃离工厂的艰苦劳作。"工厂又暗又吵,纺纱机周围漂浮着层层棉花尘屑,看上去吓人又讨厌。我才不要被迫去那里工作呢。"不过相比外婆那时候,这样的工业地狱已经代表着工人生活的改善:工作时长从几十年前的每天12小时缩短到了8小时。外婆年轻时,"一半工人都是孩子,很多还不到10岁。要钻到机器底下把断线头接起来,没有他们不行"。显然那时没人担心健康和安全。

范蒙塔古长大后清楚地认识到工厂劳动条件的改善绝非偶然。好几代工人一直在积极地组织有力的社会主义运动，范蒙塔古妻子的曾祖父就是1870年工人运动的发起人之一。我们坐在他家宽敞温暖的客厅里，边喝咖啡边聊天，客厅四周有很多来自世界各地的艺术品。范蒙塔古自豪地翻着网络图片，图中是他杰出的工人阶级祖先范贝凡伦(Edmond Van Beveren)，在根特大学有一座引人注目的灰钢纪念雕像。[1]范贝凡伦现在被视为比利时工人党之父，而范蒙塔古幼时就生活在浓厚的社会主义氛围中。"5月1日(我们的劳动节)是一年中最重要的节日。我们不会错过阅兵游行，一整天都要唱军歌。"后来大学时，范蒙塔古升任工人党青年团体的全国领导人，终身都是一名正式的社会主义党员。

聊着聊着，天色渐暗，我深感历史的讽刺。我和那么多反转基因活动者，对美国大型跨国公司倡导的基因工程深感忧虑，操着左派的心奔走忙碌，却不知转基因领域最重要的成就之一来自欧洲腹地一座公立大学的坚定的社会主义者。

* * *

战后，范蒙塔古上了高中，越发迷上化学，往自家阁楼通了根煤气管，搭建起实验室。屋里只有一个煤炉，冬天"条件有点困难"，不过"本生灯*的热量足够了"，他淡然地回忆。他的时间，不是花在捣鼓实验上，就是扑在读书上。范蒙塔古记得，高中毕业前，"我已决意要研究生物机体方面的化学，那时好像叫生物化学"。

这个决定对未来影响深远。在范蒙塔古的整个职业生涯中，他是在用化学家的眼睛而非生物学家的眼睛观察活细胞。他提醒我说，细

---

* 本生灯，即煤气喷灯，以研制者德国科学家本生(Robert Bunsen)命名，常用于化学实验室。——译者

胞是生物体最低级的组成单位。细胞内发生的一切不过是化学反应。DNA、RNA（核糖核酸）、氨基酸、脂质、蛋白质，所有这些都是无生命的分子，却能以一种动态的变化方式组织起来，共同组建成活的细胞。后达尔文主义的生物学家往往将生物体或物种视为主要的观察单位。范蒙塔古却不这么看。他发现，重新排列细胞内不活跃的分子成分，可以重组生物体本身。于是，当他信赖的教授建议他去学制药时，他置之不理："我不想最后去药房工作。"一辈子在比利时小镇某个药房的柜台后面卖阿司匹林，显然不是范蒙塔古的志向。

在根特大学那会儿，范蒙塔古对细胞生物学的兴趣日渐深浓。那是1952年，再过几个月沃森和克里克将会发表关于DNA结构的那篇革命性论文。当时人们对于DNA和细胞的作用机制所知甚少，用范蒙塔古的话说，哪怕像他那样的小本科生也感到这篇论文正在推动科学前沿。而仅仅就距当时差不多10年前，很多专家还坚持认为生物体遗传的分子单位只能是无限复杂的蛋白质，不会是简单的、重复性的DNA。我们现在知道，DNA正是靠四个碱基——A（腺嘌呤）、T（胸腺嘧啶）、G（鸟嘌呤）、C（胞嘧啶）——纯粹的重复性来储存信息。不同的序列编码成不同的氨基酸，氨基酸再组合成蛋白质，蛋白质回过头来服务于构建和维护活细胞。

范蒙塔古在20世纪60年代末之前研究的是DNA出错的后果。恶性DNA突变导致动物体内细胞大量增殖，形成"癌"。植物同样有恶性肿瘤，表现为节瘤状大肿块，叫作"冠瘿"。但这些冠瘿通常不是DNA自发突变造成。实际上，它们往往与一种叫根癌农杆菌（*Agrobacterium tumefaciens*）的细菌有关，这种菌正得名于其诱发肿瘤的能力。当时已有科学家提出，肯定有什么东西——某种"肿瘤诱发机制"——从根癌农杆菌传到植株上，导致了这种冠瘿的生长。范蒙塔古通过一系列开创性的实验并发表相关科学论文对这一领域作出贡献，阐明所谓的"肿瘤诱发机制"就是DNA,根癌农杆菌则是一位天然的植物基因工程师——可以将自己的DNA剪接到宿主植株细胞的DNA中。

没有科学家是独行侠。范蒙塔古的长期合作者叫约瑟夫·谢尔(Jozef Schell),昵称杰夫(Jeff),他的成就相比范蒙塔古也毫不逊色。谢尔2003年去世,年仅68岁。《植物生理学》(*Plant Physiology*)期刊通常不发表讣告,但2003年7月号破例,以表彰"谢尔对植物科学作出的巨大贡献"。1998年,范蒙塔古和谢尔被日本科学技术基金会授予日本国际大奖。谢尔在获奖演说中对植物基因工程作出了我听过的最有说服力的解释:

> 植物基因工程建立在两项科学突破的基础上。一是重组DNA技术的发展,使得我们有可能从任何生物体上分离单个基因。二是发现土壤中的根癌农杆菌可以将基因转入植株中。这是第一例有文献记载的天然植物基因工程。

在布鲁塞尔范蒙塔古家的客厅里,我问他谁第一个想到利用新发现的细菌作为植物转基因的工具,他不屑地扬扬手:"我觉得这是显而易见的!"当然,绝妙的想法通常在事后看起来显而易见。我能找到的第一份书面记录是杰夫·谢尔1975年的一份打印稿,稿件最后一段诱人地留下了这个"显而易见"的想法。解释完根癌农杆菌如何诱发植物冠瘿的技术细节后,谢尔写道:"用植物材料操控基因的可能性显而易见……各种人们感兴趣的基因都可以引入质粒*,从而稳定地转入植物细胞中。"[2]不过,要怎么实现远非"显而易见",实际去做这项工作花费了范蒙塔古与合作者接下来8年的时间。

＊　＊　＊

就像谢尔所说,为植物转基因创造了条件的重组DNA技术也是几

---

* 一种可从细菌转移入宿主植物基因组的环状DNA。

乎同时间实现突破的。1971年,斯坦福大学的伯格(Paul Berg)在实验中创造了首个重组DNA分子,这一工作使他荣获1980年的诺贝尔化学奖。然而这不是严格意义上的生物体,因为伯格拼接起来的DNA来自一株猴病毒和一株植物病毒,而病毒不完全被视作活物。不过关键在于,DNA重组成功了。适当的酶经过混合,可以迫使不同的、无关的DNA片段重新组合成基因嵌合体。一年之内,和伯格同在斯坦福的科恩(Stanley Cohen)与加州大学旧金山分校的博耶(Herbert Boyer)合作,将重组DNA质粒(细菌DNA的环状结构,携带两个抗生素抗性基因)插入大肠杆菌中,并观察到它们像细菌基因组中其余部分一样发生了复制。

科恩和博耶还率先打破了神秘的物种界限。他们将爪蟾(一种大个头蟾蜍,生物学家们常常在实验室里用的一种"模式生物")的DNA整合进了大肠杆菌。如果蟾蜍的基因可以被分离出来并稳定"转入"大肠杆菌,那么人类基因一定也可以。博耶致力于将人类胰岛素基因转入大肠杆菌,1978年他成功了。1982年,通过重组DNA技术由细菌(后来是酵母)制造的人类胰岛素上市,缓解了过去猪源胰岛素的短缺,为全世界的糖尿病患者提供了救生索。商业化的生物技术诞生。

但植物不同于细菌,把基因转入植物面临更大的挑战。细菌的细胞膜相对容易渗透,重组DNA片段比较容易穿过。而植物细胞有一层结实的细胞壁,DNA无法通行,此外细胞内还有细胞核这个壁垒。这就是农杆菌吸引人的地方:它们自然地演化出一种方法,把自己的质粒基因通过微小的管道导入植物DNA。后来,基因工程师也试着利用弹道学——其实就是基因枪——将包裹着DNA的微粒打入植物细胞核。

那时,对于谢尔和范蒙塔古的成就有很多质疑之声。范蒙塔古最初意识到这点,是因为莫名其妙接到一个越洋电话——在当时越洋电话是蛮少见的。电话来自远在西雅图的华盛顿大学团队的领头科学家之一玛丽-戴尔·奇尔顿(Mary-Dell Chilton),她是当时崭露头角的生物化学家。她非常直接,说范蒙塔古的研究结果属于"一派胡言,完全在胡说八道"。农杆菌基因根本不可能出现在植物细胞里。而她,玛丽-戴尔·奇尔顿,要证明这些骄傲自大的比利时人是错的。说完,她挂掉了电话。

"我们发现自己正扮演一个打破偶像崇拜的角色,"后来奇尔顿写到了与范蒙塔古的比利时团队的竞争,"知道什么可以相信,这一点非常重要。"哪怕是同行专家说的话,奇尔顿也不愿意轻信,这种做法貌似无礼,却无疑是科学应有的态度。这让我想到了皇家学会的箴言:*Nullius in verba*(粗略翻译为"不要人云亦云")。就这样,奇尔顿决定推翻范蒙塔古关于农杆菌是植物细胞基因"工程师"的假说。

我坚持要求范蒙塔古对此表达一下看法。他一点都不记仇。"科学就应该这么做!"他微笑着说,"我觉得这是个很好的例子。如果她说她不信,我表示尊重。你就好好研究,看看谁对谁错。你不相信时,你为此生气,但也要开始分析。"

针对范蒙塔古的研究结果,奇尔顿采取的方法正反映了她的性格。她基本上由北卡罗来纳州的祖父母带大,从小成绩极好,以至于老师起初甚至怀疑她作弊。回顾从前,她一直是做研究的料——"我热爱化学,因为在这个领域里我可以提出问题并且还没有人知道答案。我能看到化学的研究前沿。"她回忆说。分子生物学作为一个领域"在当时刚刚诞生……我想搞清那是怎么回事。而且提出没人知道答案的问题很容易"。没多久她就把方向锁定在了DNA研究上,因为她注意到DNA有着自我更正的属性。它能纠正错误,逆转突变,并且自主复原。"DNA就像一个有脑子的分子。我想知道那脑子是怎么转的。"

奇尔顿承认:"我一辈子都很任性好强。"作为年轻的研究员,她不打算为了做母亲而牺牲自己的事业。不是说她不要生孩子,而是她两件事都要做。"我跟我年幼的儿子们谈过这点。我告诉他们,如果想要一个快乐的妈妈,就要让妈妈去做科学研究。"奇尔顿的一个学生给她看了篇论文,关于当时鲜有人知的诱发植物肿瘤的细菌。她发现了农杆菌的问题所在。"我被迷住了。"她回忆说,"很显然人们以为农杆菌可能把自己的基因转移到植物细胞中去。"听起来很让人神往,但奇尔顿核查这个故事的时候,怀疑的本能被触发了。"我看了发表的文章,非常糟糕。他们没有做正确的对照,所以不能真的相信实验结果。他们的做法有问题。"[3]这个评价未必是针对范蒙塔古和谢尔的研究。其他研究农杆菌的人所用的实验方法现在看来也是漏洞百出。

我从北卡罗来纳打电话采访奇尔顿时,她承认后来与范蒙塔古团队的"竞争非常激烈"。两支团队"完全没法合作",她告诉我。但竞争也可以像合作一样推动科学进步。正如范蒙塔古所说,奇尔顿雄心勃勃要推翻这帮突然冒头的比利时人。她认为农杆菌可以把DNA剪接并植入植物细胞的理论(用范蒙塔古的话)"纯属吹牛,证据全是错的"。不过,检验这个命题并不容易。于是,1977年,西雅图的华盛顿大学团队展开了"让实验室所有人扑上去的苦力实验",奇尔顿后来描述说。周末计划取消了,家庭生活乱成散沙。"我们做了所有该做的。我一辈子从来没有像这样投入团队工作,之前没有,之后也没有。"

就像很多重大突破那样,即便过去了几十年,奇尔顿仍然对真相揭晓的那一刻记忆犹新。在一条打印带上,"我突然看到,T-DNA(转移DNA)在肿瘤细胞中。"奇尔顿的团队找到了遗传物质从细菌转移到宿主植株的确切片段。为证实结果,随后的论文里包含了一张照片:从植物细胞和从农杆菌质粒中提取的DNA因为序列完全相同而显示一致的条带。奇尔顿与其合作者写道:"我们的结果表明,肿瘤诱发机制……正如很多研究者长期以来所猜测的那样,的确是DNA。"因此,她继续说:"根据我们的发现,冠瘿瘤可以被视作根癌农杆菌的转基因壮举。"

她补充回应了谢尔两年前的断言:"如果肿瘤细胞中的外源DNA确实以这种方式起作用,那么将来在更高等的植物中研究基因工程的潜在应用是显而易见的。"

奇尔顿没有驳倒范蒙塔古和谢尔,反而通过实验证明了他们是正确的。但根特团队在提供证明的竞赛中不得不承认失败。范蒙塔古后来写道:"不幸的是,我们没能先发文章,所以输了。唯一一份有我们结果的记录是在1978年某次论坛上的讲话。"[4]大西洋彼岸的西雅图团队在这场基因工程竞赛中后来居上。

1979年,奇尔顿作出了一项个人决定,后来对她正开辟的新技术产生深远的影响。她举家从西雅图搬到圣路易斯的华盛顿大学,在一家研究实验室展开工作。而就在5英里之外,一家公司对她的研究表现出了极大兴趣。这家公司就是孟山都。孟山都的一位经理人,厄内斯特·约沃斯基(Ernest Jaworski),多年来持续关注着奇尔顿和范蒙塔古两个团队的工作。此时约沃斯基迅速聘请了奇尔顿作顾问,此外也签约了谢尔。从那时起,孟山都掌握了全世界第一手的植物基因工程的前沿信息。现在,这将是一场三方对阵的竞赛:设在大学的公共部门——范蒙塔古和谢尔、奇尔顿,以及新加入的圣路易斯企业——孟山都。

* * *

厄内斯特·约沃斯基在1979年之前一直催促孟山都的头头们要重视新兴的植物生物技术领域。孟山都过去是一家化学制品公司,那些成功的孟山都经理人都是靠卖杀虫剂和塑料制品建立事业的化学界人士。约沃斯基对生物学的兴趣大过化学。他看到世界正在变化,杀虫剂因为对人类健康和环境的负面影响开始受到争议。早在1972年,约沃斯基就向他的上级建议设立一个细胞生物学研究项目,希望创造新一代农作物保护产品,不使用普遍流行的化学剂喷雾。他在1996年公司内刊的访谈中说:"我开始思考孟山都的未来。我们发明出所有需要的各种除草剂、各种杀虫剂、各种除真菌剂以后,接下来要做什么来维持发展? 我的结论是,有朝一日无法用化学制品解决所有问题。"[5]

看到奇尔顿和范蒙塔古的工作,约沃斯基知道,如果孟山都想在植物基因工程这个新领域中成为第一个重要的商业选手,时不我待。头头们还在迟疑时,奇尔顿和范蒙塔古都在产出研究成果。几年之内,两支团队都发表论文确定了农杆菌 T-DNA 在植物细胞中的确切位置——如预期一样,在细胞核中。约沃斯基等不及了,因为他知道,光追踪奇尔顿和范蒙塔古的最新研究是不够的。孟山都必须在公司内部重复和改进这项工作。如果未来孟山都想要在这个新领域拥有"专属地位"(公司一份内部备忘录上的话[6]),就要掌握专利。这意味着公司要有自己的发明。时机紧迫,因为就在 1980 年,美国最高法庭在戴蒙德诉查克拉巴蒂(Diamond v. Chakrabarty)一案中裁定,实验室制造的新微生物应该作为知识产权受到美国专利法的保护,这意味着生物技术全面商业化的障碍已被清除。[7]

约沃斯基着手聘请能从公司内部引领基因工程领域发展的科学家。其中之一就是罗伯特·傅瑞磊(Robert Fraley),来自加州大学旧金山分校的年轻博士后,那时他已是植物 DNA 转移领域的先驱。智慧与野心兼备的傅瑞磊,对企业管理和实验工作都很感兴趣。后来他成为了孟山都公司的执行副总裁和首席技术官*,影响力仅次于首席执行官格兰特(Hugh Grant)。傅瑞磊比谁都认同约沃斯基的眼光:孟山都要从农作物保护领域的化学时代进入生物时代,需要利用植物转基因这块阶石。他的工作便是将此变成现实——这个现实不仅会改变农业,还有望打开一个全新的市场,在此过程中为孟山都赚取数十亿美元的收入。

---

* 傅瑞磊已于 2018 年 6 月退休。——译者

* * *

"我从小就想当科学家。"傅瑞磊在电话采访中告诉我。傅瑞磊在伊利诺伊州的一座农场长大，位于芝加哥以南100英里。"我们有三四百英亩地，种着中西部常有的作物——黄豆、玉米、小麦，还养了一些牲口。"傅瑞磊回忆说。[8]交谈过程中，我感觉得到傅瑞磊很早就知道农作不适合他。"我总跟别人说我是那种很奇怪的小孩，始终坚信自己会当科学家。记得五六岁时，我描画百科全书上的插图，溜进爸爸或爷爷的车间，把东西拆开想搞清楚究竟。我总感觉要在科学技术方面做点事情。"他说。[9]傅瑞磊是家里的第一个大学生："种地不错的，只是我很早就意识到，爸爸是个小农民，我们家是非常穷的农民家庭。"当父亲"很早去世"后，傅瑞磊可能会有的农业抱负就全部终结了。从伊利诺伊大学本科毕业后，傅瑞磊去加州大学旧金山分校读研。在学校寻觅工作机会时，用傅瑞磊的话说，他"有点偶然地"遇到了孟山都。那是1979年，他去参加一次学术会议，一位孟山都的科学家告诉他："你知道吗，孟山都正准备建一个农业生物项目。趁你现在还没定下来，应该跟厄尼*·约沃斯基那家伙聊聊，他是负责项目的。"结果约沃斯基碰巧过来开另外一个会，两人在波士顿机场转机时见了面。按傅瑞磊的话说："厄尼是个非常有魅力和干劲的领导者，很快说服我至少要去一下圣路易斯，跟他们谈谈孟山都在做的事。那次联系意义深远。几个月后，我去了圣路易斯，见到厄尼，听了他计划组建的内容，聊到了团队……我想，之后37年的事，都可以写进历史。"

提出建立农杆菌转基因系统对于新成立的孟山都明星团队是个不小的挑战。第一个难题就是要为转化的植物细胞找一个"选择性标志"。换句话说，必须有一种方法将经过农杆菌处理的数万细胞筛选一

---

*厄尼是厄内斯特的昵称。——译者

遍,找出其中成功"转入"新DNA序列的细胞。因为多数情况下,由于这样那样的原因,DNA没能转进去。他们的解决方案是将对抗生素卡那霉素有抗性的基因加入农杆菌质粒中,这样一来,转成功的植物细胞就可以在有卡那霉素的培养皿中继续生长,而其他没转成功的细胞会被抗生素杀死。与此同时,农杆菌质粒中诱发肿瘤的基因必须剔除:孟山都想种植的是健康作物,而不是长满畸形冠瘿的玉米地。孟山都的这个生物科学新团队还得面对来自公司内外的质疑。"当时有科学家认为植物DNA很特殊,不可能把基因放进去。"傅瑞磊回忆说,"也有人说这些基因进入植物细胞后无法表达,或说转入基因的那些细胞是特别的,是不可再生的。"

跟奇尔顿之前一样,傅瑞磊很快迎来自己的幸运时刻。"我记得罗伯特·霍尔施(Rob Horsch)沿着U楼的中心跑下来——我们的走廊很长——边跑边尖叫'成功了!成功了!成功了!'罗伯特个子虽然矮,但他跳上跳下,都快碰到天花板了。结果一目了然。对比两个培养皿,可以看到转入基因的细胞长出了很多绿色的克隆,而未转入基因的细胞全部死亡,变成了褐色。实验成功了,结果很明显。那真是个难忘的时刻。"傅瑞磊告诉我:"我们非常激动,因为一下子意识到我们把问题解决了。"没过几周,杰夫·谢尔从欧洲赶来参观孟山都实验室。傅瑞磊说:"我还记得第一次给杰夫·谢尔看我们转基因成功的实证。我们围着培养皿,杰夫突然哭了。我说,'杰夫,怎么了?'他说,'你们成功了!成功了!'那一刻,我突然意识到我们取得了何等成就。"全面开展植物基因工程的最后一个障碍终于被清除。

* * *

真正的历史性时刻在一两个月后的1983年1月18日来临,被大家称为"象征着植物基因工程的成年礼"。在迈阿密生物化学冬季研讨会上,分别由玛丽-戴尔·奇尔顿、杰夫·谢尔和罗伯特·霍尔施代表的三支团队,发表了相互独立又相互佐证的陈述,展示了结论相似的突破性成果。科学已不再是唯一的竞赛规则,律师们也需要忙起来。1月17日,迈阿密会议前一天,孟山都就提出了一项专利申请。而范蒙塔古和谢尔比孟山都还早一天在欧洲提交了专利申请。几个月后,奇尔顿也有了自己所属的公司,从圣路易斯的华盛顿大学跳槽到汽巴-嘉基(Ciba-Geigy),后者如今已并入瑞士农用化学品巨头先正达。根特团队拒绝加入大企业,相反,他们靠农杆菌专利建立了一家新公司,叫植物基因系统(Plant Genetic Systems)。跟很多初创公司一样,它没有独立很久。没过几年,它被赫斯特(Hoechst)收购。赫斯特现在属于德国种子、药物和化学品巨头拜耳(Bayer)旗下。谢尔当时还在德国科隆的马克斯·普朗克植物育种研究所担任主管,手下管理着100多位研究员。

有人说孟山都在迈阿密研讨会上大出风头,挤掉了另两个小角色。美国国家公共广播电台食品专栏记者查尔斯(Dan Charles)在他2001年的新书《收获之神》(Lords of the Harvest)中引用范蒙塔古的抱怨之词,说他"当时很气愤,因为孟山都垄断了媒体","都没人听我们的故事了"。据查尔斯说:"陪同霍尔施去迈阿密的是公司公共关系部的一位代表。孟山都召开了媒体发布会。几天后,《华尔街日报》(Wall Street Journal)头版将科学突破归功于孟山都。"[10]

不过,时光的流逝似乎平息了一切怒气。我在对范蒙塔古和奇尔顿的采访中都没有看到一丝怨恨。说起孟山都,范蒙塔古说"我一直很赞赏他们",尽管他承认公司对外展现的友好表面或许与其内部实质不相同。他"高度"赞赏厄内斯特·约沃斯基对植物基因工程商业化的远见并推动孟山都实施的做法。范蒙塔古还告诉我,谢尔和约沃斯基"私下是非常好的朋友",因此在他看来,这种关系不可能有经济利益的侵害。

查尔斯提到的《华尔街日报》文章发表于1983年1月20日,题为

"孟山都科学家称他们成功地在植物细胞中插入了外源基因"。作者在第二段中写道:"圣路易斯的化学品制造商们说,比利时的科学家几乎同时做出了独立于圣路易斯团队的相似成果……孟山都的实验由罗伯特·霍尔施、史蒂芬·罗杰斯(Stephen G. Rogers)和罗伯特·傅瑞磊执行。他们肯定了比利时的谢尔教授和圣路易斯华盛顿大学的玛丽-戴尔·奇尔顿教授在农杆菌上的工作,为实验提供了必要的条件。比利时的实验由谢尔教授和马克·范蒙塔古教授发表了报告。"

科学发现的正确权属非常重要。这不仅仅是出于自我中心的需要,而且有严肃的法律和经济后果,就像专利申请之战表现出来的那样。那么,孟山都算不算窃取他人发明的第一个生物盗版者呢?《收获之神》引用了玛丽-戴尔·奇尔顿的话,说她对孟山都的感情"极为复杂,有嫉妒,有尊敬,有敬佩,也有愤怒"。但15年后,当我再和奇尔顿说起这事,她说自己已云淡风轻。"不,我觉得我们之间的互动相当均衡。"思考了一会儿后,她补充说,不过天平还是稍稍向孟山都倾斜了一点,"我觉得孟山都大概比应得的一半多拿了一点。因为孟山都有的东西不特别,我有的东西才特别。孟山都有的是钱,而我有的是知识、技术和经验"。

她承认孟山都通过聘请她和杰夫·谢尔做顾问"解决了问题"。我在电话采访中暗示:"因此当孟山都拿走专利权,你其实无法抱怨。"那头又沉思了一会儿。"嗯,要分情况。如果孟山都拿了我的想法说是他们的,那恐怕不是真的。美国专利法规定,拥有想法的人就是发明者。有些情况下我或许应该被称作发明者之一。但他们没有那么做。从来没有。孟山都如果将外面的人称作联合发明者,恐怕法律上就趟污水了。"她没再往下说,"但这都不重要。在我眼里这都不重要了。"

* * *

2013年10月16日傍晚,在植物基因工程方面作出发现30年后,三家竞争团队中还健在的代表们再次相聚一堂。在艾奥瓦州首府得梅因市恢弘的议会大厦，几百位名流要人盛装出席了一场隆重典礼。他们静静地落座于大厅内半圆形排列的席位，等待着2013年世界粮食奖得主出场。随着幕后主持人报出名字，诸位总统、首相、大使、议员和州长排成长队依次入席。小号六重奏响起。主持人宣布："现在，欢迎来到世界粮食奖颁奖晚会，欢迎尊敬的贵宾、2013年得主——比利时的马克·范蒙塔古！美国的玛丽-戴尔·奇尔顿和罗伯特·傅瑞磊！"

范蒙塔古站在右侧，身穿西装，系着紫色领带；中间是拄着拐杖却不失高贵风范的奇尔顿女士，当年的"农杆菌女王"；左侧，一身海军制服，打着天蓝色领带的，是孟山都的傅瑞磊。三人目视前方，缓缓迈下台阶，步入座无虚席的会堂。在他们面前，小号手前方光滑的木质领奖台上，摆放着世界粮食奖的奖杯：石膏做成的土褐色石碗，中间卧着一只锡铅合金球。[11]奖金也非常可观。按照绿色革命之父、世界粮食奖创立者博洛格（Normann Borlaug）的指示，整个颁奖典礼在1990年定下了特意模仿诺贝尔奖颁奖礼的设计基调。*

巨大的显示屏上出现了印度农作物培育专家斯瓦米纳坦（M. S. Swaminathan）的形象。他曾与博洛格合作，将新型的高产小麦和水稻品种引入印度次大陆。"我特别高兴的是，在发现DNA分子双螺旋结构60周年之际，三位杰出的生物技术专家——马克·范蒙塔古教授、玛丽-戴尔·奇尔顿和罗伯·傅瑞磊——他们的工作受到了认可。"斯瓦米纳坦在视频中致辞，"他们获得世界粮食奖，是实至名归的。因为我认为，基因工程科学、新生物学和新遗传学，已经完全开创了新的机遇。"

画面切换到农杆菌的故事。老照片上是20世纪60年代的范蒙塔古，厚厚的眼镜，黑色的厚刘海，花衬衫，旁边是蓄着山羊胡的杰夫·谢

---

*世界粮食奖在1986年正式创立，1987年开始正式颁发，从1990年起，颁发地定在得梅因。——译者

尔。随后是农杆菌将基因送入植物细胞的图示，还有植物根系被细菌冠瘿损坏的照片。接着，视频切换到玛丽-戴尔·奇尔顿的童年照片，她剪着男孩气的刘海，露出倔强的怒容。然后是她高中时代的照片，在伊利诺伊州一所看起来很普通的学校。再接下来的一张照片上奇尔顿是年轻的妈妈，背着婴儿，正在田里拍摄植物。画面又换到奇尔顿当年为了发现植物细胞内的农杆菌剪切DNA时"铆劲"做实验的历史。

屏幕上，74岁的奇尔顿预先录了一段讲话。她戴着远近视两用眼镜，穿着粉色实验服，身后是实验器材和放满化学试剂瓶的架子。"就实际意义而言，我们在作物上做基因工程操作的过程是一个自然的过程。"她的话与杰夫·谢尔15年前所说的一致。"我们师法自然，从农杆菌身上学习。这种小细菌在被我们发现之前就一直在干着转基因的事。我们所做的，是学习农杆菌怎么把基因送入植物，然后效仿这个过程。我们选择了可以造福农民和植物最终用户的基因，利用这种自然过程将它们放进植物细胞。"

随后，画面的主角转换为傅瑞磊。典型的美国中西部白色隔板房外面，孩提时代的傅瑞磊坐在家庭农场中的一辆玩具拖拉机上。接着，长大的他坐在一辆真正的拖拉机上，然后是在孟山都，在播种机的后排，他和同事罗伯特·霍尔施、史蒂夫·罗杰斯挨着坐在一起。接下来一张照片上，戴着眼镜的霍尔施和罗杰斯托着培养皿，里面是斑斑点点的绿色植物组织，那是第一批转化成功的细胞，可以长成新的转基因植物。根据视频画面，如何从农杆菌质粒中删除肿瘤诱发基因，并替换为含有所需新基因的重组DNA，以便插入目标植株，这一套过程的发现归功于孟山都的团队。傅瑞磊蓄着瓶刷一般的唇须，站在番茄和矮牵牛植株前微笑。另一张照片傅瑞磊年纪更大一些，西装革履地站在台上，身前是孟山都公司标志，背景中飘扬着一面美国国旗。傅瑞磊的视频采访短一些，但语气一如既往地积极乐观："我感到非常荣幸，我认为对我来说,这只是创新浪潮的开端,这波创新会对农业产生极其重要的作用。"视频的结尾是世界各地的现代化农业场景,伴随着振奋人心的音乐,激动的画外音赞扬着植物生物技术革命的优点,而范蒙塔古、奇尔顿和傅瑞磊这三位2013年世界粮食奖得主是推动这场革命的先驱者。

遗憾的是杰夫·谢尔不在场,他已于10年前去世。谢尔在1998年日本国际奖上的获奖致辞或许最简要地表达了早期开拓者们的愿景,那就是,基因工程可以成为农业可持续发展的工具。"当今的农业,是环境污染最大的来源。"谢尔说,"要消除农业对环境的负面影响,就应该优化产出,换言之,用有限的投入获得最大和最优质的产出。而要提高农业生产率,同时不破坏环境,为数不多、也是最有效的方法之一,就是植物育种。对于工业化国家是这样,对于发展中国家恐怕更是这样,且对集约型农业和粗放型农业均适用。如果植物育种有助于解决我们未来几十年必定面临的难题,那么必须用到的最佳技术就包括转基因。"然而,1998年时谢尔清楚地意识到,人们"对待新的科学技术,怀有谨慎甚至恐惧的态度",并且这种恐惧"在欧洲尤其明显"。对此谢尔非常伤脑筋:"不幸的是,恰恰是那些支持环境保护的机构和政治团体反对植物生物技术最积极。这种新技术在保护环境上的潜力被大大忽略了。"

范蒙塔古在作出最初的科学发现几十年后,写过一篇回顾性文章。文中他忧心忡忡地问道:"我们生活的世界上有超过10亿人在忍受饥饿,最后的热带雨林和野生环境正在消失。为何这项新技术没有给这些难题带来解决方案? 为何还没有? 我们做错了什么?"在我看来,反对植物基因工程的呼声越来越大,倒不是因为谢尔、范蒙塔古或奇尔顿作出的决定,主要是因为他们曾经的对手——孟山都主导性的存在。

第四章

孟山都的真实历史

那是 1901 年 10 月中旬,美国密苏里州圣路易斯,烟雾笼罩着这座正蓬勃发展的城市。这里被称作"通往西部的大门"。一个面色可怖的中年男人,顶着一头深红色头发,蓄着沙黄色八字胡,正在市中心走来走去——约翰·弗朗西斯·奎尼(John Francis Queeny)在距密苏里河一个街区的地方,为自己计划开的新公司选址。奎尼于 1859 年出生在工业城市芝加哥,是家中 5 个孩子中的老大。他家属于第二代爱尔兰移民,工作勤恳,却依然贫穷。奎尼的名下只有 1500 美元,他找人合伙借来 3500 美元,打算开家化学品公司。他要冒着巨大的风险赌一把。

奎尼发迹自街头。他 12 岁辍学,找了一份推车叫卖的工作,每周工资 2.5 美元。一路摸爬滚打,到了 1894 年,他在默克制药公司升为销售经理。此时,他瞅准了一个机会打算自己开公司。即便如此,他还是计划把默克的工作留作后备。老板叫他在新公司不要用奎尼这个名字,以免让客户不解。于是,约翰·弗朗西斯决定改用妻子的娘家姓,这个名字不太有人知道。5 年前,他在新泽西州的霍博肯结婚,岳父是西班牙人,妻子有贵族血统,与奎尼的爱尔兰草根出身截然不同。妻子名叫奥尔加·门德斯·孟山都(Olga Mendez Monsanto)。[1]

约翰·弗朗西斯·奎尼的创业想法很简单。他知道最近发明的超甜化合物糖精被一家德国公司垄断了生产,所以他想在美国开一家生产糖精的公司,用本土甜味剂挑战德国进口货。这个逻辑很合理。糖精在糖果、软饮料和口嚼烟上占据了很大的市场,1磅*糖精的甜味相当于300磅真正的食糖。[2]虽然糖精的生产成本更高,但从增甜能力来看,1磅糖精要比1磅蔗糖便宜得多,价格只有后者六分之一。糖精当然也有缺点,它有奇怪的余味,安全性不确定,另外人们无意中发现它是煤焦油的副产品——这个事实不太招人喜欢。但是有制药背景的奎尼并没有受这些顾虑所阻挠。他直觉敏锐:人造甜味剂将成为化工时代富有象征意义的产品之一。

奎尼的第一位员工是一位刚刚取得资质的瑞士-德国籍化学家,名叫韦永(Louis Veillon),他已经在欧洲学会了制造糖精的复杂配方。韦永的首要任务是配齐必需的设备,他为了省钱,尽量买二手货。一台旧的蒸汽发动机,一台更旧的锅炉,抽水机,秤,烧水炉,管道,以及一台全新的离心机,统统在南二街新建的"孟山都化工厂总部"安装妥当。那里环境脏乱差,隔壁是一家火柴厂。(不出所料,相邻的建筑物没几年便在一场大火中烧毁。奎尼不失时机地买下周围残破的地块,扩建了工厂。)

1902年2月,第一批糖精合成了出来。据说,韦永和奎尼因为在厂里吸入了过量的糖精烟气,味蕾都麻木了,刚开始根本尝不出任何甜味。他们以为生意彻底失败,愁眉苦脸地缩到附近一家餐馆里。服务生尝了样品,评价说:"天哪,好甜!"一番庆祝后,韦永从他满怀感激的老板那里领到了第一笔奖金:一盒哈瓦那雪茄。奎尼将糖精卖给一家软饮料制造厂。几年后,为了跟上同样发展迅速的苏打水市场,他在生产名册中添加了咖啡因和人工香草香精。

年轻的孟山都公司此后还经历过一些艰难的阶段,例如为了撑过

---

* 1磅约为0.45千克。——译者

德国糖精制造商发起的价格战,奎尼一度变卖了他的马和马车。然而,到了1915年时,孟山都的销售额已有100万美元。50年后,孟山都的业绩突破10亿美元大关。在奎尼的儿子埃德加(Edgar)的领导下,公司在20世纪快速发展,主要制造药物(它从1917年开始成为阿司匹林仿制药的最大制造商)、塑料制品和各种其他化学产品。第二次世界大战中,美国陆军开到太平洋地区和欧洲的吉普车轮胎所用的人造橡胶,部分原料就来自孟山都的工厂。孟山都的化学家甚至参与过高度机密的曼哈顿计划,帮助生产了摧毁长崎的核弹中的钚。20世纪50年代,公司生产的产品从尼龙纤维到汽车内饰应有尽有,而且量产规模日渐庞大。[3] 1965年,孟山都甚至发明了人工草皮,最初叫"化合草皮"。1966年,当休斯顿太空巨蛋(Houston Astrodome)——一座综合性穹顶体育馆——铺设了这种草皮后,商标名被改为"阿斯特罗草皮"(AstroTurf)。[4]

现代科技将如何把美国人的生活重塑得更加美好,对此孟山都的想法相当具有20世纪的典型性。一栋全塑料的"孟山都未来屋"坐落在水泥做的马特洪恩山模型前,在1957年后的十年里成为了迪士尼乐园里的一个热门景点。[5] 当时是太空时代的黎明,人类的创造力和进步不见止境。然而,到了20世纪60年代,由于美国在越南遭遇创伤、工业快速增长对环境的不利影响开始引起关注,对科技的无限乐观逐渐消散。1967年,孟山都未来屋被拆除,此时全塑料生活空间带来的疏离感和不自然感再也无法代表新一代对未来的渴望。但要拆除迪士尼乐园里的这座建筑物绝非易事。拆除作业用的破坏球只会从建筑物的塑料表面弹开,所以拆迁队必须用钢锯和喷枪,花了两周时间,费劲地把未来屋一点一点拆掉。

当然,孟山都永远不会和"夏之爱"嬉皮士*有太多共同之处。嬉皮

---

* 夏之爱(Summer of Love),1967年夏天发生在美国旧金山的社会运动,宣导爱与和平,后被称为"嬉皮士革命"。——译者

士更关心与大自然(以及人们彼此之间)重新建立联系,而不是孟山都设想的用塑料和化学产品构建的高科技世界。尤其典型的一个例子当属孟山都与美国政府签订合同,成为生产2,4-二氯苯氧乙酸(2,4-D)的几家公司之一。2,4-D与2,4,5-三氯苯氧乙酸(2,4,5-T)结合,形成一种强效落叶剂,也就是除草剂。但这种特殊组合制成的除草剂,并不像美国战后玉米种植带庞大的除草剂市场中其他产品那样,是为农业使用而设计的。事实上,美国国防部将这种除草剂大量运去越南支援战争。船运时用的大桶在侧面带有橙色条纹,因此它后来在全世界有了一个臭名昭著的代称:橙剂。

＊　　　＊　　　＊

橙剂彻底破坏了越南的环境,一如预先设定的目的。美国国家科学院(NAS)在2012年一份题为"越南人和橙剂"的报告中说明:"使用除草剂是为了让内陆的硬木林、沿岸的红树林、耕地和军事基地周围地区植物脱叶。"大规模喷洒从1965年8月开始,到1971年2月在越来越激烈的争议中停止,有6900万升除草剂喷洒在了越南南部和北部共150万公顷的土地上。[6]整个国土面积的5%受这种毒性除草剂破坏而植物落叶。

与广为流传的说法相反,橙剂的毒性并不直接来自除草剂本身。如今2,4-D在农业上仍有广泛使用,总的来说不认为对人或动物致癌。[7]问题来自2,4,5-T生产过程中产生副产品TCDD(四氯二苯并-p-二噁英),TCDD被NAS鉴定为"毒性最强的二噁英"。[8]现在NAS定期发布报告,罗列出最新的被认为与橙剂有关的健康影响。2012年的报告中,"相关性证据充分"类别包含了软组织肉瘤(心脏)、淋巴瘤、氯痤疮(一种严重的皮疹)和几种白血病;"证据有限"类别里名单更长,包括其他癌症、帕金森病、卒中,接触者的后代还会出现脊柱裂。此外,还有一份更长的"证据不充分"类别,说明橙剂对暴露人群的健康损害在确切规模上还存在持续争议和科学上的不确定性。

孟山都不是唯一一家生产橙剂并卖给国防部的企业。20世纪80年代，美国的越战退伍军人发起一场集体诉讼，将19家公司列为被告，其中陶氏化学、孟山都、钻石三叶草公司（Diamond Shamrock Co.）、赫克力士股份有限公司（Hercules Inc.）和汤普森-海沃德化学公司（Thompson Hayward Chemical Co.）是主要被告方。接下来几年的诉讼和论证主要面向陶氏化学公司，而不是孟山都。1983年3月，陶氏的总裁奥雷菲切（Paul Oreffice）坚持称，二噁英的毒性不足以引起皮疹以外的疾病。多年来他们的律师在法庭上顽固坚守这一立场，但越来越多的证据表明事实正相反。"绝对没有证据说明二噁英对人类有伤害，除了所谓的氯痤疮。"当时奥雷菲切面对NBC的《今日》（Today）采访时坚持说。奥雷菲切始终表示，那些接触过橙剂中的二噁英的人不要再担心了，因为陶氏公司自己做的研究表明："除了这种很快就会好的疹子，没有证据证明还有任何其他伤害。"[9]

然而，即便在那时，陶氏总裁也应该知道他正冒着巨大风险。在他坚称二噁英引起的不过是些青春痘那样的东西后，没过一个月，流出的一份公司内部备忘录显示，早在1965年，陶氏就在接触二噁英的实验动物身上注意到了毒性。事实上，公司警觉地邀请了同为化学品制造商的竞争对手们派代表参加秘密会议（根据《纽约时报》后来报道说，孟山都也受到了邀请但没有出席）。会议上，业内科学家概述了这些危险。秘密会议参加者记下的备忘录后来泄露出去并被《纽约时报》发表，其中提到，陶氏所担忧的并不在于如何保护公众健康，而是消息走漏会让事情"爆发"并招致联邦监管的处罚。[10]"他们［陶氏］尤其害怕国会的调查以及可能导致对杀虫剂制造出台严苛的法规限制。"秘密会议的一位出席者记录道。而孟山都方面坚称自己公司"没有做过任何测试。就是这样。以前没做过，现在也没有"。

　　橙剂的制造商是否知晓橙剂的潜在毒性,这个问题在越战退伍士兵集体诉讼案的合法辩护中至为关键。陶氏化学和孟山都的律师以"我们只是军方的承包商"作为辩护。换言之,他们主张,在越南使用橙剂的决定,以及相应的后果,应该归五角大楼而不是按合同供应产品的制造商负责。那样的话,鉴于美国政府在诉讼中享有主权豁免权,越战退伍士兵就没有办法追索赔偿。可是,如果制造商明知二噁英的危险而没有告知政府,或者几年之后才告知,那么制造商可能会因为涉嫌刻意隐瞒而承担法律责任。

　　这个问题格外敏感的原因在于,二噁英的污染并不局限于受战争蹂躏的东南亚。1978年的拉夫运河丑闻就和纽约上州的二噁英污染有关。橙剂一案中,陶氏化学在法庭上全力辩护,因为输了的话它很可能会是损失最大的一家。按每桶7美元的价格,陶氏化学承包了美国政府在越南使用的橙剂制品的三分之一,比包括孟山都在内的其他被告公司都多。[11]通过6年曲折的辩护,这些公司在1984年案件审判的前一晚解决了此案,向一个为老兵索赔者及其家人建立的伤害赔偿金基金会支付1.8亿美元。1993年《纽约时报》披露,在1984年案件达成的协议中,孟山都"首当其冲",掏了45.5%的钱,而陶氏化学只出了19.5%,个中原因无人解释。[12]

　　2005年,一起代表越南平民发起的诉讼声称,美国在越南犯有战争罪。但一名联邦法官驳回了起诉,他裁决说,《日内瓦公约》(Geneva Convention)对化学武器的禁令"只限于对人类造成窒息或有毒气体的使用,而没有限制用于影响植物但可能对人类有意外不良反应的除草剂"。陶氏化学公司的发言人司惠勒(Scot Wheeler)毫无悔意。"我们认为落叶剂通过保护盟军免遭伏击而挽救了生命,并且没有对健康造成不利影响。"他说。孟山都一名发言人的牢骚中无意流露出讽刺:"这类案件夹带了太多情绪。"[13]

20世纪60年代末70年代初,舆论开始冲向孟山都和其他化学品公司。为了保护公司的市场和声誉,他们进行了艰难的防守。毋庸置疑,最沉重的一击来自蕾切尔·卡森(Rachel Carson)出版的著作《寂静的春天》(Silent Spring)。卡森发出强烈警告,指出美国农业过度使用农药尤其是DDT,在伤害鸟类和其他野生动物。毫不夸张地说,这本书产生了经久不衰的影响。很多人把1962年9月27日上午,也就是《寂静的春天》正式出版的时间,看作现代环境保护运动的起点。

卡森是真正的开拓者。她不仅第一次让更多人关注到杀虫剂直接产生的生物危害,还领先于时代,写到了生态系统复杂的动态变化和相互关联。作为一位天赋作家,她早期关于海洋的著作语言诗意且理性严谨,也很畅销。这些特点使她在猛烈抨击化学农业时力度十分强大。她在《寂静的春天》中警告说:"如今的农田、花园、森林和家中,几乎到处都在用这些喷雾、粉剂和气雾剂。它们是没有选择性的化学品,能杀死所有昆虫,无论益虫还是害虫;会偷走鸟儿的鸣啁和小溪中鱼儿的欢腾;会在树叶上包覆致命的薄膜,并在土壤中久久留存——这一切,用意只不过是对付几棵杂草、几只小虫。有谁能相信在大地上洒下这些毒药的同时,万物还能安生?"[14]

卡森的批判不止于揭露化学品在农业和疾病防控中的滥用。她进一步表达了自己的感想,说20世纪50年代的美国社会太过于信仰科技进步,认为科技进步能医治所有弊病。她写道,如今的时代就像"生物学和哲学的尼安德特时代,人们以为自然是为人类的便利而存在"。她担心工业时代的很多"新型化学制剂和物理制剂"有可能致癌,而人类对此尚未进化出保护机制。致癌的话题与卡森的个人经历相关,书出版时她已身患癌症。1963年6月,她应参议院杀虫剂小组委员会之邀作证时,走回座位都很艰难。卡森刚经历了乳房根治术,为遮掩治疗造成的脱发,她戴了一顶棕色假发。[15]她被疾病耗尽精力,无法为新书做大量宣传。1964年1月,56岁的卡森去世。她不知道她的书将会对世界产生革命性的影响。

卡森身体之衰弱更加凸显了化工业对她的攻击之丑陋。化工业的主要代言人是怀特–史蒂文斯(Robert White-Stevens)博士。他穿着一尘不染的实验服,周围全是实验设备,出现在当时哥伦比亚广播公司(CBS)的报道中。他的发言干脆利落:"蕾切尔·卡森女士的《寂静的春天》中,主要观点都是对真相的恶劣扭曲,完全没有科学实验证据和田野实际经验的支持。"[16]事实上,卡森写书时极为谨慎,她在这个项目上花了四年时间,为收集证据同很多科学家有密切合作。怀特–史蒂文斯继续说:"假如人类坚定地遵循卡森女士的教诲,我们就会回到黑暗时代,那些昆虫、疾病和害兽将会再次掌管地球。"

私下里,化工业界竭尽所能阻止《寂静的春天》出版。DDT的生产商维尔斯科尔(Velsicol)扬言要起诉霍顿·米夫林出版公司和连载过卡森作品章节的《纽约客》杂志。维尔斯科尔公司在一封律师函中威胁霍顿·米夫林说,卡森很可能是一名共产主义者——这在麦卡锡时代刚结束的那些年是很严重的事。维尔斯科尔指控说,如果卡森的书导致杀虫剂消失,"那么我们的食物供给将减少到跟东欧的共产主义国家一样"。还有人试图将卡森当作一个歇斯底里的女人打发。"看到几只小虫死掉就一惊一乍,这不就是女人会做出的事吗?"一位记者在给《纽约客》的信中讥讽道。美国国家农业化学协会(NACA)赞助了一场全国范围的公关活动,买下报纸广告,炮轰编辑,出版抨击文章,以此向越来越忧心的公众保证无需顾虑农用杀虫剂。[17]

孟山都也参与了攻击。1962年10月,公司发行的《孟山都杂志》(*Monsanto Magazine*)刊载了一篇不寻常的文章,名为"萧条的一年",毫不掩饰地戏仿了卡森一书的开篇"给明天的寓言"。卡森写到一座假想的美国小镇,因为杀虫剂的毒害,野生动物和家养动物纷纷死亡。孟山都仿以同样诗意的语言描述了假想中整个国家失去杀虫剂庇护后的一年。

"眼下,春天来到了美国——一个极为生动的春天。"匿名作者影射卡森的标题《寂静的春天》。"每一个属、每一个种、每一个亚种的昆虫都争相冒出来,在野外爬啊,飞啊,挪啊,开始顺着南方各州向北方前进。它们咀嚼、打洞、吮吸、白吃白喝,有的舔,有的嚼。它们的众多后代都是嚼食者,那些蛆虫、蠕虫和毛虫都有切割、锯断、叮咬的功夫。有的会蛰刺,有的释放毒素,还有很多能杀人。"[18]描写完昆虫聚集的末日景象,文章继续道,"大自然的疯长开始收紧绞绳"。孟山都很清楚解决办法:"杀虫剂对于维持和提高我们的食物供给和公共卫生至关重要。"这篇文章被复印发送到全国的报社,另附有5张"资料页"详述农药的好处。

化工业届的猛烈攻击有悖于蕾切尔·卡森相对温和的本意。她并没有主张完全消除杀虫剂,甚至DDT。她承认,为了食品生产和疾病防控,需要管控昆虫种群。她也没有像《孟山都杂志》所反驳的那样提倡任由害虫在美国毫无防护的玉米地里肆虐。她反对过度使用杀虫剂的一项有力论证是,杀虫剂的用处被浪费了,因为害虫种群迅速演化出了抗药性。"实用的建议应是'尽可能少喷药',而不是'尽可能喷到极限'。"她在《寂静的春天》倒数第二章引用了一位专家对疟疾防控的评论。她建议,利用病毒和信息素的生物防治法是一种对环境更友好且同样有效的替代手段。卡森认为,恣意使用杀虫剂会杀死益虫和捕食性昆虫,这样做会损害生物防治效果。如今农学家认为她的观点是明智的。

不管怎样,掌权者到这时更愿意相信卡森而不是化学品制造商的话。顾虑直达最高层:约翰·肯尼迪(John F. Kennedy)总统指派了一个委员会小组去调查卡森的说法。经过一年时间,调查小组最终基本证明她所言属实。1972年,美国国内禁止使用DDT。由于公众对环境议题越来越关注,美国联邦政府的环境保护局应运而生,成为尼克松

(Nixon)时期一个重要政府部门。很多反对绿色运动的人指责卡森和环保人士，说禁用DDT后导致数百万人死于疟疾。但实际情况并不是这样，在之后的几十年里亚洲和非洲仍在使用这种杀虫剂。据联合国统计，截至2007年，发展中国家一共喷洒了3950吨DDT。[19]

* * *

孟山都不仅因为橙剂丑闻和蕾切尔·卡森对杀虫剂史无前例的抨击而饱受攻击，还因为它是美国多氯联苯（PCB）的主要制造商被公众谴责。PCB是一类惰性阻燃、导热物质，起初被认为是"神奇化学品"，在20世纪五六十年代应用广泛，从电器到新闻纸到煎锅都用到PCB。孟山都在1977年停产PCB，但那时已经有充分的证据表明PCB会长期残留在环境中并且致癌，而公司曾将大量PCB倾入水道和垃圾填埋场。[20]孟山都到现在还在因为这个历史遗留问题打官司。[21]

针对公众信任度下降，孟山都发起了宣传攻势，打出标语"没有化学物质，就没有生命"（Without chemicals, life itself would be impossible）。1977年，美国《国家地理》（National Geographic）杂志出现了一则广告：洒满阳光的草地上，一个金发孩子与一只可爱的宠物狗鼻子碰鼻子，一派田园风光。下面的文字解释说："有人认为凡是'化学的'都不好，凡是'自然的'都好。然而，自然**正是**化学物质组成的。"后面描述了"叫作光合作用的化学过程"，以及"一种叫作维生素D的化学物质"对预防佝偻病的重要作用。接着到了主题核心："化学物质让你吃得更好。化学除草剂可以大幅提高食品供应和可及性。但没有哪种化学物质绝对安全，无论什么时代，什么地方，在自然界中，还是在实验室里。真正的挑战是如何正确使用化学物质，让生活变得更好。"[22]

然而，如果孟山都以为就此可以从公众日益加深的不信任中挽回"化学物质"这个词并重新打造其良好形象的话，那是不可能的。橙剂和PCB只是众多丑闻中的两个案例，孟山都也只是卷入丑闻的众多化工企业的一员。1965—1969年,陶氏还向美国军方提供了凝固汽油弹,这东西对越南平民造成的直接后果比橙剂更可怕。1984年,印度博帕尔市发生了有史以来最严重的工业事故,有毒气体从一家管理混乱的农药厂泄露出来,毒死了数千人。[23]博帕尔的这家厂属于美国联合碳化物公司(Union Carbide),总裁安德森(Warren Anderson)在印度和印度以外都没有受到任何审判。虽然曾有国际运动组织想追究他的责任,但安德森还是在佛罗里达的维罗海滩度过了安逸的退休生活,2014年于92岁时去世。[24]

有些化工企业的历史更深、更黑暗,并且还在影响其现代的名声。例如,巴斯夫(BASF)和拜耳都是臭名昭著的法本公司(IG Farben)* 的继承者。正是该德国公司的子公司生产了齐克隆B(Zyklon B),这种毒气颗粒在1942—1944年二战期间被希特勒(Adolf Hitler)用来屠杀了几百万集中营受害者。[25]法本公司还运营一座奴隶劳工工厂,就在奥斯维辛集中营边上。虽然战后法本公司被解散,其主要领导者被控犯有危害人类罪受到审判,但这些人后来都被提前释放,其中不少人继续在各大继承公司中享受成功的事业,那些公司的品牌现在仍很有名。

有这么多强劲的竞争对手,为什么独独孟山都成了今天大家常听到的"世界上最邪恶的公司"?原因很难一下子说清楚。每年有一场"反孟山都游行"的全球活动,聚在一起的活动者们厌恶憎恨在他们眼中这家公司所代表的一切。孟山都连年名列"年度最讨厌公司"榜单前五。[26]一家"大数据"初创公司的老板在把股票卖给了孟山都后,他父亲惊呆了,反应是:"孟山都?世界上最邪恶的公司?"[27]互联网上有大量阴

---

* 法本公司,全称为燃料工业利益集团,建立于1925年,总部设在法兰克福。第二次世界大战后被勒令解散,拆分为阿克发、拜耳、巴斯夫、赫斯特等10家公司。——译者

谋论,一个流行的传说是,孟山都的公司食堂不提供转基因食品;还有一个传说是,它接管并经营着臭名昭著的雇佣军公司黑水(Blackwater),那家公司的雇员在美军占领伊拉克时涉嫌侵犯人权。

毫不奇怪,如此强烈的公众厌恶感甚至影响了公司职员的日常生活。孟山都的一名中层员工给我讲过一个故事。他在美国某农业州担任销售代表,有次坐飞机时,他犯了个错误:穿的衬衫上印了一个小小的"孟山都"公司标志。结果空姐在飞行途中拒绝为他提供服务,因为"你们公司做了可怕的事情"。这个困惑的销售代表自嘲地笑说:"作为一个中年白人男子,我不习惯被歧视!"

＊　　　＊　　　＊

我的结论是,把孟山都推到舆论风口浪尖的不是它作为化学品生产商的早期活动,而是后来转基因的发展。这有点讽刺,因为投入转基因领域可以说是孟山都做过的对环境最友好的事了。当然,这家公司对生物技术的兴趣一开始完全是为了减少对杀虫剂和其他化学品的依赖,以回应蕾切尔·卡森的警告。

孟山都为此在生物技术上做出了巨大的投入。1979年,当时的首席执行官汉利(John Hanley)聘请了加州大学尔湾分校生命科学学院的院长施奈德曼(Howard Schneiderman)作研究部主管,重点关注当时迅速崛起的生物技术领域。施奈德曼花了1.65亿美元,在密苏里州圣路易斯城外创建了一座生命科学研究中心,占地210英亩,配备齐整。正如《纽约时报》在1990年的回顾展中所说:"在研究中心的4栋大楼和250间实验室里,900名研究员日复一日俯身于培养皿和离心机。"[28]

通过剥离大部分旧工业资产,孟山都巩固了从化工企业到如今所谓"生命科学"企业的转型。橙剂早不做了,PCB也早不做了。1990年的《纽约时报》上是这么说的:"在80年代,孟山都摒弃过去,以迎接未来。从1980年到1987年,公司出售或关闭了在市场上被认为周期性太强的业务,包括大宗化学品、原油和天然气勘探,价值达40亿美元。1985年,大宗石油化工产品占孟山都资产的30%,到1988年,这个比例变成了2%。上一年,公司出售了硅制造业务,原因是这项业务与孟山都的未来计划不一致。"[29]施奈德曼告诉《纽约时报》:"今天地球上有50亿人。有人说有20亿就够了。嗯,这个想法很好,是美好的愿望。但未来不会是那样。到2030年将会有100亿人。"孟山都逐渐找准定位,它不再只是向农民出售大量杀虫剂和种子。这家公司把拯救世界、使之免于饥饿作为道德使命。

美国社会学家、文化史学家舒尔曼(Rachel Schurman)和芒罗(William Munro)在2010年的著作《为食物的未来而战——活动者与农业公司在生物技术上的斗争》(*Fighting for the Future of Food: Activists Versus Agribusiness in the Struggle over Biotechnology*)中,报道了那段时间对孟山都内部人士的几段匿名采访。受访员工一致认为,公司从化学品转变到生物技术,是基于解决环境忧患的切实责任感。有人回忆说:"研发人员,应该说由上至下从高管到研发人员,都有非常、非常强烈的信念,认为我们在为世界做好事。而外界对孟山都的印象却与之相反,这真的很让人惊讶,因为我们大家都认为,'我们正在让化学品退出市场,是在用新技术实现环保啊'。"

这种愿景很好理解。如果能利用农作物遗传学直接战胜害虫和疾病,那么农药就越来越不重要了。抗虫害玉米不再需要杀虫剂,抗枯萎病马铃薯不再需要除真菌剂,诸如此类。农作物产量更高,耕地的占用就会更少,这样便能退耕还林。氮利用率高的农作物,乃至固氮的主粮作物(比如玉米或小麦)——假如有的话——几乎可以不再用人工肥料。但减少化学产品的话要怎么赚钱?孟山都需要利用基因工程种子专利的生物知识产权产生收入流,而不是把保护作物的农药视作主要利润来源。"鉴于大家都宣传生物技术有改善环境问题的潜力,化工企业就有了一条清晰的道路,自我重塑为一种更环保的新形象。"舒尔曼和芒罗写道。

专利和知识产权被视为至关重要的组成部分。一位匿名的工业界科学家告诉舒尔曼和芒罗:"这些是必须有的……因为这是一个受监管的行业,而且研发投资巨大。制药行业和高科技行业都是这样……在一个监管严格的行业,从投产到产出,周期非常非常长,研发成本极高,那么在这方面必须要有收益。如果没有知识产权,人人可以共享的话,就不会有足够的钱投入进去。"积极争取专利的背后还有一个动因,就是防止竞争者做出相同的发明并要求得到所有权。"从中获得的大部分价值在于,你可以自由经营,你可以自由地持续使用你的发明……[否则的话,]别人会做出同样的发明,取得专利,然后起诉你,要求你停止。"另一位工业界科学家说。[30]预付的巨额研发费用意味着,只有那些可以开辟广阔新市场的研究才会激励工业界科学家。细分市场的应用项目,例如给经济能力有限的小农户尤其是较贫穷国家的小农户提供更好的作物,得不到资金支持,因为永远不可能产生商业红利。从这方面来说,孟山都号称的让全世界穷人都吃饱的目标是不大可能达到的。

在积极进军生物技术界的道路上,孟山都远远领先于其他几家大的农业公司。"很多其他公司都在积极发展技术,在业内扮演重要角色,但没有哪家公司[像孟山都这样]投入那么多时间、金钱和人力资源来打造它在业界的地位,"舒尔曼和芒罗写道,"也没有哪家公司对这个行业和技术的命运施以同等程度的影响力。确实,如果说全世界有哪家公司的名字能够等同于'转基因'这个词,那毫无疑问是孟山都……别的大集团在生物技术上的投资缓慢而谨慎,孟山都则不同,它从一开始就决意成为行业领导者,并在此后30年里一直专注于这个目标。"

一名曾为孟山都的一家竞争对手工作过的科学家告诉舒尔曼和芒

罗："[孟山都的高层]多年前便破釜沉舟,将精力完全投入到争取生物技术的成功上。杜邦、陶氏、先正达……这些公司都要谨慎得多……先正达和陶氏等公司说,'行啊,我们要把生物技术作为公司业务的一部分,但利润主要还是靠我们的传统业务。'孟山都则说,'我们所有的利润都要来自生物技术。'孟山都做到了!"

从1975年起,孟山都连续三任首席执行官,汉利(1984年退休)、马奥尼(Richard Mahoney,任期1984—1995年)和夏皮罗(Robert Shapiro,任期1996—2000年),"都遵循同样的路线,公司资源中投入到生物技术的部分越来越多,公司离过去的化工越来越远",舒尔曼和芒罗如是写道。"夏皮罗是对生命科学的想法最感兴趣的一个,他对公司在生物技术上的未来充满信心,相信这可以给公司赚大把的钱,同时创造一个环境更可持续的世界。"[31]

*   *   *

这条道路上,起决定性作用的前几步已经迈出。1970年,孟山都的一位化学家,弗朗兹(John Franz)按公司要求研究一些其他地方来的新化合物。这些化合物原本是用于开发水软化剂的。在研究过程中,弗朗兹合成了一种新分子,叫作N-膦酰基甲基-甘氨酸,如今更多人称之为草甘膦。[32]按照孟山都的官方历史:"一开始的筛选测试结果非常惊人,以至于孟山都跳过第二次筛选,直奔田间试验。试验的第一份报告只有一个词:'有了!'试验显示,这种新型除草剂对一年生和多年生杂草都有效,不仅可以杀死草叶还可以杀死草根。协助这项田间试验的学术界参与者和种植者只有一个问题:'哪里能买到这玩意儿?'"[33]孟山都在秘书处发起了一个"命名新化合物"的竞赛,为这种新除草剂起个品牌名称。中选的名字来自米利斯(Dottie Millis),她提出用"农达"作商标。按竞赛规则,她获得了50美元奖金。而她创造的这个名字后来传遍世界,为公司挣得百亿收入。

孟山都很快意识到，手上的除草剂"百年一遇"。农达是一种堪称完美的除草剂，几乎可以杀死所有正在生长的植物。它的作用方式是阻断植物组织中一种必需氨基酸的合成，只会影响植物，这意味着它对动物的毒性极低*。由于会被微生物快速分解，农达比其他广谱除草剂竞争品对环境更友好，因为其他除草剂常常残留在土壤中或对更广泛的生态系统造成不良影响。不过，农达的高效也是它的阿喀琉斯之踵。以前的除草剂之所以对农民有用，是因为它们具有选择性：比如，玉米种植者使用莠去津(atrazine)，因为它能杀死阔叶杂草而不损害玉米植株，然而，与玉米类似的禾本科杂草也能存活，并继续侵害作物。没有一种传统的除草剂100%既能有选择地杀死杂草又不伤害作物。

发现一个像农达这样的化合物曾是公司长期以来追求的目标，需要几十年的研究和数千万美元的投入。正如一位公司内部人士后来说的："我们在1952年开始寻找农达，在1969年找到，在1975年将它商业化，这时距最初的研究已有23年。"[34] 如此长期的投资需要以成功的产品作为回报。20世纪80年代时，孟山都的经济压力日渐增长。当时它已经在迅速脱离传统化学产品，但预期中的生物技术帝国尚未建成。收益下滑，高级职员开始谈论裁员甚至更糟糕的情况。公司内部以施奈德曼和傅瑞磊领衔的新生物技术的倡导者们，面临着将创新产品带入市场的巨大压力。他们的应对措施是"抗农达"(Roundup Ready)，这是给农民提供的一种理想的杂草控制方案：农民们只需将孟山都提供的作物种子播撒下去就可以了，这些种子经过基因改造，可以抵抗农达除草剂。有了抗农达作物，农民们就可以对生长中的作物喷洒草甘膦，把杂草全都除去，只留下作物毫无损伤地蓬勃生长。这是除草剂选择

---

* 农达的半数致死量(LD-50)，即在实验中杀死50%的大鼠所需的剂量，与精制食盐或醋相当。

性的终极体现。现在,草甘膦的喷洒不必受限于只在种子萌发前或是只在路边和田地边缘,它可以取代几乎所有其他除草剂,成为农民除草的主要工具。这个解决方案可以帮助孟山都的农达从一个用途有限的广谱除草剂转变成风靡全球的畅销产品。

抗农达作物的开发非常昂贵。经过满世界地搜寻,终于找到了所需的抗性基因。巧得很,在孟山都自己的一间农达生产厂外面有一个污水处理池,池中潜伏的农杆菌里有这种抗性基因。孟山都还有另一个经济上的动机:农达的专利在2000年到期,而抗农达可以提供一个功能完善的组合包,把种子和除草剂组合起来,专门用来最大限度控制田间杂草,以此拴住农民买家。当抗农达种子在1996年首次投入市场后,美国的农民很快就接纳了,随后几年将全国种植的玉米、大豆、棉花、油菜等经济作物大部分换成了耐除草剂的品种。正如舒尔曼和芒罗所写,对于这些新生物技术种子,"美国农民几乎是排着队去买。农民们接受这些转基因作物品种的速度,在整个国家历史上,比接受其他任何农业技术的速度都要快"。[35]对农民来说最大的好处或许是这些新种子让耕种变得简单了。就像一位前孟山都员工写的:"你不需要费劲成为农业专家,只要把抗农达玉米种下去,洒上24盎司*的农达。田地清爽,产量奇高,一步搞定,简单至极。"[36]傅瑞磊后来回忆说:"我记得在1996年,开车经过标记着抗农达的大豆田时,你从洲际公路上就可以远远分辨出它们来。它们很干净,一点杂草都没有。而当你开到下一片田,就会看到田里长着很多野草。所以说,这是一项突破,推动人们接受它……我想到小时候在农场,在大豆田里得靠手工拔草……这项技术带来了巨大的变化。"[37]

尽管抗农达作物在流行的夸张作品中常被描述为依赖化学品的单

---

* 1盎司约为0.3升。——译者

一栽培，但改种抗农达作物还是对环境有助益的——不过要说一开始就广受期待大概是夸张。抗农达促进了免耕农作和保护性农业被更广泛地接受。农民可以基本上不用耕地和条播，只要将作物茬留在地里就行。以前用来耕地的拖拉机和不断除草的锄头闲置在农院里，省下不少燃油。不翻动土壤也提高了土壤中的碳水平，有助于减少土壤侵蚀、改善土壤结构。为了把这些节碳好处转化为公关宣传上的优势，孟山都后来把应对气候变化作为公司的一大主题，在2015年承诺，基于抗农达产品相关的节约碳排放，整个公司到2021年将实现碳中和。[38]

但是，抗农达作物卖给农民容易，在消费者中却未能大获欢迎。孟山都的主顾是农民，因此或许容易理解，对于其产品出现在食物中时大众将怎么看待除草剂耐受性这一点，为何孟山都没有考虑太多。反对转基因的运动组织发现他们面对的是一个无人防守的空门：他们有理由把孟山都的"种子农药"组合包说成是一场垄断陷阱，意在加强工业化农业对单一化学除草剂的依赖。于是，孟山都推出的转基因作物，无论从什么角度看，都是为了提高而非减少农药的销量——对于一家曾给世界带来橙剂和PCB的公司，尤其显得居心不良。抗农达叛离了生物技术先驱们的初心，他们原本是为了减少农民们对外用化学品的依赖，现在这款转基因产品本质上将农民锁定在了农药的跑步机上。

这样的评价不单单是事后诸葛亮。在当时很多人已看出，很明显，孟山都决定发布耐草甘膦转基因作物将会招致一场公关危机。孟山都的竞争对手汽巴-嘉基（后来变成了先正达），最初决定停止自家的抗除草剂种子的试验，就是因为惧怕类似的公众反应。查尔斯在他2001年的书《收获之神》中说，玛丽-戴尔·奇尔顿，傅瑞磊早期开发植物转基因工程时的竞争对手，曾向她汽巴-嘉基的新老板提议过耐除草剂作物，遭到断然拒绝。"我记得瑞士的老板们立马回答：'这是个伦理问题，我们绝不能卖那种玩意儿。'"查尔斯引用奇尔顿的话说，"他们觉得跟在农作物后面卖农药有问题,尤其是你还打算将两者打包出售。他们说:"这个永远不会成功,会遭到无数人反对。'"

然而,对于傅瑞磊和孟山都的其他人来说,他们是不可能由于潜在的消费者反对就决定放弃除草剂抗性的。"我想从我走进孟山都的第一天起,农达抗药性就是一个中心目标,因为草甘膦是知名产品,在农田里控制杂草非常有效……只是也会杀死作物。"傅瑞磊回忆说,"所以如果我们能改造出一种耐草甘膦的大豆或玉米,或者棉花,那对农民来说就是一种革命性的技术。"后来证明这是对的。尽管孟山都在全美赢得了农民的信任,但接连发生的抵制转基因运动让其抗农达作物被欧洲农业拒之门外。2000年之后,欧盟没有批准过一项孟山都或其他公司的转基因作物进入欧盟国家种植。*由此产生的争议也让宣传了很久的生物技术革命带来的各种农作物全部受到排挤。有一种已在加拿大种植的抗虫转基因马铃薯,在麦当劳打过两通警告电话后,停产了。这个品种名为NewLeaf,可以抵抗科罗拉多马铃薯甲虫的侵害。停产后,种植者重新用上了杀虫剂。[39]早先被孟山都认为寄予厚望的抗除草剂小麦,因为烘焙厂和小麦批发商的反对而搁置。生物改造的水稻,也是一样。

抗农达转基因种子引发的反对意见如海啸一般,冲垮了孟山都的高层领导,也几乎摧毁了整个公司。首席执行官夏皮罗曾经笃信生物技术的光明未来,现在却受到了极大的羞辱。1999年10月,他卑躬屈膝地出现在绿色和平组织会议上,《纽约客》的斯派克特(Michael Specter)描述了当时的情景。[40]夏皮罗通过视频连线发言,"表情严肃,小心翼翼,备受打击",斯派克特如此报道。四面楚歌的孟山都首席执行官

---

* 2010年,欧盟批准了巴斯夫开发的一种转基因高淀粉马铃薯,叫作Amflora。这种马铃薯原计划投入工业应用,如造纸业,但由于负面报道,巴斯夫两年后终止了生产。

承认，他对生物技术的热诚"被很多人认为是高傲自大、居高临下。这也可以理解。因为我们以为我们的工作是去劝服，结果却常常忘了倾听"。

然而，一切对于夏皮罗来说太迟了。2000年初，围攻之下，公司股价大跌，被法玛西亚（Pharmacia）公司合并（该公司后来被辉瑞收购），夏皮罗被扫地出门。2002年，农业部门脱离出来，成为"新"孟山都。如今这家公司致力于种子销售，通过圣尼斯（Seminis）这个品牌向欧洲和其他地区的传统农业种植者和有机农业种植者销售优质蔬菜种子。在收购先正达竞标失败后，2016年，孟山都自己成为了合并对象，被德国化学品巨头拜耳收购。经历一个多世纪，"孟山都"这个名字或许将永远消失。*

*　*　*

如果夏皮罗花点精力从蕾切尔·卡森的《寂静的春天》中吸取教训，孟山都和转基因产品的整体命运或许会完全不同。在书最后一章，卡森赞扬了一种"细菌杀虫剂"的优点。这种杀虫剂来自土壤细菌苏云金杆菌（*Bacillus thuringiensis*，简称 *Bt*）。卡森说，这种细菌的芽孢，含有"特殊的晶体，组成晶体的蛋白质对特定的昆虫，尤其是蛾子等鳞翅目的幼虫来说是剧毒"。她认为，这种 *Bt* 生物杀虫剂很有前途，不仅因为它是天然和生物来源的，也因为它的特异性：对哺乳动物和鱼类无毒，对其他益虫或非目标昆虫也无害。

卡森报告了令人鼓舞的早期野外证据：在杀死侵害森林、香蕉树和卷心菜的毛虫的效果上，用"[*Bt*]细菌控制的结果跟使用DDT一样好"，并且没有附带的毒害。作为喷雾或粉剂施加的 *Bt* 细菌非常有效，但缺

---

* 2017年6月，中国化工集团公司宣布完成收购先正达；2018年6月，拜耳宣布完成收购孟山都。——译者

点也是有的,例如,它作用不到那些在植物组织内部进食的虫子,也到不了植物根部,露天暴露在田间会很快分解。即使如此,由于效果足够好,它在20世纪七八十年代有了广泛的商业应用。作为一种生物除虫剂,它在有机农业种植者中格外受欢迎,因为他们不能使用合成农药。

基因工程更好地利用了 Bt 菌:将细菌基因剪接插入植物基因组中,使植物直接在组织中表达杀虫蛋白质。1987年,《自然》上的一篇论文详述了一则早期成功案例,论文作者正是马克·范蒙塔古,他和同事一起非常详细地介绍了如何实现 Bt 菌在转基因烟草中的表达。[41]之后,孟山都在玉米和马铃薯上也取得了相同的成果。也就是说,孟山都其实可以决定在20世纪90年代中期让 Bt 转基因作物而不是抗农达首先登场。但是公司让抗农达大豆打头阵,在1996年种植了第一批转基因作物。直到一年后,也就是1997年,名为保丰(YieldGard)的首个 Bt 抗虫玉米才对外发布。于是,首款上市的转基因食品引发了一场关于除草剂抗性和孟山都是否就是为了多卖些化学品的争论,一争就争了几十年。而随后上市的减少杀虫剂使用的 Bt 种子,却在这场喧哗中被忽略。很多人仍然分不清这两类产品,以为农作物不知怎么的就对杀虫剂有耐药性了。

我想,如果孟山都推出的第一款产品不是抗农达大豆而是 Bt 抗虫玉米,转基因生物的历史可能会迥然不同。那样的话,基因工程一开始在公众的印象中就与减少杀虫剂的使用联系在一起,或许受到的非议也会少一些。有些环保组织甚至也可能慎重地支持转基因作物,将其纳入他们长期开展的减少农业杀虫剂的运动。Bt 作物或许还会被有机农业种植者接受,以一种更有效的方法递送一种他们已经依赖多年的生物除虫剂。相反,主要因为抗农达的"原罪",孟山都深陷一连串争议,以至于如今公司名字成为依赖化学品的"农业巨头"的代名词。

◇ 第五章

自杀种子？从加拿大到孟加拉的农民与转基因生物

我们都听过那些故事。孟山都逼得家庭农场主破产。他们剥夺了农民自古就有的留种权利，还雇佣律师和私家侦探监视和骚扰他们疑心私留了种子的人。最可怕的是，他们会起诉那些本身没有过错、只不过所种植产品无意中受到转基因作物污染的农民。在尼尔·杨（Neil Young）的新专辑《孟山都的岁月》(*The Monsanto Years*)* 里，可以听到关于化学品污染、农民遭起诉、企业的控制等各种绘声绘色的故事。作为歌曲作者，尼尔·杨诚然有权做些艺术创作，但那些关于孟山都的说法既然如此深入人心，便值得细细推敲。农民真的失去了选择作物的权力吗？企业控制真的将农民逼成了实质上的奴隶吗？孟山都真的因为农民无意间种植了污染农田的专利种子就提起了控诉吗？不出所料，孟山都断然否认参与过这类事情。孟山都声明："从未因任何一个农民出于意外或疏忽使农田中出现少量本公司的专利种子或专利性状而起诉农民。"[1] 它称这种说法"纯属虚构"，"是误解……很可能始于珀西·施迈泽（Percy Schmeiser），此人因非法私藏抗农达油菜籽在加拿大被孟山都告上法庭"。

---

* 尼尔·杨是加拿大的一位创作型摇滚歌手，与洛杉矶摇滚乐队 Promise of the Real 联手于2015年6月发表了专辑《孟山都的岁月》。——译者

珀西·施迈泽是萨斯喀彻温省的一个农民,其家族在过去一个多世纪里种植着同一片600公顷的农田。对于那些反对孟山都和转基因生物的人来说,珀西·施迈泽确实成了一位国际英雄。他和妻子露易斯(Louise)获得了2007年的"正确生活方式奖"(Right Livelihood Award)。* 引用致奖辞的话说,他们因为"有勇气保护生物多样性和农民的权益,并敢于质疑专利法目前在环境和道德层面的不合理"而获奖。[2] "施迈泽夫妇与孟山都恶劣的市场行为作斗争,给全世界敲响警钟:从事农作物基因工程的企业主导地位日益增强、市场入侵力度不断加大,让农民和生物多样性面临无处不在的危险。"正确生活方式奖总结道。

2009年,一部名为《珀西·施迈泽——戴维与孟山都的对决》(*Percy Schmeiser: David versus Monsanto*)的电视纪录片报道了施迈泽。纪录片展示了施迈泽一方的说辞,他声称一开始是"收获时节的一场暴风雨"将孟山都的转基因油菜籽吹进自己的田里。1998年8月,孟山都首次提起诉讼,施迈泽虽然在初审时输掉了官司,但拒绝"被化工巨头吓倒",便向加拿大最高法院上诉。施迈泽谈到加拿大农民在捍卫历史权利时的强烈独立精神,他在片中激动地说,他和邻居们"不会容忍跨国公司来夺走我们的权利"。看到孟山都的私家侦探监视着他们的地,他的妻子露易斯对着镜头说:"非常恐怖……我觉得就像在自己家里坐牢一样。"[3]

影片用最高法院的判决来表现施迈泽获得了胜利,因为下级法院要求施迈泽向孟山都赔付巨额经济损失费的指令没有得到维持。但是,实际的法庭判决更为复杂。根据最高法院记录的《孟山都加拿大公

---

* 正确生活方式奖有时又被称为"诺贝尔替代奖"。2016年获奖者包括叙利亚民防组织(或称"白头盔"),土耳其独立报纸《库姆胡里耶》(*Cumhuriyet*),以及俄罗斯人权活动家斯维特拉娜·冈努西奇娜(Svetlana Gannushkina)。

司起诉施迈泽案》，"施迈泽从未购买过抗农达油菜籽，也从未获得种植这些种子的许可。但测试结果显示，1998年，他的1000多英亩油菜中有95%—98%是抗农达作物"。施迈泽早前告诉加拿大联邦法庭，他为了清理沟渠和电线杆附近的土地而喷洒农达，然后头一次注意到抗农达油菜。他发现，用了除草剂后有很大一部分的油菜活了下来，猜测这些油菜一定有耐受除草剂的基因。但施迈泽没有像其他农民那样清理掉这些油菜——孟山都提供免费清理服务，而是收割了这片田，将菜籽留作来年播种用。他不知道的是，孟山都的私家侦探罗宾逊调查所，收到匿名举报后，采集了样本送去检验。检验证实，这些油菜籽就是抗农达种子。

尽管施迈泽后来称是"污染"所致，但联邦法官的结论认为："以施迈泽的作物检测结果为证据，抗农达油菜的密度和规模达到商业品质，对此［施迈泽提出的］可能的来源无法予以合理解释。"法官发现，施迈泽"知道或应该知道"他1997年的作物"有农达抗药性"，而他留种并在第二年将其种在了自己的9块油菜田里。加拿大最高法庭最后记录道："施迈泽先生上诉说最初油菜在他没有干预的情况下进入田地。但他完全没有解释为什么喷洒农达来隔离田地中的抗农达油菜植株，为什么还收割了油菜并将菜籽分开保留，为什么后来种下了那些油菜籽，以及为什么经历这番种植他得到了1030英亩抗农达油菜却没有支付应付的15 000美元。"根据孟山都的说法："真相就是，珀西·施迈泽不是什么英雄。他只是个会讲故事的专利侵权人。"[4]

加拿大法院一致认为，珀西·施迈泽试图不付钱就使用孟山都的基因技术，尽管施迈泽对此予以否认。在法庭上，为了辩解，施迈泽对孟山都的专利是否正当提出质疑，称像种子和长成的植物这种生命体不应该是某家公司长期持有的财产。不过，联邦法庭和最高法院也都驳回了这一点，指出第二代种子中的抗农达性状仍然属于孟山都的财产。若觉得不公正,不妨想想,没有人拦着施迈泽继续种植非专利保护的种子,无论传统的还是有机的。孟山都对一般的种子并无专利权,只对具有专利遗传性状的种子拥有专利权。在美国和加拿大,其他种植孟山都种子的农民以合法的途径获得种子,为这项特权支付"技术费",并签署一份禁止留种和复种的法律文件。(此后孟山都取消了"技术费",并推出所谓的"无缝定价"策略。)

专利拥护者认为,专利权授予发明人对其发明在商业用途上有短期的独占权,这对激励创新非常重要。比如,作为本书的版权持有者,我会设法确保没有人可以在未经我许可的情况下随意复制和传播书中的内容。这跟音乐、软件或其他数码材料一样,随意复制和传播它们将犯盗版罪。假如珀西·施迈泽的抗农达油菜最初真是无意间进入农田的,那么以数码音乐来类比的话,就像有人无意间发送给你一首受版权保护的乐曲。即便如此,如果你自己再行复制,也违反了知识产权法,而这就是施迈泽在发现种子具有极诱人的除草剂耐受性之后所做的。我们还可以拿图书版权来举例。经济学家哈福德(Tim Harford)在他近期出版的著作中写了人类发明的最重要的50项技术,开篇就将读者的注意力引向正文前面的版权声明。"它的意思是,这本书属于你,而书中的**文字**属于**我**。"他写道。类似地,即使珀西·施迈泽可以拥有农场里的植株和种子,那些种子里的某些基因仍属于孟山都。

貌似不公平,但专利不是永久的,通常仅有20年有效期。这个时限比典型的图书版权要短很多。在大多数国家,图书版权的保护期限是作者终生及其去世后50—70年。事实上,第一代抗农达产品的专利已经到期,种植者如今可以购买无注册商标的抗草甘膦大豆,并喷洒仿制草甘膦制剂。[5]正如孟山都公司勉强承认的:"孟山都通报过,在性状专利到期后,公司将允许农民保留某些特定的抗农达大豆品种。"[6]由于草甘膦的专利也已到期,这种除草剂如今有很大一部分已不由孟山都生产,而是中国生产的。[7]也就是说,专利制度能激励技术创新,而在最初的专利保护期到期以后,这些创新就能广泛共享,造福整个社会。

种子看似不同于软件或音乐,因为它们是可以自我复制的活的生物体,不像数码音乐或图书那样由外部操作"复制"。可能还有人会说,种子作为生命体,具有内在价值,不应该被商品化,不应该像对待苹果手机、图书之类的非生命体一样把它们当作可获得专利的商业材料。道德伦理上可以继续争论,但法律上的界定是很明晰的——至少在美国如此,另一起涉及孟山都的最高法院案件"孟山都诉鲍曼案"已经作出了论断。该案专门讨论了种子作为生物,其固有的自我复制属性是否会使专利无效的问题。该案中,75岁的鲍曼(Vernon Hugh Bowman)是印第安纳州一个种大豆的农民,他以自家使用为目的,直接从一家谷仓购买了收获的大豆种子并复种,在此过程中用了孟山都专利的除草剂耐受性状。他主张,长期公认的"专利权用尽原则"应适用于第二代种子自主繁殖的过程。专利权用尽是指,你可以购买或销售专利产品(比方说电话或电脑)而不会违反该产品的专利权,其专利仅限于首次生产和销售。

然而,鲍曼输掉了官司。2013年5月,最高法院作出了罕见的意见一致的裁决。卡根法官宣布了法庭意见:"鲍曼主张此案适用于专利权用尽原则,因为他是按农民的正常使用方式使用种子,允许孟山都干涉这种用法将对专利种子的专利权用尽原则开辟不受许可的例外。但实际上,专利权用尽原则不扩展到制造该专利产品新副本的权力,鲍曼的要求超出了这一明确的规则。如果准予鲍曼这一例外,种子的专利权将毫无价值。"[8]用哈福德事件再次类比,就是你可以将自己的旧书卖给朋友,但不能以旧书为模板复印其中的文本。种子以遗传信息为"模板"长出一株新植物,就美国法律而言,这种生物信息——假定是合法的新发明——同其他发明创造一样受到知识产权法的保护。

合法是一回事儿,是否合乎伦理则是另一回事儿。乔治·门比奥特在1997年的一场演讲中如是抗议:

> 如今农作物基因工程所仰仗的知识产权可以说是单方面的。生产转基因作物的企业为确保投资有利可图,一直在申请和争取转基因农作物的专利权。很多大型药企用作原料的植物原是数百甚至数千年前农民培育出来的。企业将植物拿进实验室,捣鼓18个月,这里放个比目鱼基因,那里放个美洲驼基因,希望制造出的新产品能赚大钱。[9]

换句话说,在公共领域发展了无数个世纪的遗传信息被私有化和垄断。有人把这个过程与历史上的圈地运动相提并论。16—18世纪的圈地运动剥夺了英国农民的土地,这一次的区别只在于圈出的并非物理空间而是遗传信息。

孟山都公司在美国和加拿大最高法院的支持下,无疑会反对说,新的基因构造中只有插入的基因受到专利保护并因此私有化,并不涉及种子基因组的其他部分,并且没有新性状、无专利保护的原始种子应该可以继续使用。但实际结果是,正如孟山都继续指出的,具备有利性状的专利种子往往更贵:因而更富裕的农民更有条件从中充分获利。那些没办法投资增量新技术的贫困农民无法与富有的大农户竞争,进而加剧农村的不平等。乔治写道:"很多小农户游离于现金经济外,完全不能在这些条件上参与竞争。大生产者使用的技术是穷人难以企及的,而这些技术又保证了他们更加强有力地抓住土地权和土地生产……我的观点是,这将导致全世界粮食安全性降低。"因此,门比奥特虽然承认更高的粮食产量将会带来更多的食物——在其他条件都一样的情况下——但他认为,从政治经济学角度上来看,受专利保护的转基因种子意味着可能出现相反的结局。现实世界中结果会怎样尚有争议:一项荟萃分析显示,至少转基因作物的大部分利润留在发展中国家。[10]如果生物技术种子免除专利权,不收附加费用,那么情况可能全然不同,我们会在下一章看到。

很多运动组织声称孟山都利用专利系统直接恐吓农民,损害农民的留种权。食品安全中心(Center for Food Safety)是美国一个反对转基因、推崇有机农业的游说组织,他们在2013年一份题为《种子巨头对战美国农民》(Seed Giants vs U.S. Farmers)的报告中,号称农民"因种子专利相关事件不断受到迫害",而"孟山都在工业界主导了针对农民和其他农业利益相关方的诉讼"。[11]

孟山都承认,对于他们认为触犯公司知识产权的农民,他们确实提起过诉讼。"孟山都就专利侵权对农民提起诉讼属于罕见情况,自1997年以来在美国提起了145起诉讼,平均每年11起。目前为止只有9起案件经过了完整的审判。"[12]告上法庭的案例孟山都都赢了,他们表示公司获得的赔偿金全部捐给了孟山都基金会,该组织的宗旨是"在全球范围向有需要的社区提供可持续的帮助"。[13]

食品安全中心认为,孟山都之所以总是打赢官司,是因为被起诉的农民处于非常不利的地位。"大多数农民根本请不起法律代表去对付这些资产数百亿的公司,通常还被迫接受秘密的庭外和解。"报告说。然而,案件审理时,除了通过法庭,也实在没有更好的办法判断谁在说真话:农民究竟是无意间用了孟山都的专利种子,还是试图享受抗农达的好处却不愿支付额外的科技费——像法庭在施迈泽和鲍曼案例中发现的那样。

《种子巨头对战美国农民》报告总结说:"目前的知识产权制度导致种子产业固化,种子价格升高,种质多样性丧失,并扼杀了对科学的探究。"有一些证据支持食品安全中心的说法。跟药企的情况一样,开发一种新的转基因作物如今要花费数亿美元。开源和公共部门的转基因创新原本可以免收农民专利费、造福大众，现在却被挤出了局。巨额成本的上涨主要是因为现在监管过于严格，这意味着新作物在各个国家要通过繁复的审批流程，而只有资金最雄厚的企业才负担得起这种耗时多年的过程。成本上涨的另一个原因是受食品安全中心这类反转基因组织的阻挠而导致产品延期，反转组织提起诉讼或游说监管机构，只要是基因工程新产品，不管是私营机构还是公共部门研发的，一概予以反对。由于开放资源、小公司或公共部门的创新进入市场的门槛被抬高了，这些反转组织事实上是助推了种子产业的企业并购。具有讽刺意味的是，巨头产生却是反转组织反对转基因的一个理由。

举一个孟山都与美国有机农户对战的真实案例。但这个案例不是孟山都起诉有机农户，而是相反。事情始于 2011 年，有机种植者和贸易协会（Organic Seed Growers and Trade Association，简称OSGATA）在纽约地区法院提起诉讼。OSGATA 的法庭证词是这样开头的："转基因种子与有机种子不可能共存，因为转基因种子会污染并最终淘汰有机种子。"OSGATA 担心种植者"受到转基因种子污染却事与愿违地被转基因种子公司指控侵犯专利"。[14]因此，"原告要求法庭宣布，如果他们的种子受到孟山都转基因种子的污染，他们无需害怕因专利侵权而遭到起诉"。然而，地区法院和上诉法院都裁决，OSGATA 案件不能成立，因为孟山都承诺过不会因无意的污染而起诉任何人。依我之见，整件事更像是一场公关演习，而不是一场严肃的法律挑战。之后美国最高法院拒绝听取此案，由下级法院作出裁定。

* * *

转基因之争中，关于集团操控的一大忧虑来自一种广为流传的说法，那就是孟山都的转基因种子无法繁殖——它们被特意设计为不育的种子，逼迫农民年复一年从同一家公司购买种子。这种"终结者技术"经常被作为理由说明转基因技术肯定对农民不利以及私企为何执意要推广。确实,如果生物的繁殖机制可以通过人工技术操控,在遗传上被关停,而一切是出于公司利益,这样的不育种子让人本能地感觉不适。

种子不育这一生物性状虽然在20世纪90年代获得过提议和部分开发,好在从未在哪个地方实际部署过。所以,危言耸听的"终结者技术"并不存在。孟山都种子不育的说法是个谣言。但与很多谣言一样,其中有一个核心事实是真的:孟山都收购过一家名为三角洲和松林地(Delta & Pine Land)的种子公司,这家公司在20世纪90年代曾涉足不育种子的开发。讽刺的是,最初开发所谓的"基因运用限制技术",除了有保护知识产权的商业动机,一个主要驱动因素是为了消除无意间基因污染的危险。那些担心"终结者技术"的人往往忘记了一点,已出现近一个世纪的杂交种子,其第二代也是不繁殖的,农民需要每年买新种子。然而,由于全世界都有人愤怒地表示反对,孟山都后来在作出回应时承诺不再使用该项技术。因此,如今所有转基因种子(除非是杂交种子)就像普通种子一样可以繁殖。这正是为什么孟山都会在美国起诉了近150名农民,要求他们不可以在没得到公司允许的情况下再次播种。

更合理一些的批评是说,孟山都占据了转基因种子市场的主导地位,因而引起了反垄断和垄断方面的担忧。在1996年发布抗农达系统后的10年里,孟山都大举收购了近40家公司。其中大部分不是生物技术公司就是种子公司,包括农鲸(Agracetus)、卡尔京(Calgene)、霍登(Holdens)、阿斯尧(Asgrow)、迪卡遗传(DeKalb Genetics)、三角洲和松林地,还有嘉吉种子公司。农化"五巨头"中的另四家——杜邦、先正达、拜耳和陶氏,也不遑多让,这些公司几乎包揽了整个转基因种子市场,在所有销售的种子中孟山都的生物性状占比一半以上。这里头的情况很复杂,因为孟山都一开始就采用了"广泛许可"的策略,允许竞争对手在其种子中使用孟山都专利的生物技术性状。美国司法部后来对此非常关注,要对"种子产业中可能存在的反竞争行为"展开调查。但调查在2012年静悄悄地终止了。[15]为什么呢?"反垄断局在作出决定时考虑了调查未决期间的市场发展。"司法部的一位发言人如此告知《琼斯妈妈》(Mother Jones)杂志的记者费尔波特(Tom Philport)。[16]

尽管美国司法部拒绝介入,种子市场的公司集中化并没有消失。实际上,情况更糟了。陶氏和杜邦合并为陶氏杜邦公司,孟山都新近被拜耳收购,先正达被中国化工收购。随着孟山都与拜耳合并*,之前的"五巨头"变成了"三巨头"。"这些并购活动不再只是关于种子和杀虫剂,而是与控制全球农业投入和世界食品安全有关。"一家名为"侵蚀、技术和集聚行动团体"(Action Group on Erosion, Technology and Concentration,简称ETC)的技术监察团体在2016年的一份新闻稿中发出警告。[17]2017年7月,美国反垄断研究所(American Antitrust Institute,简称AAI)、食品与饮水监督会(Food & Water Watch)和美国全国农民联合会(National Farmers Union),联名写信向司法部明确要求,出于竞争和创新的原因需要阻止孟山都和拜耳合并。[18]AAI主席摩斯(Diana Moss)说:"公司合并极大地消除了很多重要市场上的竞争。它会挤走那些较小的对手,把更高的价格、更小的选择和更少的创新强加给农民及消费者。"信中指出,如果孟山都与拜耳合并,产生的联合企业将有269亿美元(将近200亿英镑)的年收入,占总行业年收入的40%,甚至比陶氏杜邦和先正达–中国化工还要多。[19]

竞争监管机构是否允许这起最大规模的大型合并尚未见分晓。如果准许合并,保护转基因种子市场的真正竞争将会成为日益严重的问题,因为竞争对鼓励深层次创新和保护农民抵抗高价权力无疑都很重

---

* 原文中还是将来时,拜耳已于2018年6月完成收购。——译者

要。这时不再是为了禁止或严格限制转基因作物,更多是要想方设法保证技术不会受到企业的过度操控。在我看来,反对企业支配转基因作物的那些团体态度多少有些表里不一。食品与饮水监督会和ETC并没有为开放竞争作出努力,也不是在提高农民获取像基因改良种子这类新发明的能力,他们只不过是试图限制甚至禁止农民使用转基因作物。因此,他们自称担忧反竞争的做法,在我看来更像是一种战术策略而非出自真心。公司集中化仍然是一个真正的问题,最近接二连三的大型合并很可能让情况恶化:一方面限制了农民的选择,另一方面给了那些一心妖魔化大企业的反转活动者更多"炮弹",让他们在反对转基因技术上有了最大的宣传价值。

*　　*　　*

在所有炮轰孟山都的指控中,有关公司要为数十万印度农民死亡负责的说法无疑最为严重。印度农民自杀事件被无数家报纸反复报道,通过获奖纪录片得到全球曝光,甚至在查尔斯王子的演讲中也有提及。这件事给了反转基因活动者强烈的道德驱动力,他们相信自己在为世界上最穷、最无助的农民维护权益。此事也加深了孟山都是全球最残酷剥削、最邪恶的公司之一的形象。

"转基因种族灭绝——数千印度农民使用转基因作物后自杀",2008年英国《每日邮报》用这样的标题发表了一个让人心碎的故事。[20]文章用第一手资料讲述了若干农民的故事,他们喝农药自杀,留下悲痛的家人收拾债务和被毁掉的庄稼。"在印度的自杀地区,转基因未来的成本高得如同谋杀。"记者访问马哈拉施特拉邦后总结说。另一个一手故事讲的一位种植失败的农民,是2011年影片《苦涩的种子》(*Bitter Seeds*)中最扣人心弦的情节。"在印度,每30分钟就有一个农民自杀",电影海报上印着。这部纪录片参加了100多个电影节,获得了乐施会发展基金(Oxfam Novib)的"全球正义奖",并在全世界几十个电视频道播放。《纽约时报》作者泊兰(Michael Pllan)称之为"一个动人又发人深思的当代悲剧"。影片的网站把问题描述为:"转基因种子要昂贵得多;需要额外的肥料和杀虫剂,而且每个种植季都需要重新购买。"[21]

反对孟山都的活动家中,声音最大的大概要数印度环境活动家范达娜·席瓦(Vandana Shiva)。《纽约客》作者斯派克特在2014年发表的一篇长文中这样描述席瓦:由于激烈反对全球化和转基因作物,她到哪里都是反转活动者中的英雄。[22]美国电视记者莫耶斯(Bill Moyers)将她比作"全球抵御转基因种子战争中的摇滚明星"。2016年,席瓦在自己的网站上写了印度农民自杀事件,标题是"孟山都对战印度农民"。文章中,她说孟山都"从印度农民的手中夺走了"棉花种子,而且由于孟山都进入印度种子市场,棉花种子的价格提升了"80 000%"(不,这不是印刷错误)。最重要的是,她称造成的结果是"30万印度农民自杀,陷入债务和粮食歉收的绝望循环中,84%的自杀事例直接归咎于孟山都的 Bt 棉花"。[23]席瓦还在别处将这件事称作"种族灭绝",她坚称这完全是孟山都造成的后果。[24]

然而,这个广为流传的故事背后,还有更多不为人知的详情。Bt 棉花含有一种抗虫基因,意味着它本身只需要很少的杀虫剂。农民不用对作物喷农药,靠棉花植株自己就能抵抗主要虫害,也就是棉铃虫虫害。那么,为什么农民还需像影片《苦涩的种子》指称的,举债购买"更多杀虫剂"?另一个明摆着的问题是,为什么农民会年复一年购买同样"无用"的转基因棉花种子,这显然与他们的利益背道而驰。《苦涩的种子》将这归因于代表孟山都利益的"种子推销员"采取紧追猛打的市场营销手段。同样,《每日邮报》的作者报道说:"转基因推销员和政府官员向农民保证这些是'神奇种子'。"但是,Bt 棉花最早在2002年大规模种植,15年过去后,它仍占据印度棉花种植田的90%以上,国内市场上有800种 Bt 棉花品种相互竞争。农民真的被狡猾的市场营销欺骗,连续15年都在购买无用的"神奇种子"吗？印度农民真的常年受害，经年累月听信同样的谎言，最后走投无路，只能自杀？俗话说：被骗一次，其错在人；被骗两次，其错在己。被骗15次？那印度棉花种植者无疑是世界上最蠢的人，堪称农业界的旅鼠*。

真实世界的证据毫不意外地表明，印度棉农一点也不蠢，他们自由选择了种植Bt棉花，因为Bt棉花可以提高产量，减少农药花费，给农民家庭带来更多收入。德国格丁根大学的卡塔格（Jonas Kathage）和凯姆（Matin Qaim）对此做了非常细致的实地考察，2012年在权威期刊《美国科学院院报》（PNAS）上发表了结果。[25]卡塔格和凯姆在2002年到2008年间调查了4个棉花种植地区（马哈拉施特拉邦、卡纳塔克邦、安得拉邦和泰米尔纳德邦）的533家农户。受调查农民中，Bt棉花的种植率从2002年的38%涨到2008年的99%，说明要么孟山都的"神奇种子"推销员极善推销，要么——更有可能的是——农民认为Bt棉花确实能带来利润。正如德国调查者发现的，由于虫害减少，棉花产量增长24%，Bt棉花种植者的利润提高了50%。在另一篇文章中，凯姆和同事克里希纳（Vijesh Krishna）指出，在同产区同时段，Bt棉花使得农药的用量减少了50%——这无论对环境还是农民的健康来说都有极大的好处。[26]凯姆估算，如果把农药减少所带来的利益推及整个印度，"Bt棉花现今每年可以至少避免240万例农药中毒事件发生"。[27]这样的消息一定能让环保人士听了感到欣慰——范达娜·席瓦应该也是。

有很多印度农民愿意讲述这个更积极正面的故事，只是好心的纪录片制作者似乎从来没有采访过他们。我遇到过一个令我印象深刻的棉农，名叫辛格·曼（Gurjeet Singh Mann）。他来自西部的哈里亚纳邦，戴着红头巾，神采奕奕。第一次在德里见到他时，他的安静谦逊和坚定

---

*许多人认为旅鼠会集体从悬崖上跳下自杀。——译者

的环保信念让我颇为感动。后来他在和我的一位来自康奈尔大学的同行交谈时说："种 *Bt* 以前,市场上能买到的所有致命毒药我们都试过用来喷棉花。"他说。[28]"每天晚上我们都要在田里喷杀虫剂。于是环境中充满了有毒气体,毒害了鸟类、家畜、昆虫、青蛙,它们很快都从村里消失了。再也听不到鸟啾啾叫了。"这个故事让人联想起蕾切尔·卡森的《寂静的春天》。辛格·曼说,自从大规模选用了 *Bt* 棉花,农药喷洒相应减少,"村里又有鸟啾啾叫了,我们的国鸟孔雀飞了回来,还有鸽子,又能看到昆虫了,下雨时也能看到青蛙了。*Bt* 的到来让动物王国恢复了往日的生机"。

那么,如果 *Bt* 棉花并没有像以往报道的那样引起过灾难,为什么印度农民还会大批自杀呢? 英国曼切斯特大学的社会统计学教授普路易斯(Ian Plewis)详细研究了这些自杀案件。普路易斯查看了官方公布的自杀率,发现在印度9个广泛种植棉花的邦中有6个邦,非农民比农民更容易自杀。"真要说的话,"他写道,在整个棉花种植区,"农民[每年]自杀率大约是十万分之二十九,比非农民自杀率十万分之三十五低一点"。[29]换句话说,分布在印度城市的"自杀地区"的自杀者和分布在农村的一样多。自杀的绝对数字在外人看来大,是因为印度农民数量庞大,单9个棉花邦就有4000万。因此,比较不是看自杀的绝对数量,而是要看单位人群中的自杀率。让人欣慰的是,数据显示,印度的自杀率与其他国家没有太多不同。普路易斯报告说,印度农民每年的自杀率比英格兰和威尔士要高,但是"与苏格兰和法国自杀率的估计值相近"[30](我可以补充一句,这两个地方目前都没有种植转基因作物)。

普路易斯还比较了引入转基因棉花前后的自杀率。如果是 *Bt* 棉花导致了"转基因种族灭绝",那么可以想见,在 *Bt* 棉花大规模种植后应该有一个自杀率的飞升。但数据显示并非如此。"2001年(引入 *Bt* 棉花前),自杀率是十万分之三十一点七;而2011年,相应的估算数字是十万分之二十九点三"——事实上,还有所减少。[31]普路易斯总结道,与广为流传的印度农民自杀之说正相反,"过去15年的自杀率变化趋势与 *Bt* 棉花的有利影响是一致的,尽管不是每个棉花种植邦都一样"。[32]如此说来,到处传的 *Bt* 棉花自杀故事非但是假的,而且"有证据支持相反的假说:男性农民自杀率以前持续上升,2005年之后实际下降了"。印度农民自杀事件是以个人悲剧为素材的以讹传讹,被范达娜·席瓦之流灌入意识形态,并罔顾事实添盐加醋,最后传成了整个国家的悲剧事件。

*　　*　　*

关于印度种植 *Bt* 棉花,更有趣的疑问也许是,为什么其他国家会曲解事实。正如之前我提到过的,我认为这并非偶然。深入审查后,*Bt* 棉花自杀事件之谜,用现代术语说,属于典型的"虚假新闻"。对于一项能明显减少农药使用和农民农药中毒的发明,环境活动家不依不饶、声嘶力竭地反对,此中原因耐人寻味。无独有偶,后来我在孟加拉国,同康奈尔大学、政府办的孟加拉农业研究所(BARI)以及美国国际开发署(USAID)合作开展工作时,对于有关转基因生物的错误叙述为什么那么容易产生,有了一些直接的经验。

在USAID的资助下,康奈尔大学和BARI与印度种子公司马哈拉施特(Mahyco)合作,将孟山都的 *Bt* 基因(由孟山都免费捐赠)插入当地南亚品种的茄子中。起初,这种 *Bt* 茄子是送给印度、孟加拉国和菲律宾三国的。这基本是个公共部门和慈善事业的项目,农民们不用付专利费就可以得到种子,这一点与富足的北美农民及种植 *Bt* 棉花的印度农民不同。这些种子不会单独申请专利,而是由公立的研究机构拥有,但它们仍然会成为农民的私人财产,农民可以像自古以来的那样留种并与朋友、邻居分享。*Bt* 基因没有被用来制造新的茄子品种,而是被引入农民喜欢的7个原有茄子品种,包括当地所称的尤塔拉(Uttara)、卡嘉拉

(Kajala)和那炎塔拉(Nayantara)。于是农民可以继续选择原来的本地品种,只不过多了新的基因防虫保护功能。

和 *Bt* 棉花一样,这个项目旨在解决杀虫剂滥用的问题。茄子在南亚是一种重要的蔬菜,但经常受到茄黄斑螟的毛虫的侵害。为了不让毛虫的好胃口毁掉作物,农民长期以来被迫在种植季喷洒80—140次农药。造成的结果是,人体暴露于高浓度的毒素中,因为农民喷农药时通常光着脚,手、眼睛和面部一般也没有保护措施。由于监管和执法比较松懈,当地使用的农药(包括各种有机磷酸酯和氨基甲酸酯)毒性往往比西方农民用的更高。一次调查显示,受访农民中超过四分之一报告自己在使用农药后,由于经历大范围暴露,出现了多种症状,包括头痛,眼睛和皮肤刺痛,呕吐或眩晕。[33]与这些农药有关的长期健康影响包括可能发生出生缺陷,患上非霍奇金淋巴瘤、白血病和其他癌症。

在一个理性的世界,环保组织本应该作为积极热心的参与者来推广可以减少农药用量的作物。我拜访了很多孟加拉农民,有些偏远乡村离首都达卡有数小时车程,我发现他们全都大幅减少了农药的使用量,有时直接不用。产量更高了,蔬菜没有虫咬,品相更好了,被农民拿到当地市场出售时很受欢迎,上面还经常骄傲地贴着"无农药"的手写标签。可是,有时候我发现反转基因活动者先行一步,竭力说服 *Bt* 茄子种植者相信新茄子有毒,因为转了基因。活动者散播的流言中有一条尤为恶毒,说如果你们的孩子吃了 *Bt* 茄子就会瘫痪。他们建议不要种 *Bt* 茄子,改种有机作物——这样的话绝大部分作物很可能就被虫害毁掉了,要么重新喷洒有毒的农药。

这段经历让我认识到,如果有深受意识形态驱使的运动组织一意推动,负面宣传将多么迅速地流传。我开始追踪 *Bt* 茄子项目时,孟加拉的媒体上已经出现各种各样的故事,称项目失败了,田里的新 *Bt* 作物死了,愤怒的农民要求赔偿,发誓再也不种可怕的转基因作物了。[34]"今年,孟加拉多个地区种植的转基因 *Bt* 茄子又一次浪费了农民大笔的钱,这些作物要么发育不良而死亡,要么产量完全无法赶上本地品种。"2015 年 3 月发表的某个这类故事如是开头。[35] 文中说的并非完全不实,我采访的农民中确实有一些人经历过 *Bt* 茄子的歉收。进一步调查发现,那是因为爆发了青枯病。并不意外,*Bt* 茄子也会像其他作物一样受到恶劣天气、不走运或种植不善等因素的影响而歉收。有些负面新闻说 *Bt* 特性不管用,茄黄斑螟攻击了转基因作物。采访时我也发现了虫害迹象,但那只出现在对照组的作物中,它们通常种在转基因作物的周围做比照,并作为预防昆虫演化出耐药性的一种长期策略。因此最有可能的解释是,活动家认错了植株,搞混了转基因和非转基因茄子。我怀疑他们早已预设了想要的发现,也就根本没费力去核实真相。

有些事例中,反转活动者引用个别农民的话,哀叹毁掉的 *Bt* 茄子,而呈现出的故事跟我们之后核查的情况正好相反。2015 年,我在达卡北部的坦盖尔县遇到这样一位农民,他名叫拉赫曼(Mohammad Hafizur Rahman)。我们坐在他的两室户中聊他的农场,他递过来美味的切片西瓜。他自豪地向我们展示了周围的农田,当地的孩子围在我们身边聊天。我在后来为《纽约时报》所写的文章中提到他的成功经历:收成几近翻倍,杀虫剂用得比从前少多了。[36] 尽管我刻意没有透露他的具体地址,但这篇文章一定让他成了活动者的目标——之后有一个反转基因记者和随行的活动者找到了他。拉赫曼说,他们给他发了反对种 *Bt* 茄子的宣传册。拉赫曼后来告诉我的一位孟加拉同事,孟加拉科学联盟的侯赛因(Arif Hossain),"他们给了我一本书,说'你看,兄弟,*Bt* 茄子有很多问题'。他们还叫我不要吃这种茄子。他们说,昆虫都不吃这种茄子,它肯定不是人可以吃的什么好东西。我马上用经验之谈反问,如果人们给虫子喷药,虫子死了,那人难道不会死?他们无法回答我的问题。"[37]

活动者和记者还写道，拉赫曼的作物正在死去，这正是转基因 Bt 茄子失败的一桩实例。我的同事侯赛因把这事说给拉赫曼听时，他非常惊讶。他说活动者没有搞清楚，庄稼已经收割了好几次，当时快接近种植季的尾声。"他［记者］来采访我时，那些作物已经开始死了。茄子茎上没有茄子，我都已经开始在地里收割丝瓜了。所以我告诉他，茄子已经收完了。"那他告诉过反转活动者他不满意 Bt 茄子吗？"我没说过。庄稼生长到最后，就会死。我的 Bt 茄子结完果实也会死掉。所有的事物都有尽头，不是吗？茄子会长一整年吗？不可能的。"若想明白 Bt 棉花惨败的故事怎么会变得那么言之凿凿，只要想象一下把拉赫曼这样的证词向那些轻信的记者或活动者重复几千遍，而他们正铁了心地在给先入为主的观念寻找证据。

我从 2014 年春天起作为 Bt 茄子项目的成员之一为康奈尔大学工作，在多条战线上与反转基因活动者陷入激战。想要了解事件的后续，可以找当时的大量博客文章、视频、新闻报道和社交媒体发文。[38,39,40] 回想起来，当时如果可以让农民自己对全球观众直接讲述而不是让局外人去传达他们的观点可能更好。但至少，孟加拉茄子种植者有机会做一件全球其他地区众多农民得不到机会做的事：自己决定是否栽种转基因作物。事实是，他们到目前为止取得的成功表明，他们，就像所有其他地方的农民，有能力像任何其他人一样作出最适合自己的决定。如果 Bt 茄子在未来某个时间点确实失败了——就像活动者言之凿凿的那样，农民无疑也会很快选择放弃。关键是，这应该是农民作出的选择，而不是我或者绿色和平组织的选择。

这件事对孟加拉的科学家和活动者来说风险尤其高。大家都知道，Bt 茄子是世界上首例由公共部门为发展中国家的小农户制造的转基因作物。这跟孟山都在美国草原上单一栽培的抗杀虫剂作物差距极大。因此，那些相信转基因本质上就是坏技术的人，便决意看到孟加拉

Bt 茄子的失败,与此同时,那些推广使用转基因技术的人,同样急切地想要寻求一个成功典范。这个议题的政治化特别强,印度的活动者此前已成功说服政府在 2010 年暂停 *Bt* 茄子,阻止项目继续推进,事实上就此推迟了对所有生物技术的批准。在菲律宾也差不多,绿色和平组织和其他组织摧毁了 *Bt* 茄子的试验田,并得到了合法的禁止令,反对 *Bt* 茄子的使用(不过,菲律宾最高法院在 2016 年 7 月撤销了反对 *Bt* 茄子的判决)。[41] 如果在孟加拉部署成功,证明发展中国家的农民也可以利用好转基因,就可以推翻那些运动组织。

不过,我们要清楚这种激进主义的现实影响。由于绿色和平组织的活动者、范达娜·席瓦和其他反转基因活动者和组织不给农民种植 *Bt* 茄子的机会,印度和菲律宾的茄子种植者多喷洒了价值数百万镑的农药,这不仅会损害两国的农田生态,还会污染周围的环境和水资源。并且,这会在农民和农业劳动者中造成数千甚至数万例不必要的中毒事件。这就是当意识形态戕害科学时发生的事:环境遭破坏,人们健康受损甚至死去。

* * *

2016 年 10 月,世界各地的活动者为了一场不同寻常的活动聚集在荷兰海牙。活动场地是精心安排的:海牙是国际刑事法院(International Criminal Court)的审判地,那里审理危害人类罪。不过,这些活动者此次不是汇聚于真正的国际刑事法院,而是要召集自己的特别法庭,为的是审判孟山都。他们希望,"国际孟山都特别仲裁庭"能提供一个会场,让人们痛陈该公司在世界各地的行径。用他们的话说,这个仲裁庭的目的是"检查孟山都的活动对公民人权和环境的影响,并就孟山都的行为是否符合国际人权法和人道主义法的原则和规则给出结论"。[42]

我没有参加集会,但饶有兴趣地观看了会议过程。写这本书时,我很想找到一些孟山都近期的有力罪证,因为我担心迄今搜集到的资料现在看似乎对这家公司的积极评价太多了。孟山都当然不会仅仅因为20世纪六七十年代犯下的历史罪行以及转基因作物而成为"世界上最邪恶的公司"吧？即使这个特别法庭在我看来有失公允——组织者包括国际有机农业运动联合会(IFOAM)、九种基金会(Navdanya,反转基因运动领袖范达娜·席瓦在印度建立的一个非政府组织)、有机产品消费者协会(美国的一个非政府组织,还反对接种疫苗)等团体,[43]但至少他们呈交的某些证据可能为我指出孟山都近来在真实世界造成伤害的案例。

法官似乎都是货真价实的人权律师,然而国际孟山都特别仲裁庭却表现得一点儿也不像正式法庭。它没有听取双方的证词,因为被告没有证人。孟山都拒绝与此事有任何瓜葛,写了一封公开信陈述自己的观点,认为这个仲裁庭是"一个表演性质的事件,一场模拟审判,由反对农业技术和反对孟山都的评论家扮演组织者、法官和陪审团,其结果是预先设定好的"。[44]

这一点孟山都说得没错。仲裁庭在其调查结果的前言中,作出的如下陈述相当奇怪:

> 本特别法庭没有理由怀疑那些自愿作证的证人的诚意或真实性。但是,由于证词没有经过宣誓和通过交互询问检验,而且因为孟山都拒绝参与诉讼程序,本法庭无法就对孟山都各种不法行为的指控作出事实调查。为了回答供特别法庭考虑而提出的问题,本法庭将假定证人描述的事实和情况会得到证实。[45]

就这样,被告没有证人出庭,控方所有证人都被假定说的是事实,也就是说控方从定义上证明了指控成立,起诉的案件便在这种情况下得到了支持。另外,裁决本身也不是建立在孟山都涉嫌不法行为的"事实认定"上。我从来没有听过这么奇怪的法律程序。但话说回来,法庭听取的证词是些什么具体内容呢?其中一个证人是珀西·施迈泽,前面详细介绍过他的案子。[46]另一个是澳大利亚有机农业种植户马什(Steve Marsh),他曾起诉邻居巴克斯特(Michael Baxter)——一个种植转基因油菜的传统农民,声称自己的有机农田受到了污染和损失。这桩旷日持久的案件曾在澳大利亚引起广泛关注,但与施迈泽一样,马什在西澳大利亚最高法院败诉。[47]法官判决,"污染"的范围只有8棵自生的油菜而已("自生"指不是由农民播种的植株)。马什没有栽种油菜,因此没有异花授粉的问题,他只要把自生的油菜拔掉扔了就行。[48]马什之所以败诉,根据法庭的说法,是他实际上想借有机农业的特殊敏感性把农田扩张到邻居的地盘,不过他无权这么干。

还有一个证人是阿克特(Farida Akhter)。她是孟加拉国反 *Bt* 茄子运动的领导人,我早在那场运动中与她有过交锋。她不仅声称 *Bt* 茄子在大多数农田遭遇失败——根据个人经验我知道这是瞎说,还就 *Bt* 茄子可能对健康的影响制造了一些颇不可信的说法,包括引起癌症、不育、肝损伤、过敏、"不可预测的突变"和诸如此类没有科学依据的胡说八道。[49]读完这份证词,我非常震惊,这种说法在法律程序中竟然被"假定属实"。在孟山都仲裁庭上出现这样的指证内容也很奇怪,因为孟山都除了最初免费捐赠 *Bt* 基因以外,和 *Bt* 茄子项目并无瓜葛,因此 *Bt* 茄子有什么失败之处与孟山都没有关系。

证人中还有一个叫塞莱利尼(Gilles-Eric Séralini),他写了篇臭名昭著的论文,称喂食转基因玉米和农达的鼠长出了肿瘤。这篇论文的数据统计错误百出,遭到几乎整个科学界的严厉批评,《食品和化学毒理学》(*Food and Chemical Toxicolgy*)期刊因此撤稿。其他证人中,比如丹麦的养猪农户,哥伦比亚和巴拉圭的证人们,大部分声称草甘膦对健康造成了影响。这是另一个引起巨大争论的领域。养猪农户呈现的图片是出生时就带有可怕畸形的小猪仔,他认为与喂猪的转基因作物和草甘膦残余有关,但这种关联缺乏可信的科学证据。这些指控不符合在权威科学期刊发表的要求,只好降格登在一份给钱就能发的非主流刊物,其发行者是一家公认的"捞钱"公司。[50]

很多证人声称他们提出的健康问题是草甘膦引起的。支持这些说法的参考文献是世界卫生组织下属的国际癌症研究机构(IARC)在2014年发布的一份评估报告,称草甘膦"很可能对人类致癌"。听起来证据确凿,但IARC是一个不同寻常的组织机构——其评审过程引人怀疑,对草甘膦的评估结果饱受诟病,遭到全世界所有其他科学机构的反对,其中欧洲食品安全局(European Food Safety Authority,EFSA)下结论说,"草甘膦不太可能具有基因毒性(即损害DNA),不太可能对人类造成致癌危害"。[51]此后,两家机构展开了激烈的论战。

IARC在草甘膦上的论断之所以有争议,还有一个原因是,美国环境保护基金会(Environmental Defense Fund)的一位前员工波尔捷(Christopher Portier)曾在这个议题上作为IARC委员会的"特别顾问"提交证据。[52]据2017年10月披露的消息,波尔捷过去在多个场合都没有声明利益冲突,而他曾在IARC评审结束后收到一家律师事务所支付的16万美元,这家美国的律所希望代表草甘膦中毒事件的"受害者"从一起集体诉讼案中获利。[53]路透社还揭露,IARC致癌物质评估报告立足的若干结论很可能在报告初稿上作出过可疑的改动。"路透社在IARC最终发表的草甘膦评估报告和最初的动物研究章节之间发现10处重大改动。每一处改动中,凡是否认草甘膦导致肿瘤的结论,要么被删除,要么被中性或肯定性的结论取代。"路透社报道。该文章的标题明确定为"WHO癌症研究机构在草甘膦评估报告中删除了'非致癌'结果"。[54]

不管怎样,我们需要正确看待IARC关于癌症总体风险的评估。草甘膦被列入"很可能致癌"的2A类名单中,同等级别的还有红肉、木柴熏烟、生产工艺玻璃、饮用"65℃以上热饮",甚至还包括美发师这个职业。在更高级别的1类名单("对人致癌")中,有些元凶比如钚和香烟烟雾毫不意外地位列其中,但阳光、煤烟、咸鱼(中式咸鱼)以及各种加工肉(比如培根)也包括在内。[55]退一万步讲,只从表面看IARC评估报告,孟山都特别仲裁庭上证人所指控的草甘膦导致出生缺陷、肾衰竭和众多其他疾病,很难得到支持,因为都没有可靠的科学证据。

在这个仲裁庭的其他证词中,一名来自哥伦比亚的证人更让我感到同情。他的证词非常感人,是关于向古柯作物喷洒草甘膦。这种做法是应美国和哥伦比亚政府要求,作为毒品根除项目"哥伦比亚计划"的一部分。在我看来,空中喷洒除草剂杀死古柯和合法作物,并把小农户逼入贫困、离开自己的土地,这无疑是践踏人权的行为。所幸的是,这个项目在2015年终止,[56]但我仍要谴责应为这一农药喷洒行为负责的政府。此外,无法保证农药的生产商就是孟山都,因为如今大部分草甘膦是由中国公司生产的非专利农药。我猜,"浙江新安化工仲裁案"或"四川福华仲裁案"(这两家中国公司都生产草甘膦仿制剂)没有孟山都仲裁案名头那么响。[57]

还有一些证词是关于孟山都的游说活动,以及这些活动对政府的影响。英国团体"转基因观察"(GM Watch)的鲁宾逊(Clare Robinson)发表了一份证词,说孟山都曾游说政府建立一个转基因生物监管体系,但在她看来,这个体系并不严密。[58]她还引用了一些维基泄密电报,表明美国官员在与欧盟对抗的战斗中以转基因生物作为武器。但这些都不是专门针对孟山都的,也没有多少证据说明和孟山都有直接关联。[59]鲁宾逊进一步提到了2005年的一个案例,说的是孟山都因贿赂一位印度尼西亚官员而遭罚款,当时媒体有过相关报道。[60]简单说来这些证据看起来都很粗糙。

我意识到自己几乎站在仲裁庭的对立面,似乎在通过反驳仲裁庭上的证人来为孟山都开脱。我想说的只是,由世界上几大反孟山都活动者呈交给仲裁庭的证据非常薄弱,基本上建立在一些小道新闻、有争议的指控,有时甚至是彻底的伪科学上面。我不由得想:这些人一辈子与这家巨头企业作斗争,这真的就是他们能做到的极致了吗?除了一开始就假设孟山都批评者说的都是真话然后走走程序,难道就没有更有力的案例确保证词在事实上更加准确吗?当然,仲裁庭最后如预期的那样判定孟山都有罪。可是,世界上任何一家跨国公司都可以通过这样的程序被草草定罪。谷歌能顺利通关吗?苹果公司呢?甚至亚马逊旗下年营业额和孟山都差不多都在150亿美元(110亿英镑)的有机食品超市全食(Whole Foods)呢?所有这些大公司,单凭它们的体量,呼风唤雨的能力就远胜于竞选出来的政府,如果没有仔细的审查和问责,这种能力最后一定会被滥用。不过,孟山都甚至还没排上前50强企业。[61] 在2016年的财富排行榜500强名单上,[62]孟山都位于第189名,从1965年辉煌化工时代的33名一路下滑至此。[63]也许转基因的生意还不如橙剂。

不管是好是坏,孟山都已经成为农业体系中的一个关键部分,许多人对此反感,这种反感有时也很合理。但是,任何转基因产品以及研发和推广它们的公司,都得放在部署它们的政治体系中来看。抗农达大豆赋予北美洲和南美洲的大农户优势,这种经验未必能在孟加拉国的 *Bt* 茄子上复现,也不能套用在专门为解决非洲和其他地区贫困问题而开发的转基因作物上。然而,极少有反转基因活动者能认清事件背景的关键区别,而是将所有转基因作物都和孟山都、单一栽培、杀虫剂混为一谈,就像孟山都仲裁庭上的证人那样。

我个人同意美国乐施会(Oxfam America)的说法,即最理性的方法是具体案例具体分析。乐施会明智地声明"没有支持或反对转基因技术的政策立场",[64]并继续说：

> 乐施会认为，任何使用转基因生物的决定必须基于参与、透明、选择、可持续和公平的人权原则。喂饱全世界挨饿人口需要巨大的社会、政治、环境和文化变革，不是简单地靠技术解决。乐施会理解技术的重要性，以及现代生物技术在帮助实现全球食品安全的过程中会起到很大作用，但前提是把农民作为这个过程的中心，加强他们的权利，而非损害他们的权利。

我觉得不错。不过，下一章会讲到，非洲发展中国家的农民几乎接触不到现代生物技术，尽管生物技术最有可能保障他们的权利和食品安全。罪魁祸首不是孟山都这样的大型跨国公司，而是非政府组织，是那些原本应该改善全世界贫民利益的非政府组织在伤害他们。

第六章

非洲——让他们吃有机玉米笋吧

2013年8月初,距离我在牛津为反转基因道歉过去了几个月。我坐在一辆灰扑扑的车里,沿着坑坑洼洼的滨海大道颠簸前行,身边是坦桑尼亚备受尊敬的科学家、植物病毒学家顿谷鲁(Joseph Ndunguru)博士。顿谷鲁博士之前带我看了他在达累斯萨拉姆郊外的实验室和温室,此刻他想展示工作成绩的真实世界背景。他告诉我,坦桑尼亚处于一场毁灭性病毒病害爆发的中心。这场大爆发不会直接影响人类,但会摧毁坦桑尼亚农村人民的一种主粮:木薯。

木薯又叫木番薯或树薯,一长串块根深入地下,地面上是浓密的灌木,木质茎干上冒出的绿叶像长着7根手指的手掌。木薯是非洲撒哈拉沙漠以南地区最重要的农作物之一,糖类的来源。它抗旱又耐寒,在贫瘠的土壤中也能生长得很好,种植它们只需要投入极少的肥料和水。干旱时期,可以将木薯的块根留在地里,也可以挖出来晾干日后再用。木薯是一种真正的主粮作物,在缺乏其他食物时,是让一家人度过艰难岁月的可靠粮食来源。如果木薯种不好,像现在正发生的那样,很多正在生存线上挣扎的坦桑尼亚人就可能无以为依。这就是顿谷鲁博士想要展现给我看的。

在距离海滨小镇巴加莫约不远处,我们驶离公路,开上一条小道,沿途稀疏的桉树下零星分布着几座泥墙草顶小屋。我走下车,在炙烤的热气中环顾四周。椰子树叶撑开的一点儿树荫下,一个系着花头巾的妇女将一只发黑的锅架在三块石头上,正烟熏火燎地煮着什么东西。另一个带着婴儿的妇女坐在一张藤垫上,她穿着一件联合国儿童基金会发的黄色T恤。我走近时,孩子害怕地哭叫起来,躲进了妇女的怀里。坦桑尼亚三分之一的儿童长期营养不良,缺乏健康食物是这里婴儿死亡率高的最重要原因,平均每天有130位儿童因极度贫困而死亡。最新数据显示,该国有270万儿童发育迟缓。[1]发育迟缓不仅成为儿童时期的一个过渡阶段,更会损害大脑发育,永久地影响孩子一生的发展,导致永久的贫困。

顿谷鲁博士把我叫过去。他正在检查一簇相当凄惨的木薯灌丛。他把叶子翻过来,我看到那些叶子已枯黄萎缩,表明这些木薯感染了某种疾病。顿谷鲁解释说,这是木薯花叶病和褐条病的症状,这两种病毒往往同时出现,是一对致命杀手。他拔起一棵木薯,用小折刀划开根部,截面显露出一条条褐色的腐烂区。显然,这棵木薯不会有收成了。一名面色沉郁的农民,穿着脏兮兮的红背心和破旧的褐色裤子,向我们走过来。顿谷鲁请他给我们看看家中还有多少食物,他走进不远处的一座小屋,回来时手里端着一个蓝色塑料盘,上面放着几片干木薯片。这就是全部的食物。

这名农民名叫伊萨(Ramadhan Issa),35岁,但在我看来他比实际年龄要老得多。他说斯瓦西里语,同行的一名科学家帮忙翻译。他告诉我,他有三个孩子,最大的9岁,老二6岁,最小的孩子只有2岁。他们一天只能吃微薄的一顿饭,就是木薯,有时候还有从市场买来的玉米面。我问起他那可怜的1.5英亩木薯地的情况。"我们不指望能有多少。"他回答说。他不确定是因为干旱还是病害,但不管哪种,反正庄稼都长不好了。他告诉我,把整片农田都收割了,恐怕也只能收到一袋木薯。那大约会有100千克,要维持一家人几个月的生活。而正常的收成是5袋,也就是半吨。他们能怎么办呢?"我们等着下雨,重新种。"他回答说。这是他们唯一能做的事。

伊萨跟我描述了困难时期的生活是什么样的。"很饿,干不了活,所以赚不到钱,没钱从市场上买吃的。"现在,全家都因为营养不良遭受健康问题,尤其是孩子们和他年迈的父母,他说。他的父母同他们住一起,因此也依赖着伊萨栽种和收获的庄稼。显然在这种情况下,这家人不可能有什么膳食均衡,他关心的仅仅是如何撑过每一天。他告诉我,他们每天的配给只有每人两小片木薯,相当于半个土豆。

我们去了隔壁一户人家。那家女人穿着白汗衫,身边站着三个孩子。她告诉我,她的名字叫格蕾丝·雷黑玛(Grace Rehema),25岁,是三个孩子的母亲。我让他们排队拍照,孩子们身后是他们赖以生存的木薯,如今因感染了病毒而萎缩。他们有多少食物? 没多少,一袋玉米面还剩下少部分,甚至木薯也没有了,她告诉我。下一顿从哪里来? 她不知道。

顿谷鲁博士的研究项目是培育转基因木薯,转入的基因可以使植株抵抗那些致命的病毒。在邻国乌干达,我已经见到了一些试验成功的抗病毒木薯,那里的木薯看上去葱翠健康,尤其与坦桑尼亚这片地区的枯萎植株相比。不过,就现状看来,即使顿谷鲁博士的木薯在实验室中取得成功,像伊萨和雷黑玛这样的农民也几乎没有机会可以种植:坦桑尼亚受到欧洲思潮的严重影响,法律严格反对转基因生物,甚至禁止像顿谷鲁博士这样的科学家在田里试验抗病作物,更别说准许他们向贫农分享技术了。

*　　*　　*

第二天,我们朝西向坦桑尼亚的行政中心多多马驶去,路上耗费了8个小时,让人精疲力尽。每一个蚊蝇乱飞的停靠点,都有满载着当地人的中巴车停车载客,还有兜售坚果和香蕉的小孩在大声吆喝。妇女们蹲坐在路边卖瓜果蔬菜,不过这片干旱之地的食物品种跟我在乌干达和非洲其他富泽地区看到的不能比。贫困无处不在:夜幕降临后,路边和周围的农舍里没有一丝电灯的光亮。偶尔我们的车前灯照到一些孩子,他们大多穿着马赛部落颜色的衣服,一边用手遮挡着路过车辆的刺眼灯光,一边在路边赶着羊群。

多多马虽然是坦桑尼亚的行政中心,给人的感觉仍然像灰蒙蒙的偏远地区。在多多马郊外有一座农业研究站,为政府工作的植物科学家乐观地在此准备转基因作物的"受控田间试验"。第二天一早我来到这里,拜会了主管,办了一些必须的手续,然后顶着严酷的非洲烈日,按要求站在外面的台阶上拍了合照。空歇时,我同顿谷鲁博士和另外两位权威科学家库拉雅(Alois Kullaya)博士和尼扬盖(Nicholas Nyange)博士,坐在一间会议室的木桌边交谈,希望对这个国家的形势有更深的了解。

库拉雅教授是比尔及梅琳达·盖茨基金会(the Bill & Melinda Gates Foundation)资助的非洲节水玉米(Water Efficient Maize for Africa,简称WEMA)项目在这个国家的协调员,这个项目旨在让东非几个国家的小农户都可以种植抗旱玉米。* 他告诉我,尽管肯尼亚、南非、乌干达和莫桑比亚早已行动在先,但坦桑尼亚国内法律对转基因作物的"严格责任"条款阻碍了WEMA的计划,他们原打算下一步在附近户外农田对当地玉米品种中的抗旱基因进行的田间试验因此受阻。"严格责任"源自联合国环境规划署依循《卡塔赫纳生物安全议定书》(the Cartagena Protocol on Biosafety)推动的非洲示范法,其进程在谈判阶段受到了欧洲反

---

* WEMA是非洲农业技术基金会(African Agricultural Technology Foundation,简称AATF)开发的一个项目,目标是利用现代手段,开发更好的农作物,并让农民不用付专利税就能获得。AATF资助了我2013年的非洲之行,此行我去了肯尼亚、乌干达、坦桑尼亚、津巴布韦、加纳和尼日利亚。

生物技术运动团体和代表的强烈影响。库拉雅博士解释说,按照一般的责任要求,如果因为疏忽或未能对某些可预见的损害采取防范措施,那么你可能需要承担赔偿责任。严格责任制则要求,转基因作物的整条开发链中,任何一方都可能承担因为任何理由提出的一切赔偿。"我作为科学家或技术研发者,无论有没有尽可能采取预防措施,都逃不脱干系。"库拉雅幽叹道。不仅如此,"这涉及流程中的所有人,研发人员,运输种子的人,投入资金的人,甚至批准项目的主管也是其中一员"。惩罚力度让人心生畏惧。被声称受害的反转基因组织提名的所有人都要支付一大笔赔偿金,甚至会进监狱。库拉雅强调,这项法规没有意义,实际上相当于禁止令。这条法律由局外人制定,非但不是促成以安全负责的方式运用技术,反倒是在完全阻止非洲使用转基因技术。

顿谷鲁博士接着开口。他告诉我,他的抗病木薯在实验室已经有良好的表现。那还需要多久才能帮助像伊萨和雷黑玛这样的农民? 只要几年了,顿谷鲁回答说。但他面临的问题跟研发抗旱玉米的科学家一样。"严格责任制也在限制我们的研究,"他抱怨道,"因为我们需要将这套技术搬出实验室,运用到受控田间试验中,最终还要商品化。"当下恐怕难以实现,因为这套带有禁止倾向的法律把健康的无病毒作物视为对"生物安全"的威胁,就像对待细菌战计划一样。科学家们不习惯政治斗争,只觉得惶惑受挫。

与此同时,有人告诉我,反转基因组织正在操纵全国的舆论导向。就在前一天,有家报纸登载了一篇转基因反对者用斯瓦西里语所写的文章,警告农民不要种植转基因作物,说因为一定会产生可怕的后果。这类文章典型地充斥着虚假信息,尼扬盖博士不满地说。他是一位科学家,为坦桑尼亚政府的科学技术委员会工作,负责推动这个国家的科学进步。资金从富裕国家流入坦桑尼亚,却没有支持农民获得改良种子。资金跑进了只推广有机农业和农业生态"替代"型农业的组织腰包里,而那些农业类型如今盛行于欧洲和众多捐助机构。那些收到钱的非政府组织,他称之为PELUM(Participatory Ecological Land-Use Management,参与式生态土地利用管理),以及坦桑尼亚有机农业运动,"正与小农业经营者、贫农合作,鼓励他们利用储存的种子,农民储存的种子,传统的种子"。

这么做,有什么错呢? 我问,大家一定都同意农民储存种子是个好办法吧? 话虽如此,尼扬盖博士反问道,"但如果这样的种子产量极低,你会赞成吗? 当你知道传统种子的生产率低下,你还会赞成吗?"在他看来,低产量的传统种子让农民陷入仅能维持生计的困境,靠这些收获他们勉强能度过这一年。"结果就是食物供应量不足,粮食安全无法保障。"相反,他说,"我们想让农民有所改变,让他们能为自己种粮食,也有足够的粮食可以出售,赚取收益。我们希望耕作给农民带来更大的利润……这样他们就能有足够的食物,还能卖掉赚钱,于是有钱让孩子上学,负担得起更好的医疗服务,他们能变得跟我们一样拥有想要的东西。"

但,为什么呢? 也许农民更偏好传统生活方式,而非政府组织应该支持他们?"没有哪个农民想一直贫穷!"尼扬盖激动地回答。只不过是基础的杂交玉米种子,甚至都不是WEMA项目中的抗旱转基因种子,就能大大提高生产率,他坚称。"我们希望他们可以有改良种子的选择,可以有更高的产量,提高生产率。一个农民利用改良种子收获20袋玉米,而不是用传统种子收获5袋玉米,这不是什么过错。"而且,传统的本地品种也不会消失,尼扬盖向我保证,因为这些种子都会被收集和保存在政府的作物遗传资源中心,尤其是作为遗传多样性的未来资源,供植物育种者使用。

尼扬盖博士沉默了一会儿,然后坚定地说,世界上最贫穷的一些农民不该因为无法选择产量更高的种子而一直承受最低的收成,这就是他的要求。最起码,农民应该有权自己作选择。这确实让我觉得有点奇怪,那些表面上关心消除贫困的非政府组织,竟然固执地反对这项减少贫困的基本措施,拒绝向农民提供更好的种子,甚至是非转基因种子。这些活动团体似乎不仅大力反对非洲使用基因工程技术,还封锁了很多现代农业方法,包括肥料、杂草控制技术和改良种子等基本必需品。顿谷鲁博士指出,造成的损失正在不断累加。由于气候变化,干旱日益严重。害虫毁坏农作物,并传播疾病。粉虱的数量前所未有地增多——粉虱是木薯花叶病和褐条病的主要虫媒。"褐条病每年造成的损失就有3500万到7000万美元,"顿谷鲁说,"而木薯花叶病,每年给国家造成400万吨木薯的损失。这是个巨大的数量。对我们来说,这些作物就是造成重大粮食安全问题的主要原因。"

不过,会不会就如反对组织坚称的那样,不使用转基因技术,用传统育种方式也行得通呢?"我们一直都在用传统方法努力解决这些问题,收效甚微。所以我们想要使用这种[转基因]技术。"

"那么,说非洲还没准备好使用这种技术的人怎么看?"我问。

"他们自己不是非洲人。"顿谷鲁回答,"还有什么替代方法? 你问那些说没准备好的人:'对于产量极低的现状,有没有替代的解决方法?'他们没有。"

"就没有解决木薯褐条病的农业生态型方法吗?"我追问道。

"没有。香蕉细菌性枯萎病,没办法。玉米致死性坏死病[另一种新出现的疾病],没办法。棉花病害,没办法。"

我非常惊讶,此刻与我对话的科学家,曾与我共事多年、如今仍是朋友的那些活动者,两者的世界观差异如此之大。前者认为,作物疾病和产量低的问题可以用更好的种子、更好的工具得到解决,就像他们曾在世界上其他地区做的那样。活动者对这类务实的解决方案不感兴趣,他们对"技术方法"不屑一顾。他们对农业抱有不同的看法,其基础是拒绝现代农业手段,比如杂交种子、机械化,以及使用肥料与杀虫剂。然而,对传统农业的这种尊崇在非洲值得商榷,因为那意味着孩子们需要在田里劳作,妇女和女童要长距离徒步去拾柴挑水,也就无法上学。科学家们迫切地向我指出,他们尊重非政府组织推广的农业生态型原则,但他们明确怀疑推广此类技术的那些人是否真正明白消除贫困有多难。"说生态农业能够创造利润还能改善生活,实际上是欺骗农民,他们不该这么做。"库拉雅博士坚定地说,"你知道吗,我认为那些人根本不知道饿着肚子睡觉究竟是什么滋味。"

"这些非政府组织的人里面,有没有自耕农?"我问。

"我甚至不知道他们是不是农民。我觉得这些人是被雇佣的。无论谁付他们钱,我都怀疑他们并不亲自种地。要是骗农民说能靠生态农业活下来,我觉得这是不正当的。"

"不正当?要是我,用的词可比'不正当'要重得多了。"我表示,"我会说他们应该受道德谴责。"

"唔,"库拉雅博士思考了片刻说,"英语不是我的母语,你刚刚说得非常准确。这些家伙根本不知道饿着肚子睡觉是什么滋味。有些人,像多多马的那些农民,他们因为干旱、因为病虫害,几乎颗粒无收。我们知道生物技术不是什么终极王牌,但确实可以提供一种方案来解决农民们正在遭受的危机。"

*　　*　　*

巧的是,前一天从达累斯萨拉姆到多多马的途中,我真正体会到了极端反转基因激进主义是多么应当受到道德谴责。我们中途停歇的路边旅馆,位于莫洛戈罗区一个叫作米库米的小型国家公园的边缘。这里是丘陵地区,密林覆盖的山脉是小镇南边高耸的地标。一场重要的农业展览在此地举办,也就是说有很多支持有机种植的活动者来到镇上交流意见。其中一些人,清一色穿着黄色T恤,胸前印着黑色的NGO

标志。他们来参加我受邀在酒店会议室作的公开演讲。

我大致讲述了自己对转基因问题的观念转变。回答问题的环节，一位身穿黄T恤的有机活动者站起来，用斯瓦西里语讲了些话。大家都僵住了，尴尬的窃笑传遍了整个会议室。直到会议解散，我才有机会问科学家顿谷鲁博士，刚刚那位活动者说了什么。"他说，某些基因被植入了这种[转基因]玉米中，我们的孩子吃了，就会变得不正常。男性不会表现得像男性，而像女性。这会导致同性恋的产生。"他尴尬地哼哧了一声。

"这么说，这个评价有点恐惧同性恋的意思。"我说。

"是的。"

"我没明白，"我回答说。"这种想法从何而来？"

顿谷鲁耸耸肩。"人们都这样说。你懂的，这种谣言传起来就像火势蔓延一样。"

另一位科学家补充道："他们说，有了这种玉米，下一代会发生性畸形，吃了这种玉米的孩子将会有同性恋倾向。这种说法真是太离谱了。"他们俩似乎都不知如何回应这种说法。身为科学家，他们并不习惯那类讨论。

*　*　*

邻国乌干达的情况甚至更不妙。我发现，一些名气很大的慈善组织一直在传播转基因的谣言和阴谋论，多年来败坏政治辩论，妨碍立法进程。2012年以来，各主要政党的议员们试图通过生物安全方面的立法，保证转基因作物一经开发就可得到规范的试验和安全保证，最终分派到农民手中。来自国际知名慈善和发展机构的反转基因活动者激烈反对，不愿修订或改进《国家生物技术与生物安全法案》(National Biotechnology and Biosafety Bill)，反而阻止法案通过。他们争辩说，这将导致永久的停滞状态，跟其他正式禁令一样起到阻止乌干达应用转基因的实际效果——没错,结果确实是这样。

有一位负责推动法案通过的高级议员,是国会下属科技委员会的副会长,他亲口告诉我这场争论有多激烈。在坎帕拉市中心的乌干达国会大厦,执政党议员罗伯特·卡非罗·塞基托勒克(Robert Kafeero Ssekitoleko)在一间侧室里讲述了他的经历,一些所谓知名机构的活动者直接针对他的选民,阻止他给生物安全法案投票。"他们正在制造很多毫无必要的恐慌,"他告诉我,"比如,他们会说,你想要更长的香蕉,就从蛇身上挑一个基因放进香蕉里,这样香蕉就能长到蛇的长度。"

我忍不住大笑起来。人们真的相信这种瞎话?当然信,卡非罗告诉我。事实上,有一次,反转基因活动者还动用了宗教感情煽动群众,差点儿引起武力暴动。"一名科学家显然受到了一些活动者支持,跑到我的选区。他们发动穆斯林,告诉他们:'看,他们要从猪身上取一个基因放进玉米里,让玉米长肥,肥得像猪!'于是我的选民都跑来闹,他们说,'原来你在宣传这种东西,现在瞧瞧你给我们干的好事!'"

"你真的受到人身威胁了吗?"我问。

"当然。我这边形势非常严峻,因为这会让我输掉未来的选举。所以,我挑选了一支科学家团队,让他们去反驳。我们的做法很有科学条理。现在农民好像逐渐明白了。"

卡非罗最终扭转了局面。他请猪基因谣言的始作俑者来国会宣誓复述其指控。"他到我们委员会来,做了宣誓。宣誓后,他否认了一切。他的整个说法都变了。在委员会宣誓时不敢说的话,为什么在别处乱说呢?"

反对生物技术的活动者没有罢休,他们改变了策略:给媒体投喂故事,指控卡非罗和他在国会科技委员会的议员同事,说他们收了孟山都3000万美元的贿赂。他们还散播新的阴谋论,说转基因生物"是来毁灭人类的,会让人折寿"。不幸的是,甚至有些内阁大臣也被这种新谣言说动。"昨天我还在跟一位内阁的人争论呢，"卡非罗告诉我，"我就说，好吧，请你科学地思考这个问题。如果有人说转基因生物是来减少我们寿命的，那美国是转基因生物的主要生产者，实际上也是转基因生物的主要消费者，但美国人的预期寿命超过了70岁。我们乌干达人的预期寿命才短短47岁。那么，假如吃转基因的人活得更长，为什么你说他们是来消灭我们的？"

我发现，反转基因引起的忧虑影响到了乌干达所有党派的议员。我访问的一位反对党议员叫碧翠丝·阿提姆·安妮沃（Beatrice Atim Anywar），她是乌干达北部基特古姆地区的国会成员，是乌干达最大反对党民主变革论坛（Forum for Democratic Change）的代表。很多人把碧翠丝·安妮沃称为玛碧拉妈妈，因为她在2007年奋力拯救了玛碧拉森林，使它没有变成甘蔗种植园。她的运动成功了，尽管如今玛碧拉森林仍在不断缩小，但依然是很多动物的家园，比如乌干达白眉猴等濒危灵长类动物，还有花豹和无数的雨林鸟类，都以此处为家。她组织的运动将上万名抗议者带到坎帕拉的街上，这一过程激起了乌干达总统穆塞韦尼（Yoweri Museveni）的愤怒。混乱中有三人被杀，[2]玛碧拉妈妈也被指控为恐怖分子并入狱。她告诉我，即使今天，在乌干达做一名反对党政客一直是"极为艰巨的任务"，因为在这个国家"你必须争取警察的批准才能去跟自己的选民商议问题"。

尽管冒着生命危险让乌干达的一座森林免遭毁灭，玛碧拉妈妈如今却因为支持转基因在农业上的应用而遭受环保活动者的攻击。"我认为，在粮食安全没有保障的情况下，生物技术是解决问题的答案，因为我们需要提高产量，我们需要摆脱贫困。"她告诉我，"我们需要在自己的土地上使用生物技术，将土地充分利用起来。"因为乌干达的人口压力很大，却只有很少的土地。她坚信，要保护像玛碧拉森林这样所剩不多的雨林地区，不让它们在未来变成农业用地，提高产量势在必行。

　　和她的国会同事罗伯特·卡非罗差不多,安妮沃也遭遇了反转基因激进运动。她告诉我她在北部小镇谷鲁参加会议的一次经历,会议上展示给农民看的图片经过了软件加工。"他们做的假照片对于不谙电脑门道的乌干达民众来说,就是真的。他们四处说吃了转基因作物就会生出长着玉米脑袋的孩子。"她诉苦道。玛碧拉妈妈说的那种令人不愉快的照片,我后来弄到了一张副本。它把病快快的婴儿头拼接到了玉米穗中,背景是黑黝黝的天空,成群的黑色乌鸦不祥地从头顶扇翅而过。

　　我向卡非罗打听名字,他提到了行动援助(ActionAid),还有天主教援助机构明爱(Caritas)和一个叫食物权利联盟(Food Rights Alliance)的非政府组织,说它们都参加了反转基因激进运动。我告诉卡非罗和安妮沃,行动援助在英国是一个声誉颇高的慈善组织,我还给它捐过钱,我认识的其他人也捐过,因为我们都支持它消除贫困的目标。"现在他们在干的事情是,用得到的钱开展反对转基因的运动,打击农民,不让他们使用生物技术。"安妮沃回答说。她担心欧洲的目的或许是让非洲保持粮食不安全的状态,以维持以前的那种殖民依赖关系,"对于我这样一个非洲人来说,这是不可接受的……我的职责是,无论谁在资助行动援助组织或者相关的国际非政府组织,都必须停止,我们也会让他们对这场运动承担责任。"

　　关于行动援助组织在乌干达传播虚假信息,我还发现了确凿的罪证,来自一则全国播放的电台广告录音。"这是来自行动援助组织的一条信息,"操着乌干达口音的嗓音言之凿凿地播报说,"你知道转基因作物能引起癌症和不育吗?"我向国会议员卡非罗和安妮沃承诺,我会尽我所能,在行动援助组织的老家英国揭露他们的行径。一年后,当BBC和《独立报》(Independent)披露了这则"转基因致癌"的广告后,行动援助组织在伦敦的总部十分窘迫,马上否定了这则广告,道歉并允诺未来不再传播类似的反科学谣言。目前为止,我可以满意地说,他们遵守了承诺。

这或许算科学的一次胜利,但在众多非洲国家中有数十个积极传播反转基因恐慌的组织,行动援助只是其中之一。这些组织还经常宣称代表非洲农民发声。2013年,非洲生物多样性网络(African Biodiversity Network,一个反转基因组织,比起真正的生物多样性,更关心禁止生物技术)发起请愿,自称代表"非洲大陆上400个代表农民、原住民和民间社会团体的组织"发声,呼吁"在非洲禁止转基因"。[3]但我2013年末在坎帕拉直接跟真正的、合法的农民代表交流时,他们对外部资助的非政府组织代表他们发声表达了愤怒和懊恼。巴穆提尔(Willie Bamutiire)是坎帕拉地区的乌干达全国农民联合会(Uganda National Farmers Federation)的当选代表,他告诉我,要找到这些非政府组织很容易。

"你能看到他们开着时髦轿车,召集开会。"他抱怨说。他不是特指非洲生物多样性网络,而是泛指那些非政府组织。"这些会议从来都没有农民或农民代表参加。"让巴穆提尔觉得尤其恼怒的是,扭开广播听到新闻说"农民反对[转基因]。但从来没有人询问过农民"。这些非政府组织的人"只是假装成农民代表",他告诉我,但他们装得很像。"他们是受人资助的。因为有钱,他们可以去任何地方,达成任何目的。"

国会议员卡非罗对我说过那些非政府组织的基层办事方式。"他们真正做的是组织研讨会和培训班,召集农民和农民团体,协助他们搭车等,给他们提供食物。他们让农民待上一整天,给他们灌输转基因的负面影响。"在一座座小镇、一个个地区,这种活动包括传达反转基因演讲者惯用的那套关于癌症、不育和猪基因的警告,同时展示电脑软件处理过的图片来误导听众。

乌干达全国农民联合会的代表告诉我,农民们追求的跟我在坦桑尼亚、肯尼亚和非洲其他国家听到的差不多一样。"我们的农民想要的是杂交种子……我们需要提高生产率。"既是为了摆脱贫困,也是为了适应气候变化。他们当然不需要外行来跟他们说无需使用现代农业技术。

＊　　＊　　＊

乌干达的农民证实,他们的农作物跟坦桑尼亚农作物的情况一样,正遭受新爆发的病害威胁。最严重的是香蕉。这里香蕉青的时候就会被摘下,捣碎后蒸熟,是一种主食,叫作香蕉饭(matoke)。全球约三分之一的香蕉是东非种植的,为乌干达、布隆迪、卢旺达、坦桑尼亚和肯尼亚一亿多人提供了日常食物供给的四分之一。由于对香蕉饭的需求巨大,乌干达是世界上第二大香蕉生产国,这些香蕉主要通过小规模生产,供家庭和本地消费。

2001年,之前鲜为人知的一种细菌病害从埃塞俄比亚传入乌干达,逐渐感染香蕉种植园。香蕉黄单孢菌枯萎病(Banana Xanthomonas Wilt,简称BXW)通过飞虫和受感染的器具传播,表现为植株迅速枯萎,未成熟的果实腐烂。切开受感染的茎干,会渗出像脓一样的黄色物质,整株植物最终变黑死亡。种植园一旦受感染,农民只能把受感染的香蕉树以及附近的香蕉树都砍倒、埋起来。跟坦桑尼亚的木薯情况一样,BXW流行给那些以香蕉为主食的家庭带来了持续的粮食安全威胁。跟对抗木薯流行病方式一样,世界各地的科学家与政府运营的非洲研究机构通力合作,运用基因工程紧急开发抗病香蕉品种。

我在坎帕拉遇到了该领域的首席科学家之一,国际热带农业研究所(International Institute of Tropical Agriculture)的特里帕蒂(Leena Tripathi)。特里帕蒂告诉我,香蕉是一种极有本地特色的作物。"家里就可以种,所以农民们都会在院子里种香蕉树。"我们在坎帕拉的麦克雷雷大学一起吃了香蕉饭和豆子。她补充说,香蕉"商业生产的数量非常少,也很少有出口,主要是当地人消费和很小的市场消费"。考虑到乌干达及其邻国的营养不良和粮食不安全,这正是香蕉危机如此令人忧心的原因。植物科学家经过一番费尽心力的研究,未能在香蕉及其近亲中找到抗病基因,于是他们利用转基因技术引入了一个甜椒的基因。

初步结果很有希望,特里帕蒂告诉我。她已经在转基因品种的11个新品系中确定了100%的抗性。后来我们参观了她的温室,她带我看了两株摆在一起的盆栽香蕉树:一株是有着新抗病基因的品种,另一株是没有这种基因的对照组。抗病品种非常健壮,生机勃勃,对照组已经死亡。我问特里帕蒂,农民还要等多久才能获得这种抗病香蕉呢?她犹豫了一下。"乌干达目前还没有生物安全法,所以在这些品种商品化之前,先要法律就位。"她缓缓地说。

这次采访留给我的一种印象是,实验室工作反而是相对简单的那部分。没有长期保障的生物安全和生物技术法规,特里帕蒂的抗枯萎病香蕉将被无限期地困在实验室里,哪怕病害一步步扫荡乌干达,无数家庭因此面临着一场场饥荒。

*　　*　　*

在乌干达时,我在众多竭力阻止农作物生物技术的团体中,竟然发现了一个支持科学的非政府组织:生计与发展科学基金会(Science Foundation for Livelihoods and Development,简称SCIFODE)。很凑巧地,SCIFODE与乌干达全国农民联合会在坎帕拉的同一栋大楼里办公。他们的公共关系主任旺波伽(Peter Wamboga)带我参观了国家农作物资源研究所(National Crops Resources Research Institute)。那是位于小镇纳姆隆的一个政府研究站,我看到了试验田里种植的抗病毒木薯品种。我们在崎岖不平的路上向北行驶,司机娴熟地避开了地上的坑洼、山羊和路人。旺波伽从前排座位扭过身来,就目前的不公平情况和我分享他的观点。

"资金无疑来自欧洲,"他抱怨说。"为什么欧洲人不用钱帮非洲买拖拉机？为什么他们不捐钱买锄头，买那些可以减轻收割和运输庄稼负担的工具？为什么欧洲人反而要花钱反对非洲的科技进步？"

"那些非政府组织说，他们想支持传统的小农经济，"我提示说，"那有什么错呢？"

"让他们支持欧洲的传统农业好了。"旺波伽反驳说，"他们有那么做吗？他们在欧洲种植传统作物了吗？欧洲种的是改良作物。他们却告诉非洲，你们要种自古以来的传统作物。非洲发展落后，欧洲算是罪魁祸首。"

"但有些人说非洲还没准备好使用新技术呢？"我问（我多次从活动者那里听到这种说法）。

"这绝对是胡说。他们说的没准备好是什么意思？欧洲不想非洲做到粮食安全，因为这样非洲就会独立起来。欧洲是非洲的殖民者，不想非洲完全独立。他们仍想操控我们获得食物或放弃食物的能力。"

我告诉他，我猜哪怕是最狂热的反生物技术非政府组织，也不认为自己是新殖民主义。事实上，他们声称自己打击的正是殖民主义，他们认为进口改良作物和由此造成的跨国种子公司向传统农业渗透，必然伴随殖民主义。

"是谁这么说的？是非洲自己说的，还是非洲跟在欧洲后面鹦鹉学舌的？我们不是次等人，"他继续说，愈发义愤填膺。"我们是完完全全的人，有着正常人类的能力和潜力，我们能自己做主。"

作为一个欧洲人，我开始感到有些不好意思。但旺波伽还没说完。"科学是人类共有的知识和资源。谁也不能说占有、理解或更懂什么是科学和技术。谁让我们用手机了？非洲的手机普及率是全球最高的。没人让我们用。欧洲人没有叫我们用手机或不用手机。那凭什么他们要在农业方面指挥我们——'用这个技术，不要用那个技术'？为什么他们要替我们作选择、作决定？为什么他们要来误导非洲？"

我们到达了国家农作物资源研究所,对话就此打住。研究所的实验室和会议室都在低矮的办公楼里,一位穿红色衬衫的年轻的乌干达研究员带我们前往一段距离开外的田里。我们停在一扇让人望而生畏的大门前。大门顶端布满尖刺,上面钉着一个大标牌,用黑色和红色的大写字母写着"转基因作物试验田"。穿过大门,走下一个缓坡,又来到一片结实的铁丝围栏和第二道大门边,上面拴着链条,用坚固的挂锁牢牢锁住。门上也有一个大标牌,刷着绿色大字:"转基因木薯。研究专用。"下面的小字写着:"未批准做食物和饲料。闲人勿进。"

研究所的人打开挂锁,我们诚惶诚恐地走进这片戒备森严的农田。景象非常壮观。面前铺开的一英亩木薯是我见过的最健康的作物。我掏出手机拍照时,红衬衫研究员露出骄傲的笑容。他扯下两片叶子,并排摆在我们面前。一片发黄萎缩,是被病毒侵害的表现。他告诉我们,这是非转基因的对照组作物。另一片叶子深绿健壮——是抗病毒转基因试验作物,这个品种完全没有花叶病和褐条病的迹象。茁壮生长的木薯灌丛在暖风中微微摇曳,它们的块根在乌干达深红色的土壤下不断膨胀。

我问国家农作物资源研究所的科学家,这些抗病木薯品种还需多久才能送到农民手上。他们告诉我,处理两种不同病毒之间的复杂关系还需解决一些技术问题,但最大的困难倒不是科学方面的。我再一次听到,主要困境在于让国会通过一项生物安全法,以便在一个合理的监管体系中分配转基因作物。我不由想到一个主意。我小声地问我们的东道主,假设,有人悄悄从封闭的试验田里偷运走一点抗病木薯块根出去,交给当地农民,开个头,会怎么样?答案很明确:一大笔罚金,或十年牢狱。不值得冒这个险。

之后很长时间,这些画面在我的脑中挥之不去。挂锁就像某种隐喻,暗示着非洲农作物科学的现状,象征着一道坚固的壁垒,隔开了千千万万等待优质作物的小农户和肩负开发作物重任的植物科学家及育种者。有人能解开这道政治枷锁吗？以现状之紧急，这一过程漫长得令人绝望。不过，也有一些乐观的迹象。在乌干达，主要多亏了旺波伽等科学拥护者的工作，国会终于在2017年10月4日通过了生物安全法。当时我刚离开乌干达，此前在坎帕拉待了一周，采访了赤道那头姆巴拉拉地区的香蕉农。我知道他们一定都在庆祝。在一个农场上，我曾见农民砍倒患病的香蕉树进行焚烧。当我在新闻里读到国会这边取得的胜利时*，我想到了那个农民。

*　*　*

在非洲，无论哪里，我都能听到相同的故事：主要由欧洲捐助者资助的外资非政府组织，拖延或阻碍着生物技术的发展，也限制着整个非洲现代农业的发展。2013年，我去了肯尼亚。随后几年，每次来到内罗毕，我都发现情况在恶化。2013年，一个新建的生物安全机构开始运营。最初科学家们都盼望着抗虫玉米和抗病甘薯能很快获批种植。我和主管及几位员工聊了聊，惊讶地发现他们都在无所事事地干等着递交首批申请。

这种拖延，原因照例得回溯到欧洲。2012年，法国的塞莱利尼教授（前面提到过他，是孟山都特别法庭的一位证人）发表了一篇论文，声称吃转基因饲料的大鼠长出了肿瘤。论文中有一些彩色照片，上面是些面目全非的动物。几乎没有专家认可他的研究，不过肯尼亚的活动者发现了机会。当时的卫生部长穆戈（Beth Mugo）刚被确诊患乳腺癌。在活动者的游说下，穆戈相信转基因食品可能是她患病的原因。在后来的一次内阁会议上，穆戈眼泪汪汪地挥舞着那张后来臭名昭著的肿

---

*尽管如此，本书撰写接近尾声时，在2017年12月底，乌干达总统（大概受反转基因阵营影响）拒绝签署生物安全法，并将之退回给国会。似乎，前进一步，后退两步。

瘤老鼠照片,力劝肯尼亚总统对进口转基因作物颁发即时禁令。这条禁令的颁布既没有经过正当的法律程序,也没有咨询肯尼亚新成立的生物安全管理局,不顾肯尼亚科学界的反对,由穆戈自己在一场新闻发布会上胜利宣告。[4]尽管塞莱利尼这篇影响恶劣的论文后来被撤回,[5]肯尼亚的禁令却持续生效至今。禁令没有撤销,该国科学家为帮助本国农民而研发的生物技术改良作物,就没有获批的现实前景。

每个非洲国家都经历过自己独有的反转恐慌。2013年底我去了加纳,塔马利地区北部正在展开一种 Bt 豇豆的田间试验。首席科学家领我参观,一边解释豇豆是整个西非最重要的蛋白作物,在农村地区,很多人极少买得起肉类或其他动物蛋白食品,更是少不了豇豆。他还告诉我,因为一种叫"豆野螟"的虫害,农民为了保住收成不得不喷洒杀虫剂。而这种 Bt 豇豆具有抗虫性,农民都期望可以种植。这跟 Bt 棉花、Bt 玉米和 Bt 茄子的情况差不多。第一批试验进展顺利,产量提高了,也没有虫害的迹象。

然而就跟在孟加拉一样,连公共部门研发的转基因作物想要到达小农户手中,也遭到反转基因组织的反对。2015年,一个名为"加纳粮食主权"(Food Sovereignty Ghana)的非政府组织向加纳高等法院申请,禁止 Bt 豇豆和另一种研发中的高效固氮抗旱水稻。[6]案子发起时,抗议声喧嚣,宽大的横幅上印着"反对孟山都大游行",尽管孟山都并不会出售 Bt 豇豆种子——出售工作由非洲及全球的科学机构和慈善组织联合的公共机构完成*。加纳粮食主权对禁令的诉求按其一贯的政策,即所谓的"绝对禁止所有转基因产品,包括但不限于引入环境、封闭使用和受控田间试验、进口、出口,以及转基因产品在市场上的运输和投放"。[7]

---

* 孟山都是 Bt 技术的拥有者,因此在某些项目上作为通讯单位被列为官方合作伙伴。Bt 豇豆被授权给总部在内罗毕的非洲农业技术基金会,免专利费向农民发放。这项工作由比尔和梅琳达·盖茨基金会支持。

　　加纳粮食主权的网站表明，他们反对转基因，是因为"出生缺陷、严重抑郁、女孩性早熟、孤独症、儿童癌症、男性精子质量降低和不育问题、帕金森病、心血管疾病、糖尿病和慢性肾病的增长"。不用说，这些指控中的任何一项都没有可靠的科学依据。尽管他们的法律诉讼最终失败，但这个案子拖拉数月，给 *Bt* 豇豆项目罩上了一层阴云，活动者在媒体文章中自由驰骋，尽情杜撰转基因产品携带的健康危险。

　　在津巴布韦，我发现情况更糟。总统穆加贝（Robert Mugabe）政府将反转基因狂热变成了国家政策。穆加贝的亲信穆迪迪（Tobaiwa Mudede）写了一系列胡编乱造的文章讲述转基因食品莫须有的威胁。他在津巴布韦的《周日邮报》（*Sunday Mail*）上发表了一篇谩骂文章，称："进一步研究将食用转基因和多种疾病被诱发联系起来，如炎症性肠病、结肠炎、孤独症谱系障碍、自身免疫性疾病、哮喘、不育、性功能障碍，等等。"最后他给出了一个耸人听闻的总结："性功能障碍是美国的一个大问题，男性在黄金年龄24岁左右已经阳痿。"[8]

　　参观哈拉雷大学时，我亲眼看到了穆加贝反科学政策的影响。读遗传学的年轻本科生被迫从哈拉雷大学的垃圾堆里抢救器材，才能有设备学习生物技术的基础操作。没有培养皿和琼脂凝胶培养植物组织，他们用洗净的果酱瓶和家用凝胶取代。实验室没有能用的水龙头，水必须用桶装着扛上两层楼。让人感动的是，这些锐意进取的学生们，在断断续续的电力供应和国家官员时不时的阻挠下，成功培养出了自己的 *Bt* 作物胚胎，甚至在抗病甘薯方面也取得了进展。他们的教授难过地告诉我，他正在受罢职的处分，因为他支持使用生物技术，并且是个白人。

　　邻国赞比亚的意识形态尽管与穆加贝不同，却对转基因持有相同的偏狭态度。赞比亚不准许转基因研究和田间试验。似乎是要充分地表明立场，2014年，赞比亚当局刻意策划了一场焚烧玉米片的活动，据报道这些商品是从当地超市货架上扣押来的，进口自南非，均含有转基因作物成分。新闻报道引用了一位发言人的说法："地方政府部门和总检察长分别发布通知，督促全国地方议会行使职权，无补偿地没收、处理和销毁进口到国内的转基因产品之后，卫生督查收缴了当地一家大型连锁商店的玉米片。"[9]

在一个45%的人口营养不良的国家烧毁食物，[10]看似一场精心策划的侮辱，不过从另一方面讲，赞比亚在这个问题上向来坎坷。2002年，一场严重干旱带来的饥荒威胁着赞比亚和周围国家，当时的总统姆瓦纳瓦萨（Levy Mwanawasa）却拒绝转基因食品的援助，理由是据说这种食品"有毒"。哈佛大学的帕尔伯格（Robert Paarlberg）在《为科学挨饿——为什么生物技术被非洲拒之门外》（*Starved for Science: How Biotechnology is Being Kept out of Africa*）一书中写道，赞比亚政府强制世界粮食计划署（World Food Programme）"将早前提供的转基因食品从赞比亚撤走"。当时《纽约时报》的一篇文章引用了赞比亚农业部长的话："我被告知这种转基因食物是不安全的。"当被问及是否认为援助的转基因食物有毒，他回应："你觉得一种物质引起的过敏还能叫什么？这种引起人体反应的物质就是有毒的。"

《纽约时报》报道，发放的1.4万吨援助用玉米食品被赞比亚总统下令冷冻。赞比亚的老百姓忍受着极度饥饿，收到警告说要远离仓库储存的食物。"他们说这种食物对我们不好，但我们不清楚……他们没有解释。"文章中引用了一位市民的话说。文章提到，很多家庭因为饥饿至极，不得不钻进树丛寻找野生的块根，还说："时间一天天流逝，赞比亚周围数百万饥饿百姓的命运变得愈加让人绝望。"[11]帕尔伯格说，绝望的赞比亚人已没有时间来遵守总统的特别信条，2003年1月，"距离首都300千米远的斯扎农维镇，一群暴民制服了一名佩带武器的保安，抢走了几千袋正待撤走的援助食品。"[12]

帕尔伯格断言,那些来自富裕国家的反转基因团体,包括像绿色和平这样的环保组织,他们的大力游说对赞比亚政府起了过度影响。鉴于那么多人性命攸关,赞比亚的饥荒事件自然引起了高度争议。2002年9月,绿色和平组织否认了一项相关指控。指控说,在赞比亚总统姆瓦纳瓦萨"明知道本国农业生产的未来已到了生死存亡关头"的前提下,绿色和平组织却支持其拒绝转基因食物的决定,在由此导致的大饥荒事件中具有某种共谋性质。按绿色和平组织的说法:"我们说的是,只要可以供应非转基因粮食,不应当强迫任何人违背自身意愿去吃转基因粮食。如果真的只能在转基因粮食和饿死之间选择,那当然任何食物都可以选——但在这种情况下,选择是一个虚假、令人怀疑的事情。"然而,尽管事态紧急而敏感,绿色和平组织的声明并不细致。他们把来自美国的援助食品说成"掺杂转基因",并坚称"赞比亚勇敢地作出决定,保护了本国的农业遗产和农业未来"。绿色和平组织还坚持认为,"转基因在健康[和]安全问题上仍然是个未知数",并且"由于人口营养不良,处于衰弱的状态",或许人们会更容易遭受转基因食物对健康的未知影响。但哪怕在2002年,当时的主流科学观点也已经驳斥了这种说法。

诡异的是,我还被卷入这场灾祸中。2010年,《每日电讯报》的一位博主写道:"就因为像莱纳斯那样的环保活动家充满误导的运动,赞比亚政府拒绝了美国对外援助的转基因食品,让2002年大饥荒中成千上万饿死的赞比亚人向何处申冤?"[13]整个事件与我并没有直接关系,所以我想《每日电讯报》的这位作者在说我前十年的反转基因活动吧。

那么,真的有上万人死亡了吗?根据世界粮食计划署的统计,旱情最初导致"近300万人急需食物救助"。多亏其他国家的资金捐助,赞比亚及时获得了非转基因食物,避免了大规模的饿死事件。"我们得以在该地区及其他地区购买用于分配的食物,非转基因食物。"世界粮食计划署的一名发言人后来面对电视采访说。"我们不得不回头重新规划安排，"赞比亚红十字会的木什图（Charles Mushitu）回忆说，"我们开始发放从坦桑尼亚等邻国采购的豆子。"由于改变了策略，木什图表示："饥饿致死的案例我们一起也没记录到。"[14]然而也有可能发生死亡却未被报道出来——尤其是采取了如此引人争议的决策之后，赞比亚政府不愿意因公民死亡而遭到谴责。英国《卫报》在2002年10月发表了一篇文章，说"国家新闻广播纷纷附和他［总统］对转基因的忧虑，低调报道食品危机。一位议员因在国会声称三个选民已饿死而收到逮捕的警告"。

无论真相如何，很明显的是，如果赞比亚政府没有用转基因禁令干预，情况本应更快好转。这可不是绿色和平组织说的"勇敢"决定，而是无知鲁莽的决定，是拿几百万忍饥挨饿的人和营养不良的孩童的生命与健康在冒险。《卫报》记者卡罗尔（Rory Carroll）曾采访过一个村庄。那里虽然"没有经证实的饿死案例"，但一位村民告诉他："孩子们都是饿着肚子哭着睡着的。我们钻到树丛里寻找坚果和浆果，还是不够吃。"在邻村，有人告诉卡罗尔："孩子们今天拒绝上学。他们说自己虚弱得走不动路，也无法集中注意力。以前无论情况多糟也从来没发生过这种事。"他报道说："在距离最近的小镇利文斯顿，工业路上有座安着磨砂玻璃窗户的仓房，里面封存着几千吨紧急救援用的玉米，自从7月运来后就无人问津过。"他向一位村民打听，那人回答说："那些转基因玉米？是的，广播说是有毒的。"[15]

除了不愁吃喝的局外人的恶意影响，这种不公平还来自另一维度——与私人部门的利益相关，具体来说就是赞比亚富裕阶层的有机产业，他们害怕出口欧洲的市场会有所损失。帕尔伯格说，2002年，当数百万赞比亚人面临迫在眉睫的饥饿威胁时，一家出口有机产品的公司"接到来自英国超市的电话，说如果赞比亚准许运输转基因玉米的粮食援助船只进入的话,出口到英国的有机玉米笋将会处境危险"。赞比亚全国农民工会(Zambia National Farmers Union)代表赞波(Songowayo Zyambo)证实:"出口市场要求,如果赞比亚有任何转基因产品方面的动作,他们将不再购买原本出口的相关作物。"绿色和平组织也在2002年表示:"非洲人害怕基因污染,因为他们自己的谷物和有机养殖的牲畜是以无转基因作为卖点的。哪怕有一点点转基因污染出现,在欧盟市场的利润就会不翼而飞。"[16]让他们吃有机玉米笋吧——玛丽王后*也甘拜下风。

当然,那些要将转基因逐出非洲的外国非政府组织并不是故意加剧贫困和粮食不安全。他们想象中的目标正好相反。为此,他们采用的方式是维护传统生活方式和祖传作物,推广政治目标,比如"粮食主权"。加纳粮食主权组织将其定义为"人民有权通过生态环保且可持续的方式获得健康、符合文化习惯的粮食,并有权定义自己的粮食系统和农业系统"。乍一听"粮食主权"十分有道理。但帕尔伯格指出,这些政治观点本身就是欧洲舶来品,反映的是后农业发达社会的想法,并不适用于非洲。"耕种生产力低下是个陷阱,如今正让大多数非洲人困于贫穷境地。"他写道。这与我在乌干达和坦桑尼亚采访过的农民和科学家的观点不谋而合。"要知道非洲三分之二的人是贫民,他们急需新技术来提高作物生产力,因此欧洲看待农业转基因生物的那一套不太符合非洲的需求。"

帕尔伯格还说,对于粮满为患的北美洲和欧洲,"农业科学的新应用不再有吸引力,因为它们不过预示着农作物和动物产品的生产进一

---

* 玛丽·安托瓦内特(Marie Antoinette, 1755—1793),法国国王路易十六的妻子。据说法国闹饥荒时,玛丽王后听大臣报告说百姓没有面包吃,她回答"为什么不让他们吃些蛋糕呢"。——译者

步扩大设计、更加企业化。此时,富裕国家的国民追求品质,对食品生产系统中的科学技术不再希求更加现代化,反而希望减少现代化。"农场损失的产量可以通过提高价格轻松弥补,因为在大多数家庭的预算中,食物成本微不足道,更别说有机食品已经在富裕阶层中获得可观的溢价。另一方面,撒哈拉以南的非洲地区更像中世纪的欧洲。大部分农活是用一些基本工具手工完成的;几乎没有化肥和灌溉,饥荒的威胁持续不断。帕尔伯格解释说,非洲农民(其中以妇女为主)"有一个传统的、本土的、非工业化的粮食体系,节奏非常缓慢。这种农业几乎不用购买什么作为投入成本,本质上是有机农业。结果是,他们一直都很穷,吃不饱饭。"[17]

帕尔伯格的结论与我在非洲的发现完全不谋而合。他写道:"如今非洲拒绝转基因作物,更像是西方做派,而不是非洲风格。非洲政府起先并不畏惧转基因作物,直到他们看见富裕国家,尤其是欧洲的活动者和消费者反对这种技术。"

*　　*　　*

2017年2月中旬,我回到了坦桑尼亚。这时,距离我站在英国的转基因玉米田里恣意捣毁作物,已过去近20年。我在2013年初次造访时看到的空旷试验田,如今种满了健壮的转基因玉米,一片欣欣向荣。对于坦桑尼亚来说,这片玉米田作为第一批获批的转基因试验,可以说是一个里程碑。我看到这些具有历史意义的作物在温和的热带微风中窸窣摇曳。我穿着规定的蓝色工作罩衫,站在炙热的阳光下汗流浃背。我环顾高高的围栏,思忖着我兜的这一个大圈。20年前我毁坏的那片玉米地,和眼前的很相似,那也是片转基因田。这一次,我不是来毁坏作物,而是前来帮助为转基因而战的科学家。

这些科学家在过去的一年已经打赢了一场重要战役,成功地让"严格责任"法案松动,因此得以合法展开转基因作物的户外田间试验。我这次来不是代表个人，而是作为康奈尔大学新成立的科学联盟的访问学者前来。我的任务是与坦桑尼亚的科学家合作，尽可能有效地把他们的故事告诉全世界。种植的第一批作物，就是我此刻在视察的玉米，种植该玉米属于非洲节水玉米（WEMA）项目的一部分，目标是试验抗旱玉米，以供5个非洲国家的小农户使用。除了坦桑尼亚，乌干达、肯尼亚和莫桑比克也在开发。[18]而在南非，非洲节水玉米已经分发给了农民。这种玉米植株看起来又高又壮，是目前为止我在整个坦桑尼亚看到的最有生机的作物。

坦桑尼亚的节水玉米项目来得正逢其时，因为整个东非地区刚好遇到了一场几十年不遇的严重旱灾。根据全球饥荒预警系统的判定，当时坦桑尼亚的风险属于"严重粮食不安全"。[19]由于旱灾，全国一半的玉米在完成最后一次收割前蒙受损失。我们驾车从莫洛戈罗到多多马去查看试验田的途中，我看到沿路延绵数千米都是发黄的歉收作物，底下是干裂的土地。那幅景象真让人压抑，尤其是因为我知道这意味着以此为生的种植者要忍饥挨饿了。

与我交谈的农民们讲述了一个等不到雨的凄惨故事。"老实说，自打我来到多多马，就没有见到过今年这样的天气，这是最严重的一次，"其中有个叫穆瓦什雷默（Regina Mwashilemo）的农民告诉我。她住在邻村维于拉，离转基因试验田只隔几英里土路。她令人羡慕地拥有三头病快快的奶牛、十来只鸡和两三头山羊，凭着几英亩地，供养着五个孩子和两个孙辈。"从十一二月起就没下过雨，"她诉苦道，"现在都2月了，还是一点儿雨都没有。"穆瓦什雷默听说过路那头的节水玉米试验。对她来说，新的抗旱种子最好早早到来。她已经放弃玉米，改种不那么值钱但抗旱能力稍强的高粱。"老实说，要是我能弄到一些好的抗旱玉米种子，我肯定会回去种玉米。"她说，"我真的很需要节水玉米种子，如果他们能给我足够种植的数量，我会再种玉米，让我的生活好过点儿。"

同邻居居马·齐祖瓦（Juma Chizuwa）相比，穆瓦什雷默简直算是中产阶级。齐祖瓦是5个孩子的父亲。从摇摇欲坠的棚屋和破破烂烂的衣服立刻能看出他家极度贫困。齐祖瓦自己瘦得像根杆子，7岁的儿子奥巴马（Obama）——乐观地模仿美国前总统给儿子取的名字——也是。"这气候真的是糟糕。"我问起他如何对付干旱时，他告诉我："日子太艰难了，只有上帝能帮我们。"我们走在他已干枯的农田中，干涸的河床上只剩荒漠般的残余，旁边除了几株瘦巴巴的木薯似乎再没有什么了。我问齐祖瓦，有没有听说附近那高围栏后面有正在试验的抗旱种子。"我们正在打听能不能弄到那些种子。"他告诉我。如果他得不到帮助呢？"我实在不知道以后会怎样。"

坦桑尼亚的研发工作亟待成功，这样一个目标让我采访的该国科学家开始快马加鞭行动起来。四年前，我第一次遇到库拉雅博士和尼扬盖博士时，他们既沮丧又愤怒。这次他们重燃雄心，在试验田里大步逡巡，轻柔地检查试验玉米抽出的穗子。库拉雅博士告诉我玉米长势很好时，几乎要用力克制自己的感情。"整体看来，我们认为转基因抗旱杂交品种要比非转基因品种长得好。"他兴高采烈地说，"等到收获时，结果出来我们就可以说得很肯定，但现在已经很有说服力。"尼扬盖博士一样兴致高涨。"我在考虑［这次试验］时就知道，这个众望所归的抗旱品种非常有希望成功，造福我国缺乏资源的农民。"他露出灿烂的笑容。

不过，科学家们知道他们还不能被眼前的喜悦冲昏头脑。库拉雅博士告诉我，至少还需要两年的田间试验，在全国不同地区不同条件下检验非洲节水玉米。政府也需要进一步放宽"严格责任"法律，允许充分商品化，因为目前还只准许进行科学试验。而反转基因组织远没有退缩之势：在我离开坦桑尼亚一周后，一名活动家在该国的主要报纸《每日新闻》（Daily News）上发表了一篇长文。"转基因技术实际上将坦桑尼亚5000多万人变成了小白鼠,也许更糟。"作者写道。[20]这篇文章一如既往地极具误导作用,结尾呼吁总统全面禁止非洲节水玉米试验和所有转基因作物。但科学家已经变聪明了:很多专业媒体人和高层决策者已经受邀去多多马,参观了节水玉米试验田。他们的口号是"眼见为实",就像我亲眼所见那样,那些抗旱玉米确实看起来非常棒。

但还需忍受最后的屈辱。受控田间试验仍然受制于"生物安全"的不公平条例。这也解释了为什么我在一天中最热的时间要穿着规定的蓝色工作罩衫,为什么所有人进来时都必须淌过一桶消毒水,经过大写的警告牌。这还能解释高高的围栏,和转基因作物材料都不允许带离田地的事实。因此,在我离开坦桑尼亚两周之后,收割完玉米,所有的研究者排队站在一条深沟前,放火烧掉了几吨完全可以吃的食物。

这项行动执行起来一定非常艰难。后来我收到一些照片:研究者满脸阴郁地站在沟边,两吨完全可以吃的玉米就这样白白被铲到了火堆里。[21]我不由想到,几里远的地方,居马·齐祖瓦饥肠辘辘的孩子们或许能从他们干枯的农场上看到这里升起的浓烟。我又想到,这仿佛象征着富裕国家的转基因恐慌对穷人利益的损害。焚烧结束后,深沟被重新填上了泥土,我猜是为了不让漂浮的转基因作物灰烬污染周围的农田吧。

* * *

2017年我在坦桑尼亚的回访结束前,很想再见见一个人。我第一次见到格蕾丝·雷黑玛是在2013年,本章前面详述过,她与家人当时正经历严重的食物短缺。由于病毒爆发,他们的木薯死光了,她不知道哪里可以找到下一顿。我想知道,这四年发生了什么。我知道,格蕾丝还弄不到抗病毒转基因木薯。法律明令禁止,邻国乌干达的研究者也还没有申请发放转基因木薯。没有健康的木薯作物,她怎么熬过来呢?我们在巴加莫约的郊外再次驶上了那条崎岖沙路,我有些忐忑。

虽然有一位说斯瓦西里语的当地科学家随行帮忙,但我们要找到格蕾丝还是有些麻烦。我们找来一个穿红色T恤的本地青少年帮忙。我拿出笔记本电脑,给他看四年前我给格蕾丝和她家人拍的照片。他认了出来,露出明亮的笑容:"就在那边!"

我们找到了她。格蕾丝·雷黑玛穿着橙色套裙和粉色上衣,从旁边的小房子里警惕地朝外打量。我给她看了电脑里的照片后,她立刻爆发出爽朗的笑声。我们凑在一起翻看照片,每认出一张,她都发出开心的尖叫。她解释了这几年发生的事。看到旁边有一座新的小屋,我的惊讶之情溢于言表。小屋用当地材料建成,墙壁是在树枝之间填充泥土砌成,屋顶是用棕榈叶盖的。这是一座新房子,虽然制作廉价,但也看得出,这几年她的生活不像我所担心的那样不堪。她告诉我,那些木薯还是看起来又小又羸弱,尽管如此,她想办法增加花样,在路边卖芒果,挣些钱买吃的。我问,芒果从哪里来?看上面!她笑着回答。我看见一棵大树在我的头顶上展开树枝,深绿色的叶子间挂着数百个成熟的芒果。

我既意外又开心。照我的想象,早在2013年时,格蕾丝·雷黑玛只有一个选择,如果没有木薯,她就只能坐着等死。我当时一心求索着自己感兴趣的故事线,从没想过她也有其他选择,而且很多办法都是灵活的。科学家们最常提及的一种说法是,"转基因不是什么万能技术"。现在,我亲自体会到这种说法是真的。突然之间,我觉得格蕾丝就像坦桑尼亚每一位妇女,无论哪里都能看到的普通人。她不是等着被我这样有目的的外人描述和定义的一件事物,她是妻子、母亲、农民,也是一位企业家。是的,抗病毒木薯,还有类似的其他事物,也许都能帮她提高家庭的粮食安全。拿走可以改善生计的选项,肯定不符合她的利益,也不符合其他像她这样的人的利益。但生活不是只有一面。她以不同的方式努力适应生存,她的孩子们都得以顺利长大。

实际上,我差点没认出格蕾丝的大女儿。在我的老照片里她还是个光头小娃,如今她已是13岁的大姑娘,戴着一条醒目的黄色头巾。她妈妈骄傲地告诉我,女儿希达(Shida)在学校成绩很好。我通过当地科学家翻译问希达,她想不想上大学,或许将来当分子生物学家。

她转过头,正视我的眼睛,用英语回答说:"想。"

◈ 第七章

反转基因运动的不断兴起

"你知道反对转基因的活动是从什么地方兴起的吗？就在我的办公室里。是我们掀起了全世界的反对运动。"[1]杰里米·里夫金（Jeremy Rifkin）在 2015 年的一次访谈中明确表示。他是一位足迹遍及全球的美国活动家、未来学家和作家。听起来有些夸张，但也不是信口开河。在日后波及全球的反转基因运动中，里夫金无疑是一个至关重要的早期人物。我会在本章详述此事。不过，说到生物技术潜在的负面影响，第一个对此予以重视的人并不是他。也不是绿色和平组织、地球之友以及后来在反转基因运动中脱颖而出的其他环境组织。实际上，最早提出担忧的反倒是科学家自己——也就是研发和部署新型杂交 DNA 生物的那一批科学家先驱。

这个议题最早在 1971 年夏天提出。斯坦福大学的伯格提出一项实验设想，计划把源自致瘤猴病毒 SV40 的遗传物质与人类肠道细菌——大肠杆菌遗传物质结合。因为重组 DNA 方面的成果，伯格后来获得了诺贝尔奖。但当时伯格推迟了这项实验，因为他接到波拉克（Robert Pollack）从冷泉港实验室忧心忡忡打来的电话。"我们处在一种前广岛境遇中，"波拉克之后在《科学》杂志上说，"如果现在研究中所操纵的某种东西事实上真是一种人类致癌介质，那可就会引发真正的灾难了。"感到担忧的不止波拉克一个人。美国国家过敏与感染研究院

（NIAID）的罗（Wallace Rowe）发出警告："那样将会重现1918年大流感的景象。"[2]

他们担心的问题是，重组后的DNA可能会产生某种新型病原体，带来致命后果。DNA双螺旋的共同发现者沃森后来解释说："我们在试管里创造的某些新基因组合，会不会像阿拉丁神灯里的精灵一样冒出来，不受控制地不断复制，最终就算不取代人类，也会取代已有的动植物？既然我们假设自然演化会产生有害的变种，难道我们不应该担心创造新的重组DNA产生的后果，或许比1918年猪流感大流行那样的致命自然灾难还要严重几个数量级吗？"[3]

没人能保证会发生什么，光是实验过程就明显增加了风险。研究者格外谨慎，因为大家都很清楚，与病原体打交道时，尽管使用了最高级别的生物安全标准，依然危险重重。"每位微生物学家都吸入或吸收了相当数量的研究对象。"一位实验室安全主管向《科学》坦白说。[4]意外事故有时足以致命：1967年，一种来自猴子身上的介质——马尔堡病毒，感染了德国31名实验人员和其他人，导致7人死亡。

当时也是一个社会和文化发生遽变的时代，很多科学家对越南战争感到愤怒，担心学术机构开发的技术有双重目的，沦为支持所谓"军工复合体"的战争同谋。起初只是纯粹理想化的科学研究，落到不同人的手里可能会变成军国主义的武器。如何与纯粹的科学探索结合，这种结合是否应受到限制，是个没有定论的问题。麻省理工学院的生物学家金（Jonathan King），1997年曾在美国国家科学院的一次会议上，发表了对重组DNA的看法：[5]"战争时期我在加州理工学院读研究生，那里有很多导弹工程师。我们中很多人担心，他们在用自己的科学技术设计杀人的工具。我们闲坐在宿舍里向他们发问，他们说我们是在干预他们探索的自由。什么探索的自由？你们可是在制造导弹啊。他们会说他们不是在造导弹，他们是在研究细长发射物在液体介质中的运动，如果不这么做就无法了解其中的原理。"

科学家们担心，如果他们出于谨慎的警告引发了社会恐慌，那么研究可能会被全面阻止，这一点让他们尤其苦恼。他们也非常清楚，大多数人是很难判断真实风险的*。有人担心建立新的监管体制会阻碍合法的研究。"甚至好的意图也很容易滋生出日益增长的官僚主义怪兽，打击和拖累重要的研究。"一位肿瘤学家警告说，他担心像肿瘤治疗这类领域会被新官僚主义拖延或妨碍而难以有突破。[6]然而，研究者明白，不顾一切往前冲也是自找麻烦。"如果公众觉得科学共同体表现得不负责任，他们马上会作出反应，研究的自由就会因此受限。如果我们不提高应有的谨慎，我们将会惹麻烦。"一位传染病研究者在1973年警告道。[7]

很多警告让人不安，因为发出警告的是科学家，甚至涉及政治问题。"我自己是遗传学家。我爱基因。我爱染色体。我一辈子研究它们。"麻省理工学院的金说。他是左翼组织"科学为人民"（Science for the People）的杰出成员。即使如此，对于中止转基因研究的呼声，他表示支持："这不是自由探索的问题。这是一个自由生产的问题，涉及改变环境、改变生物……我们中没有人会说不要积累知识。"[8]但重组DNA的事，他希望就此打住。"你可能会争辩说，这不应该是一个由科学家作出的决定。"一位生物实验室主管写信给伯格说，"我想提醒你，想想DDT和凝固汽油——那些没能被人类明智使用的产品。"[9]

有些研究者显然被自己的成果吓到了。"伯格实验把很多人的裤子都吓掉了，包括伯格自己。"国家过敏与感染研究院的罗承认。事实上，忧心忡忡的研究人员早在1974年7月就自愿暂停了所有使用病原性病

---

*最常见的例子是，很多人常被核能吓个半死，却开开心心地钻进私家车里，其实从致死率来说后者可要危险得多。

毒或细菌的DNA重组研究。一些权威专家,包括伯格和沃森,还有第一批进行重组DNA实验的博耶和科恩,联名发出了一封警告信《重组DNA分子的潜在生物危害》。为商讨共同的立场,8个月之后的1975年2月,140位世界顶级专家齐聚加州阿西洛马海滩。在当时,与会者就已经感受到此次会议具有历史意义。据《滚石》(Rolling Stone)杂志报道,出席的分子生物学家意识到,"他们显然已身处实验的悬崖边缘,最终面临的困境可能就和原子弹发明前几年的核物理学家一样"。[10]经过无数不眠之夜和激烈讨论,科学家同意采取一定程度的自我监管,风险最高的实验需要严格遵守生物安全程序。有些人认为,这是值得欢庆的时刻——科学家第一次防患于未然,预警性地为其工作承担一定的社会责任,而不是等事情无法挽回时再去收拾残局。还有些人则对新制度的严格性不以为然。一名记者在给沃森的信中抱怨道:"如果药物也用这一套规定,那医院就要关门了。"[11]

像很多研究者害怕的那样,阿西洛马会议并非结局,而是发动一连串监管过程的开端。政府和媒体都开始关注。作为回应,美国国立卫生研究院(NIH)起草了严格的监管条例,足以让某些重组DNA研究无法开展。但在批评者看来,这些行动还远远不够。批评者现在还包括环境组织地球之友。在给《科学》杂志的信中,地球之友遗传学委员会的锡姆灵(Francine Robinson Simring)发问:"科学家如何保证什么样的实验防护才可能绝对安全,并且不会因人为疏忽和技术故障发生事故?"[12]康奈尔大学的生物化学家卡瓦列里(Liebe Cavalieri)在《纽约时报》发表的文章广为流传,文中他警告说:"现代技术的大多数问题都是慢慢积累和可以察觉的,并且可以在到达危险期之前叫停。但基因改造细菌不是这样。一个未察觉的事故有可能导致整个地球被无法根除的危险物质所污染,并且有可能直到造成致命后果才有人知道它的存在。"[13]锡姆灵后来召集批评者组成遗传学责任委员会(Committee for

Responsible Genetics），每两个月发行一份通讯简报，叫《基因观察》。

监管体系风头正劲时，科学共同体中的很多科学家却产生了异议。其中一位是DNA先驱沃森。"我的立场是，我不认为重组DNA是一个主要的或实际的公共安全危害，因此我认为没必要立法。"他说。[14] 尽管沃森在1974年签署了自愿暂停重组DNA实验的警告信，但三年过去，他见到了足够多的表明重组DNA无害的证据，因此改变了想法。他解释说，当年签署警告信时，科学家认为重组DNA是全新的存在，之前从未在自然界中出现过，因此可能会产生严重的未知风险。如今出现的证据表明，细菌的基因常常通过质粒进入植物，会引起虫瘿（这是杰夫·谢尔、马克·范蒙塔古等人在那段时间取得的研究成果）。而自然发生的转基因过程可能还以很多其他方式上演着。这并不是30亿年中第一次发生DNA重组，沃森写道："我认为，DNA的转移在大自然中相当常见。"[15] 那时人们也已知道，病毒和细菌会自主地交换基因，实验室的病原体往往会通过"驯化"失去毒性，而不是获得毒性。总之，由于新证据的出现，重组DNA不再像最初人们所恐惧的那样危险。沃森的总结令人印象深刻："我正在列一个《完全风险名录》。在字母D下面，有狗（dog）、医生（doctor）、二噁英（dioxin）。我把DNA放在哪里呢？非常下面的位置。"[16]

沃森不是唯一一个改变观点的人。"我逐渐意识到，把外来DNA序列引入［细菌］，对任何人而言都不会带来危险。"亚拉巴马大学的科学家柯蒂斯（Roy Curtis）在给美国国立卫生研究院主任的信中说，"得出这样的结论让我有些痛苦和不情愿，因为这与我过去对重组DNA研究有生物危害的'感觉'正好相反。"[17] 可是要阻止监管者已经来不及了。公众和环境组织不断施压，由参议员爱德华·肯尼迪（Edward Kennedy）领导的一些政治家起草了一项法案来监管重组DNA研究，谁若违反新规定，将施以每天高达1万美元的罚款。反对者抱怨说，这项法案简直就像苏联时期的李森科主义——当时李森科（Trofim Lysenko）提出伪科学思想，反对传统遗传学和自然选择学说，受到斯大林（Stalin）支持。在一次专家会议上，137名科学家上书国会，警告说肯尼迪的法律草案一旦生效，将会"严重抑制该领域研究的深入发展"。众议院内也提交了一项类似的法案。在科学组织激烈地游说之后，两项法案都遭舍弃。但无疑的是，当时全国规模的法规即将出台。此后，至少三家联邦政府机构——美国食品药品监督管理局（FDA）、美国国家环境保护局（EPA）和美国农业部（USDA）——将参与监管不同的转基因生物，创立一个毫无科学基础的繁冗系统。

*　　*　　*

杰里米·里夫金（本章一开始提过）以其标志性的夸张风格进入了人们的视野：1977年3月7日，他在美国科学院的会议上示威。示威者们来自里夫金的人民事务委员会（People's Business Commission），他们举着横幅，上面写着"我们要创造完美的种族——阿道夫·希特勒，1933年"。主持会议的科学家邀请里夫金到话筒前"开诚布公地说一说"。于是里夫金发表了一通言辞激烈的演说，指责科学家们神神秘秘、思想狭隘、对政治一无所知。他宣称："关于这次论坛，很有趣的一点是，我们正在偏离中心议题——为什么这个问题如此重要。"

> 几个月来，我们听到支持者和反对者都主张这里真正的问题是安全问题。在实验室里开展这类实验安全不安全？我们需要P1级实验室还是P4级实验室？我们需要国立卫生研究院的自愿遵守准则还是非自愿监管？
>
> 朋友们，真正的问题不是在实验室条件下是否安全。显然，潜在的病毒和细菌有可能被带出实验室，并危害千百万人的健康，但这也不是核心问题。我们可以让国会在今年春天为安全监管立法，但这无助于我们正面临的核心问题……这

里真正的问题,是人类曾经不得不应对的最重要的问题。你知道是什么,我也知道是什么。随着重组DNA的发现,科学家已经解锁生命之谜。现在只是时间的问题——5年,15年,25年,30年——直到生物学家,有些就在这间屋子里,真的可以通过重组DNA研究,在地球上创造出新的植物、新的动物种类,甚至从基因上改变人类。

里夫金接着引用了沃森等几位权威科学家的话,说他们正在提倡克隆人。他还预测,宗教组织将很快加入反对者大军,并称企业对生命拥有专利权是不道德的。"这就是我要说的。我们要么在这次会议上敞开了说,要么干脆不要开会了!"他强烈要求。

如果要给反转基因运动的开端定一个日期,那么我认为就是这一天。这次示威之前,里夫金等人发起了一个新的反对重组DNA研究的多元化联盟,成员包括两位诺贝尔奖得主和一些环境组织,如地球之友、美国环境保护协会(Environmental Defense Fund)、自然资源保护协会(Natural Resources Defense Council)和科学为人民等组织。地球之友的立场已从先前的不甚明确加强为要求"正式暂停重组DNA研究"。而塞拉俱乐部(Sierra Club)的理事会宣布,在等待进一步的信息和讨论之前,"塞拉俱乐部反对任何目的的重组DNA,除非实验在少数由联邦政府直接监管或运作的符合最高安全标准的实验室中进行"。[18]

讽刺的是,到这时科学共同体才开始意识到,很多专家对重组DNA最初的担忧已经被过度渲染,环保运动正在把它变成坚决抵制的对象。1977年,沃森已经开始反省阿西洛马会议和他自己在1974年签署的警告信,认为"那是一次严重的误判,我们没有看到也没有听到任何危险就先喊狼来了"。[19]然而,为时已晚。或许,按照玛丽·雪莱(Mary Shelley)原著的意思,与其说弗兰肯斯坦的怪兽是DNA研究的产物,不如说它是社会对这种研究的恐慌反应。

在科学研究的维护者中,有一位或许令人意外,他就是种群生物学家埃尔利希(Paul R. Ehrlich)。他曾在1968年出版的《人口爆炸》(*The Population Bomb*)一书中,声援人口过剩的问题,因此很多环保人士把他看作英雄。1977年,埃尔利希写信给地球之友,力劝他们放弃要求官方禁令。"在重组DNA研究的问题上,"他写道,"我认为科学家的表现可圈可点。他们意识到可能有严重危害就主动公布,并在进一步检验风险程度之前,对自己的研究采取自愿限制措施。"[20]埃尔利希指出,并不只有人类在以选育的方式长时间地"插手干预进化",作为种群生物学家,他认为没有证据表明,实验室产生的基因改造微生物肯定能打败天然的昆虫,后者可是"进化几十亿年的高度专业化的产物"。

埃尔利希并不否认科学过去被误用过,但他认为那不是禁止科学的充分理由。他写道,"实际上,任何纯科学研究的成果都有可能被用来与人类作对",甚至他自己的研究——植物和蝴蝶的协同进化,虽明显无害,但也不乏这种可能。"如果重组DNA研究因为有可能被用来做坏事而遭禁止,那么所有的科学都可以受到类似的指控,基础研究恐怕非停止不可。一旦作出这样的决定,人类就要准备好放弃科学所带来的好处。而一个人口过剩的地球,只有完全依赖尖端技术才有望过渡到'可持续发展社会',放弃科学所带来的好处将付出巨大的代价。"

* * *

但地球之友并不打算重新考虑。杰里米·里夫金也是。这个美国人是个不折不扣的激进分子,同时也是一位多产作家,拥有魔鬼般的能量。杰出的社会科学家克里姆斯基(Sheldon Krimsky)说,里夫金"在遗传学政策方面……对媒体的影响力超过美国任何一个组织、任何一个人"。[21]食品报道记者查尔斯持同样看法,认为里夫金在长达几十年的反转基因运动中,"在唤起公众对生物技术的恐惧上,责任比任何人都大"。文化史学家舒尔曼认为,里夫金是"美国(在某种程度上,也是全世界范围内)推广反转基因运动中最有影响力的个人"。从20世纪70年代起,里夫金用一系列书、文章和诉讼开始了炮轰,并在华盛顿特区杜邦环岛酒店附近的小办公室里指导和训练美国下一代反转基因领导人。

和很多反转基因运动早期阶段的同胞一样,里夫金是20世纪60年代反文化的典型产物。20世纪50年代,他生长于芝加哥西南部中产家庭的舒适环境,母亲薇薇特(Vivette)为视障人士制作读书录音带,父亲是塑料袋制造商。学生时代的里夫金前途无量,毕业于宾夕法尼亚大学沃顿商学院,在动荡的1967年,他获得了经济学学位和学院的优异奖。在校期间,杰里米最初并没有表现得反对传统权威。后来的校友杂志中有篇简介提到,在沃顿商学院时,"他成为啦啦队队长、班长、兄弟会干部和经济学奇才"。直到那时他都是中规中矩的,但1966年的学年末,发生了一件事,改变了里夫金的人生轨迹,将他和同时代的很多学生一起推向了政治激进主义的征途。"一天,校园里有示威游行,"里夫金回忆说,"我看到几个足球运动员在揍小孩。那些[恶棍]是我的朋友,是和我一起在老烟乔酒吧喝啤酒的那帮运动员。我心里想,'等等,有问题。'我猜我的激进主义就是从那时开始的。"[22]

第二天,里夫金像变了一个人,在校园里领导了一场言论自由集会,抗议曾经的足球运动员朋友压制异见。随着美国校园中的反文化运动愈演愈烈,第二年初,里夫金组织了一场运动,后来他称之为全国首次校园静坐示威。1967年,在临近毕业的前几周,里夫金走上抗议集会的演讲台,对着300名学生,反对越南战争。曾经的啦啦队队长将扩音话筒派上了另一种用场。"有关人士有责任站出来发声和参与进来。"这位过去的兄弟会干部、现在的激进活动家在人群中疾呼。[23]毕业后的一年里,他帮助组织了1968年的五角大楼大游行,参加了一个自称调查越南战争中美国罪行的"公民调查委员会"(Citizens' Commission of

Inquiry,简称CCI)。当时骇人听闻的美莱村屠杀逐渐被公众知晓,美军在这场大屠杀中杀死了300—500名越南村民,这件事促成了公民调查委员会的成立。当人们发现美军在越南的罪行不仅仅是屠杀老百姓,还在于他们试图隐瞒此事,里夫金和反战的美国政治左派同事们在反对运动中的影响力和声誉开始上升。

里夫金精力充沛又深谙媒体之道,在他的带领下,公民调查委员会带着越战退伍老兵开始在美国巡讲,目的是揭露越战中美军实施的其他暴行,让当地媒体作出更多报道。这些越战老兵声称,美莱村屠杀只是冰山一角,美国的战争罪行比大家所知的规模更大、更具系统性。"战争罪行……是五角大楼的政策问题。"1970年4月,里夫金对《纽约邮报》(New York Post)说道。美国当时处在一个两级分化严重、人们纷纷自省的年代。美国是为了捍卫民主而推倒共产主义多米诺骨牌的善良的超级大国吗?还是说,美国拿民主当幌子,在国内愚弄工人阶级而在第三世界镇压自由?里夫金等新左派激进分子认为答案是后者。1970年,在密西西比州的杰克逊州立大学和俄亥俄州的肯特州立大学,国民警卫队残忍射杀手无寸铁的学生,这起事件带来的震撼让里夫金他们加深了看法。

公民调查委员会的一位越战老兵,尤尔(Michael Uhl),记得里夫金并在回忆录中写到了这段往事。他说,杰里米是"俄国犹太后裔",1969年在塔夫茨大学时,"对希特勒的着迷和对犹太大屠杀的震惊,促使他研究了优生学和种族灭绝,并写了这方面的内容"作为毕业论文。里夫金去过欧洲,参观了德国达豪的纳粹集中营,"突然,在[他]心中,[他]看见美国对越南的政策也贴满了卐"。[24] 根据尤尔的说法,里夫金后来"坚持不懈"地反对"在动物、蔬菜或谷物中掺杂转基因",显然可以追溯到他"年轻时关注的法西斯主义优生学和借此制造优等民族"。无疑,这些词汇和哲学主题后来反复出现在里夫金关于遗传学的作品中,以及他所推动的更广泛的反转基因运动中。

20世纪60年代末的新左派与旧左派很不同。对里夫金来说,这不同并非表现在无休无止地于深夜探讨托洛茨基(Trotsky)写的辩证唯物主义和历史唯物主义著作。从一开始,里夫金就是一个实用主义者,从报纸专栏的大小而不是思想的纯净度来衡量影响力。相比旧左派关心国家内部的阶级关系,新左派对大公司的国际影响力更感兴趣。20世纪70年代,随着越南淡出公众的视野,里夫金创办了"人民200周年委员会"(Peoples Bicentennial Commission),它是一个反企业组织,针对美国建国200周年官方庆典而设立,这个组织就是后来的人民事务委员会。登上报纸头条的首批行动之一,是在1973年将假的石油桶倒进波士顿湾,象征石油时代对1773年波士顿倾茶事件的回响。后来他们还提出了一个吸睛的点子:任何公司秘书如果提供公司违法乱纪行为的内幕,就可以得到2.5万美金的奖赏。"提供具体信息,直接导致美国财富榜500强公司总裁因为与公司运营相关的犯罪活动被逮捕、起诉、定罪和入狱",[25]就能得到现金奖赏。里夫金还将类似的信函寄往那些总裁的家中,收信人是总裁妻子,信中附带了一卷录音带,向她们保证出卖飞黄腾达的丈夫后一定有现金回报。

里夫金1976年写给公司总裁妻子们的信函,其主题奇特地令人有似曾相识之感。他写道:"如今,200家巨型公司占有了超过整个国家制造业三分之二的资产。领导这些企业帝国的一小群无名人士,手中积聚的权力足以切实地操纵美国人的生活……你的丈夫就是这小批拥有特权的商业精英之一。因此,你和你的家人肩负着特殊的责任,需要站出来反对那些导致价格垄断、失业、环境破坏、过度牟利、财富分配不公和其他弊病的企业策略。"[26]

里夫金的这一招没有奏效。他的人民200周年委员会只收到了"写在高级磨砂信笺上的咒骂",而不是他一心惦念的企业八卦丑闻。[27]

不过,里夫金在《纽约时报》《华尔街日报》以及全国各地的很多地方报纸上积累了名气,有可能这才是他的真正目的。他的媒体煽动事业就此开始腾飞。

里夫金在媒体上取得的成功,只能部分归功于他精心打磨的金句以及与各式人等打交道的高超能力。除此之外,里夫金出现在记者面前时,会把自己设定成一个公知形象,从深层次哲学问题的角度来思考科技和进步,而不像关在象牙塔里的科学家那样耳目闭塞。1977年,也就是里夫金向美国科学院抗议转基因的那一年,他开始为自己反对转基因的立场收集指控证据,与霍华德(Ted Howard)合作出版了一本书,《谁应该扮演上帝》(Who Should Play God)。

《谁应该扮演上帝》致敬了《美丽新世界》(Brave New World)的作者赫胥黎(Aldous Huxley)。"他预见了一切。"里夫金语气不祥地写道。第1页的大标题"这是什么样的未来?"下面,有一组夸张的叙述,包括指控科学家试图"10年内造出跟**你**一样的活体克隆人"(原文加粗强调),"50年内"人工繁殖有可能"完全取代正常的有性繁殖",而最让人吃惊的恐怕是,人类有可能被转基因改造,变得像奶牛一样消化干草、靠皮肤进行光合作用。

里夫金坚称,如果不阻挡转基因技术,它将会"像核爆炸一样致命,完全摧毁人类"。[28]另外,正如他在封面按语中反复暗示、在演讲中不断重复的那样,他认为这项技术与优生学密不可分。他号称在重组DNA之前,"基因工程和社会政策、社会愿景之间的共生关系……在1932—1945年希特勒第三帝国的遗传政策中达到巅峰"。[29]因此,里夫金预见"会出现一种企业版的美丽新世界"。诚然比起希特勒,这种"最终奴役人类的方式没有那么剧烈……但其恐怖程度,绝不亚于某些疯狂独裁者曾经残酷施加的后果。"[30]

里夫金在书的结尾作了如下预测:"如果转基因技术得以按照当前

的速度发展下去,人类最多延续五六代,就会无法逆转地被一种人工改造基因的新生物所取代。虽然这个新物种也会具有我们人类的一些特征,但他们在很多方面与我们不同,正如我们与灵长类近亲不同一样。"[31]对于里夫金来说,反对转基因就像阻止第三帝国,是一项神圣的义务。因此,遗传科学和基本的人道主义价值不能共存,必须消除其中之一。里夫金的使命非但是遏制新法西斯主义和优生学抬头之必要,更是拯救整个人类之必要,否则人类会走向不可挽回的境地,自找毁灭。

里夫金的影响力在1985年达到巅峰。曾经的人民200周年委员会,后来的人民事务委员会,此时堂皇更名为"经济趋势基金会"(Foundation for Economic Trends),在华盛顿特区扩大了办公规模。1985年11月的《琼斯妈妈》杂志发表了一篇采访,照片中的里夫金郑重地摆着姿势:穿着标志性的米色休闲裤,坐在办公室的躺椅上,一根手指若有所思地搁在上唇的八字胡边,另一只手抓着随时落墨的钢笔和摊开的记事本。采访文章由《纽约时报》的作者施奈德(Keith Schneider)执笔。他把里夫金刻画成一个权威而冷静的孤岛,被紧张狂热的工作所包围。秘书不断按铃进来,告诉他最新的媒体要求:"杰里米——CBS新闻,1号线。""杰里米,《华盛顿邮报》的罗素(Christine Russell)想在午饭后来这里碰面。我要告诉她可以吗?""杰里米,众议院能源和商务委员会,2号线。"

《琼斯妈妈》的这篇文章发表于里夫金反生物技术的全盛时期,用施奈德的话说,"他是全美最知名的基因工程批评者",他的特殊才能"使他说一句话就能引起关注,成为全世界辩论的焦点"。施奈德写道,仅仅两年时间里,里夫金"在围绕转基因发展的伦理讨论和科学讨论中,成为了指挥"。另一篇相关文章中提到,里夫金的办公室是一条新闻生产线。"两名中年妇女从当天的报纸上剪下新闻,那些文章要么直接引用了里夫金的话,要么提到了他的众多热门话题。他们仔细地复制这些故事……并派发给感兴趣的团体。很显然,没有媒体,就没有里夫金。"[32]对转基因的坚决反对再加上擅长广泛传播观点,让里夫金将科学界的对手们甩开了几条大街。"大多数科学家认为,里夫金[关于转基因]的警告不过是一个谋取私利的狂人在极尽夸张地煽动媒体。"施奈德写道。但这些"大多数科学家"很快发现,他们几乎没有办法阻止里夫金。

不仅是通过媒体,里夫金还以一系列极其耗力的巡回演说打造自己的声望。他塑造了一种循循善诱又很有感召力的形象,与其说他是一个环保主义者,不如说是一个信仰疗愈师。一篇人物小传写道:"他坐在桌边,松开领带,解开衬衫最上面一颗纽扣,仔细地卷起袖子。他举起话筒,开始绕着观众走动,几乎与在场的每一个人都发生了眼神接触。他小口抿着依云矿泉水,妙语连珠,从一个话题聊到另一个话题。连那些站立席上的观众都看呆了。"[33]

《华盛顿邮报》在1988年有一篇详尽的报道,着力描述了同年里夫金在意大利的反转基因"改宗之旅"。记者称之为"大演讲",在文中谈论了其不为人知的幕后一面:"里夫金有点像经验老道的照片复印机,可以随心所欲地按照需要放大或压缩他的大演讲篇幅。"那么,这些长长短短的演讲,他是怎样发表的呢?"他走来走去,气宇轩昂地踱着步,煞有其事地指指点点。"意大利接待方被这位盛气凌人的美国人唬住了。"杰里米有一套对人说话的方式,像一个布道者,或者说,更像一名预言家。"其中一位意大利人对《华盛顿邮报》的记者坦言。但里夫金再次成功了:活动结束时,他已说服新当选的意大利绿党将反对转基因作为其政治平台的核心原则。几天来陪同里夫金完成这场狂热旅行的《华盛顿邮报》记者得出一个自相矛盾的结论:"杰里米作为同行伙伴非常风趣迷人。但他同时是个危言耸听的绝对论者,几乎不相信人们会独立思考。里夫金主宰的世界让人不寒而栗。"

在里夫金的所有演讲中,尤其是在转基因的话题上,非此即彼的二元论思想倾向表露无遗。2001年,他在纽约的一所文理学院——亨特学院和学生座谈,宣讲反对全球化。他说:"我来好好告诉你们。如果允许庞大的基因库及其编码的蛋白质成为封闭的财富,无论是成为政府拥有的政治产权还是生物科学公司拥有的知识产权,我向你们保证,到了21世纪和22世纪,你们的孩子和孙辈将会发生基因战争!"优生学是他始终关注的主题。"这种新优生学友好,平常,商业化,由市场驱动。你们不是都想生出健康的孩子吗?"是啊,当然。"但问题是,它从根本上改变了亲子纽带,这就是为什么说转基因技术是一种新优生学。父母成了设计师,孩子成了后现代社会的一次终极购物体验。"

这让人想起几十年前他的另一次演讲。那是1979年,他在葛底斯堡学院学生会上说:"遗传学研究让我们离基因工程更近了一步。其目标是让我们生出理想的孩子,而上一次发生这种事情时,那些孩子有蓝眼睛、金头发和雅利安基因。"对于年轻的里夫金来说,事情非黑即白:"基因工程师不可能不是优生学家。"他坚称。[34]里夫金的主张一如既往,演讲掷地有声,目的是收获雷鸣般的掌声。"必须有严格的全球禁止令,不准在地球上释放任何转基因生物。事情就是这么简单明了。"

* * *

里夫金不仅仅是嘴上谈论禁止遗传学,他还采取了行动。"如果回顾过往你会知道,是我的律师发起了第一项针对转基因生物的诉讼。"他最近发言时说,"我们要求美国联邦法庭下禁令,阻止了第一个转基因生物——防霜害细菌(Ice-minus)——的环境释放,由此引发了后面的大讨论。后来,我们到了最高法院,反对对生命拥有专利权。我们在这件事上花了二三十年的时间。"[35]在20世纪80年代和90年代早期,里夫金的经济趋势基金会发起了一连串的诉讼,在美国成功打乱了生物技术的进程。"他有一种神奇的能力,能够揪出我们审评程序中的弱点,而且他能预见更大的问题所在。"美国环境保护署的一名律师在1986年接到又一起诉讼时,既怨恨又佩服地告诉《纽约时报》。[36] "总能听到有人说这家伙纯粹是一种妨害。并非如此。他对目前生物技术的几乎每一个环节都有影响。"在第一种重组DNA产品问世的短短三年后,治疗糖尿病的人胰岛素上市。《纽约时报》将这项生物技术比作"迟来的革命"。那时,里夫金的基金会已经雇了两名全职律师,想要影响全国政策绰绰有余。

1984年5月,里夫金第一次品尝到胜利的果实:他说服华盛顿特区的法院颁布了一项禁令,禁止将加州大学研发的基因工程细菌喷洒到一小片草莓地里进行试验。诉讼原本只是走程序——里夫金主张该试验缺乏适当的环境影响报告书——却取得了不错的效果。这是人们第一次有计划地把基因工程细菌释放到环境中去,因此对双方来说都是一次重要的尝试。这种细菌在实验室中被去除了一个基因,因而无法在植物叶片上形成结晶的冰核。这么做的目的是保护草莓、马铃薯等畏寒植物,使其免受霜寒。法院的决定很大程度上偏向里夫金,令加州大学和美国国立卫生研究院备感尴尬,因为国立卫生研究院是正式受命为重组DNA技术的使用制定指南并进行监督的机构。"基因改造的生物一旦散布,后果无法确定。"法官声明,而国立卫生研究院的程序"完全不能"达到必要的标准。

又过了几年,也就是到了1987年5月,一家名为"高级遗传学系统"(Advanced Genetics Systems)的私营公司重启这项被搁置的实验,打算以"霜无踪"(Frostban)为商标名,将这种细菌做成农用喷剂。这一次,里夫金预备的起诉没能阻止实验。然而,某天夜里地球优先组织的活动者毁坏了一块试验田。据我所知,那是全世界第一起反转基因的毁坏农作物行动。BBC后来报道说:"全世界第一片试验田吸引了世界上第一批农田捣毁者。"[37]类似的一个马铃薯实验也被夜间活动者盯上了。"当我第一次听说伯克利的一家公司打算在我们社区释放这些霜无踪细菌时,我简直觉得有一把刀插进了我的身体。"地球优先组织的一名成员告诉BBC,"再一次,为了赚钱,科学、技术和企业要用地球上原本不存在的细菌入侵我的身体。我的身体已经被雾霾、辐射和食物中的有毒化学物质入侵,我真的再也无法忍受更多入侵。"此时里夫金正在向激进派转型,他做了第二手准备:要是起诉和媒体宣传都没有用,有可能采取直接行动。

科学家无疑对维护自己的事业无能为力。卫生监管意味着技术员在给草莓喷洒基因工程细菌时必须穿着吓人的登月服。《纽约时报》后来报道说:"全世界传播的照片上,科学家身穿规定的保护装备——防毒面具和太空服,引起了广泛的恐慌。"[38]尽管拍照的摄影师就在几步之遥,而且什么防护装备也没穿。这个经典的例子说明,为安抚焦虑的公众而采取的预防措施,效果适得其反。

尽管霜无踪通过了科学试验,成功阻止了冰晶的形成,保护了植物,然而这款产品引起的巨大争议使它无法投入市场。初生的生物技术行业正在吸取苦涩的教训。推出一款产品后,即使可以测试,也可能因为诉讼停滞多年,从而大大提升了研发成本。在获得法院批准后,试验还有可能被活动者蓄意破坏。甚至,当转基因产品通过了层层关卡,由于持续不断的反对和负面的媒体评价,人们抵制购买或出现更糟的后果,最终产品无法投入市场。这一结果让整个生物技术行业觉得透心凉。如今,使用基因工程技术的植物科学附载了可能带来高昂成本的新风险——公众抵制的风险。

5年以后,也就是1994年5月,世界上第一款转基因食品上市失败的案例绝佳地说明了这种风险。卡尔京公司起初面向生鲜市场设计了一款"佳味"(Flavr Savr)番茄,上架后可以保存更长时间并增加风味。

做法是利用基因抑制一种催熟酶(多聚半乳糖醛酸酶)的表达。目的非常合理。大众超市里寡淡无味的番茄是绿色时采摘下来再人工催熟的,相比之下,"佳味"番茄可以等到在植株上自然成熟后再采摘下来,想必会更受消费者欢迎。从当时的电视新闻报道来看,大众虽然态度谨慎,但总体上是支持的。据报道,这种番茄味道更佳,有夏季自家栽种的番茄的风味。但里夫金一点也不这么看。他发誓"决不让转基因食品进入这里的市场和欧洲的市场"。里夫金通过他基金会下面的一个新分支"纯食品运动"(Pure Food Campaign),启动了一个双管齐下的计划,一方面在公众心目中妖魔化新的转基因番茄,一方面在法庭上对转基因番茄发起挑战。"为了番茄的口味,"他振振有辞,"你甘愿牺牲自己和孩子的健康吗?"[39]在当时电视新闻的资料影像中可以看到里夫金宣称:"它也许是无害的,但也可能是有毒的。我们的立场是:预防胜过后悔。"[40]

尽管法庭方面的挑衅没有成功,但由于里夫金威胁发动全国性抵制活动,金宝汤公司*(Campbell's)没敢把转基因番茄放进罐头汤里。"纯食品运动"动员了数千名饭店大厨承诺决不向顾客提供有麻烦的番茄,并向10万多名学校教师寄去了"培训材料"。[41]由于物流方面受阻,再加上遭到活动者的反对,卡尔京公司向新鲜番茄市场的进军没能持续多久。在欧洲,"佳味"番茄的继任者曾以罐装番茄酱的形式在超市货架上短暂地出现过一阵子,明确标注着"转基因"。虽然这种番茄酱卖得很好,但反转基因活动者还是成功劝服各家超市将其下架。到1999年,"佳味"番茄消失了。[42]卡尔京公司被孟山都收购,孟山都并不是要做新鲜番茄生意,而是为了接手卡尔京宝贵的专利产品线。"佳味"蕃茄就这样无声无息地被遗弃了。世界首款转基因食品湮没在历史的

---

* 金宝汤公司是美国知名的罐头汤生产商。——译者

尘埃中。

在我看来,里夫金留下的最经久不灭的财产,是被他聚集起来、受他启发的一大帮活动者。很多当今富有影响力的反转基因领导者从他那里学到了手段,哪怕在多年后里夫金本人已经转向其他领域,他们仍在传播反转基因信息。其中一位很有影响力的伙伴金布莱尔(Andrew Kimbrell),是非常有经验的律师,里夫金很多重要的反转基因诉讼案都有他在法庭上的指导。金布莱尔后来从里夫金手上接管了经济趋势基金会,建立了食品安全中心。这个机构从21世纪初到今天,一直都是反转基因运动的智库和金库。

金布莱尔对转基因的反对同里夫金一样坚不可摧。无论是植物还是动物,公共服务还是私营企业,只要是食品和农业方面的生物技术,他统统要求禁止,并且全面转向全球有机农业。里夫金的另一个门徒卡明斯(Ronnie Cummins),是激进的农民运动活动家,接手了里夫金的纯食品运动,将其改建为有机食品消费者协会(Organic Consumers Association,简称OCA)。近年来,OCA资助了一个美国知情权(US Right to Know)维权小组,呼吁给商品贴上标识以区分有无转基因。该组织向很多大学的生物技术科学家提出"信息自由"的要求,引发了上万封电子邮件和相关的媒体争论。[43] OCA在传统医学的问题上也采取了一种激进的反科学立场。它发表资料声称,儿童疫苗会导致孤独症,[44]顺势疗法能抵御流感,静脉注射维生素C有助于治疗埃博拉。[45] OCA的网站上这么写着:"知道如何用顺势疗法和天然产物代替疫苗,为孩子和自己建立起抵御猪流感的天然免疫力,这是非常重要的。"[46]

说到里夫金对推广反转基因活动最重要的一项长期贡献,无疑是将绿色和平组织拉进了反转基因阵营。与很多重大事件一样,这件事的发生也近乎偶然。1986年,里夫金与一个名叫哈尔林(Benny Haerlin)的德国活动家临时会面。此人是个根深蒂固的激进分子:早在20

世纪80年代初,他就是柏林占屋运动的一名活跃分子,甚至以恐怖主义的罪名进过牢房,原因是他办的杂志《激进》(*Radikal*)发表了地下无政府组织"革命牢房"(Revolutionary Cells)的宣言,这个组织在此前10年里曾制造过数起爆炸和劫机事件。哈尔林出狱后,被声名鹊起的德国绿党招募,成为欧洲议会成员。[47]他正是以绿党欧洲议会成员(MEP)的身份与里夫金有了第一次交集。哈尔林1986年访问美国时,认识了布拉德(Linda Bullard)。布拉德是里夫金经济趋势基金会的一名理想雇员,后来担任国际有机农业运动联盟(International Federation of Organic Movements)的主席。布拉德促成了里夫金和哈尔林的会面。听了里夫金的劝说后,哈尔林开始反对生物技术,成为欧洲议会中反对转基因的最主要的声音。[48]

1996年,首批转基因食品进入欧洲。事实证明这是一个转折点,推动了反转基因运动在全球范围内获得巨大成功。就像舒尔曼和芒罗在书中写的:"最清楚地意识到时机有利的人大概就是哈尔林了。这位前德国绿党欧洲议会成员十年来都在致力于阻止生物技术。1996年夏天,哈尔林正在为绿色和平组织协调一场反毒药运动时,接到了一个电话。[49]打来电话的是德国高档连锁超市Tengelmann的一名高管。这位超市老板告诉哈尔林,他知道首批转基因食品将在当年晚些时候抵达欧洲,他想问问绿色和平组织对此有没有什么意见。当时绿色和平组织并没有预备开展反转基因食品的运动,然而,经过迅速的判断,哈尔林告诉来电者,绿色和平组织确实对新的食品有些意见。挂掉电话后,他立刻开始筹备一场运动。

查尔斯是这么报道的:

> 哈尔林让绿色和平组织相信,现在正是推进转基因生物问题的关键时刻,并让他们安排了15名全职人员来组织这场运动。当运载着粮食的船只抵达欧洲的港口时,绿色和平组

织的活动者们早已严阵以待……他们涌上船，阻止临时停靠，并拉出横幅，要求禁止进口转基因食品。[50]

1996年，地球之友也发动了一场反转基因食品的重要国际运动。

根据查尔斯的报道，尽管绿色和平组织有所行动，孟山都最初还以为已经获胜。"在欧洲大部分地区，很少有人关心这事。甚至在德国、丹麦和荷兰，这些曾经强烈反对生物技术的地方，绿色和平组织也无法唤起公众的抗拒……在意大利南部、西班牙和法国，抗拒就更少了。"[51]绿色和平组织也很惊讶，新的抗农达大豆颇受美国农民的欢迎。这批船运货物中三分之一到二分之一是转基因大豆。一名孟山都的员工后来回忆说："夏皮罗（孟山都的CEO）回应说，这场仗已经打完了，我们赢了。"但如果夏皮罗只是根据德国、法国或荷兰的情况来掂量公众对生物技术的反应，那他定位的目标就错了。反对的旋风不是来自巴黎或布鲁塞尔，而是来自伦敦。正如我在第一章详细描述的，英国成为了反对转基因生物的世界中心。

1996年，转基因标识的提议在欧洲未获成功，因为当时公众对此不感兴趣；[52]四年之后，也就是英国的反转基因运动已经发展到全球规模后，欧盟被吓得自愿暂停了对所有转基因粮食的批准。隔年，当转基因标识的议题再次摆在欧洲议会面前时，议会以压倒性的338票比52票，通过了当时所谓的"全球最严格的转基因生物立法"。[53]1999年，农民活动家博韦（José Bové）在法国蒙彼利埃毁坏了转基因水稻。他那阿斯特克*式的八字胡仿佛象征着高卢人民对传统食物的需求。[54]法国接着成为了整个欧洲最有决心摆脱转基因产品的国家之一。与此同时，一场激进的农民运动在印度的卡纳塔克邦展开。正如广告所宣传的"焚

---

* 阿斯特克（Asterix）是法国家喻户晓的卡通人物，被认为具有典型的法国人形象。——译者

烧孟山都行动"那样,1998 年 11 月 28 日,孟山都的一块抗虫害转基因棉花试验田被烧得精光。[55] 接下来的一个月内,另外三块田也遭到焚烧。纵火犯还袭击了意大利。2001 年 4 月,孟山都的一处种子仓库被烧毁,墙上被喷上了油漆写的字:"孟山都是杀人犯:禁止转基因。"[56]

这些运动以及媒体的广泛支持,导致群众对生物技术的支持大幅下降。在英国和法国,从 1996 年到 1999 年,人群中反对转基因食品的比例上涨了 20%。[57] 欧洲各国受到的影响不尽相同,但基本上都是反对的声音在增长。总体上说,西欧仍然支持转基因食品的人只剩五分之一,跟前几年多数人要么大体支持要么无所谓的局面相比,真是个剧烈的转折。为了回应日益增长的恐慌,欧盟建立了一套繁冗的监管程序,该监管程序"基于操作程序"而非"基于产品"。换句话说,它在挑选转基因食品时看的是分子育种的过程,而不去考虑最终得到的食物有何有意义的区别。植物育种者可以继续使用传统的随机方法,例如基因诱变,然而,即使这种方法有可能对目标作物的生物化学特性产生重要影响,它也被专门排除在新监管程序之外。而分子生物学家如果使用更精准的转基因技术,反而会被要求提交 13 份分属不同类别的技术数据,这些数据通常包含了好几百页,需要耗费几千万美元的汇编成本。

这套监管制度还允许欧盟成员国进行政治投票:由于欧盟部长理事会上争论激烈,一份申请会被拖上好几年,甚至几十年。有些国家对转基因将信将疑,活动家就会进行游说,利用欧盟复杂的批准系统来拖慢、最终阻止转基因作物的生产。从 1998 年起直到今天,批准的程序实际上一直都保持着僵持状态。欧洲各国在面对可能会出现的公众敌意时,不太情愿作出决定,每次欧洲食品安全局的科学家建议批准某款转基因生物的申请,各国都会不断要求提交更多的数据。如此一来,欧盟里的申请就像壁球场里的球一样被打得团团转(速度则比球速慢多了)。过了将近 20 年,到 2017 年时还没有任何一项转基因作物人工栽培的申请获批。反转基因运动的突然兴起,让欧洲从1998年起至今一直将生物技术拒之门外。

* * *

随着生物技术方面的争辩日益激化,大资金开始进场。1997年,美国的投资人建立了生物技术资助工作组(Funders' Working Group on Biotechnology)。这个工作组在此后的三年里向反转基因活动拨款200万至300万美元,支持由众多不同的团队联合起来组成的新联盟。不过,这笔钱相比生物技术行业的游说者获得的资源,还是相形见绌。诺华(Novartis)、孟山都和行业里的其他几家巨头集中资源,在1999年成立了生物技术信息委员会(Council for Biotechnology Information),每年预算3000万至5000万美元,是反转基因活动团体可获得资金的10倍多。[58] 在此之前,还有生物技术工业组织(Biotechnology Industry Organisation)和食品饮料和消费品制造商协会(Grocery Manufacturers Association)在帮这些公司据理力争,这两家都是华盛顿的游说团体,人员配备齐全,社会关系紧密。

另一方面,从20世纪90年代后期起,洛克菲勒石油大亨的财产继承人玛丽·洛克菲勒·摩根(Mary Rockefeller Morgan)开始支持兴起的反生物技术运动。捐款者和活动人士担心,20世纪90年代末达到巅峰的欧洲反转基因运动正在赶超美国。"积极分子在做好事,"一份2001年的文件[59] 引用了生物技术资助工作组的协调员德瑟(Chris Desser)的话,"但他们没有钱让别人听到他们的声音。"为了改变这种局面,玛丽·洛克菲勒·摩根给家族中的其他成员写了一封信,在1998年启动新的转基因食品协作会(Genetically Modified Foods Collaboration),吸纳了另6位洛克菲勒家族的财产继承人。

这项筹款活动的受益者之一就是金布莱尔的食品安全中心(CFS),该组织得以迅速成长,在接下来的20年里成为美国反转基因运动的中流砥柱。2002—2011年,洛克菲勒慈善咨询机构向CFS捐款50万美元,洛克菲勒支持的基石运动(Cornerstone Campaign)也捐了300万美元。CFS的纳税申报单显示,2014年其年收入超过500万美元。如今CFS拥有30多名员工,在旧金山、波特兰和火奴鲁鲁均设有办公室,总部则在华盛顿特区。总之,CFS在2009—2014年的5年里,总共筹集了1600万美元,每年在政治游说活动上花费30多万美元。

反转基因事业的另一位早期支持者是已故的百万富翁汤普金斯(Doug Tompkins),他是户外服饰产业的大亨*,后来成为深层生态学家。汤普金斯一开始在1998年资助了金布莱尔的第二本书《致命的收获——工业化农业的悲剧》(*Fatal Harvest: The Tragedy of Industrial Agriculture*),后来的四年里资助金额达到50万美元。从农民诗人贝里(Wendell Berry),到反对全球化的活动家诺伯格-霍奇(Helena Norberg-Hodge)以及印度反生物技术运动人士席瓦,那本书汇集了多名现代农业的反对者。作为深层生态学的早期贡献者,汤普金斯毫不留情地批评了"工业文化",用他成立的深层生态学基金会的话说:"工业文化的发展模式只把地球当成了用于满足消费和生产的原材料,满足的不仅是基本的生命需求,还有人们膨胀的欲望,而这需要越来越多的消费才能满足。"[60]基金会出版的书《工程进行时》(*Work in Progress*)补充说:"现代社会醉心于技术,来者不拒地接受所有新技术。时间最终会让大家明白,有些技术不去发展或传播才是更明智的。现在不难想象,如果没有核技术、农业绿色革命、火药、电视、内燃机等东西,世界该有多好。"[61]

1996—2003年,金布莱尔的食品安全中心从汤普金斯的深层生态学基金会那里共收到167万美元,该中心因此成为第二大受益机构,仅次于其前任老板杰里米·里夫金的经济形势基金会——同一时期收到

---

　　* 著名户外品牌北面(The North Face)的创始人。——译者

181.2万美金。[62]汤普金斯还投入了100多万美元,在1999年的《纽约时报》上大量刊登整版广告,以各种方式警告全球化的危害,批评先进技术,谴责农作物生物技术中的"基因轮盘赌"。*汤普金斯后来用他大部分财产购入并保护了巴塔哥尼亚荒野的一大片地,该地区现在被智利定为国家公园,命名为普马林公园。

在围绕转基因的争辩中,实力悬殊的对立双方各有说辞,因此有多少钱用到了哪里对于我们了解这个事情非常重要。活动人士悲叹,像孟山都这样的公司以及相关私营游说团体拥有雄厚的财力和强大的政治权力;而生物技术的拥护者认为,对比之下,如今也有数亿美元涌入更广泛的环境运动中。随着全食超市等大公司和更多有机食品行业加入这场战斗,相较于我印象中20世纪90年代的草根之战来说,或许今天的真实情况是双方旗鼓相当。绿色和平组织报道其2015年的支出总额是3.21亿欧元,[63]尽管他们只承认有一小部分花在反转基因运动上。如今,有机食品行业每年的全球营业额超过了600亿美元,强调非转基因是有机食品市场营销中的重要部分。[64]一名支持生物技术的咨询师在一份分析报告中总结:"约300家正式和非正式组织总共年支出24亿美元,参与北美的反转基因宣传活动。"[65]

这场争端中站在反对生物技术一方的地球之友,曾在2015年发表过一份报告《有倾向性的食品——食品工业的掩护部队和隐蔽通信如何塑造食品的故事》(*Spinning Food: How Food Industry Front Groups and Covert Communications are Shaping the Story of Food*)。[66]结论中有这样一段话:"从2009年到2013年,工业食品和农业部门在通信上花费数亿美元,目的是操纵媒体、引导消费者的行为并推进其政治议程。"其中包

---

* 这个项目叫"转折点"计划,据说这些广告由金布莱尔和前广告策划人曼德(Jerry Mander)撰写。

括,美国农民和牧场联盟(US Farmers and Ranchers Alliance)以及安全经济食品联盟(Coalition for Safe and Affordable Food)等"14家食品工业的掩护部队,花费了1.26亿美元"。这里提到的安全经济食品联盟是食品饮料和消费品制造商协会为了反对转基因标识而成立的。地球之友的数据还包括"美国植保协会(CropLife America)、美国生物技术工业组织(BIO)、食品饮料和消费品制造商协会、美国肉类协会(American Meat Institute)这四大贸易协会花费了6亿多美元,推动和维护了杀虫剂、生物技术和传统食品公司的议程"。报告补充说:"2013年,单单孟山都就在市场营销上投入了9500万美元。"

我在这里除了承认自己在这个问题上也有经济利益外,不提供任何定论。虽然我从未获得过孟山都或其他任何生物技术公司的经济补偿,但自2014年起的三年里我一直在康奈尔大学的科学联盟工作。科学联盟于2014年成立,首笔拨款560万美元由比尔和梅琳达·盖茨基金会提供(2017年得到了640万的续签拨款)。我在美国和加拿大也为农业团体作过有偿的主旨演讲。加拿大的这类活动通常在1月、2月举办,正是天寒地冻的农歇月份,地点是像曼尼托巴省普雷尔利那样的偏远地区。我印象尤为深刻的一次,应该是加拿大的一个马铃薯种植者会议,那是我唯一一次室外温度−40℃的经历,在街区稍微走一走,我的鼻子和耳垂几乎就要冻掉。大家都需要钱;更重要的是透明度,这样利益冲突才不会模糊,使大家都能看清谁在支持谁。*

总而言之,反转基因运动在公民运动史上无疑取得了一次辉煌的逆转。尽管早在20世纪70年代科学先驱曾有过担心,但到了20世纪90年代中期,看起来转基因作物将会在全世界掀起一场革命,改变全球的农业。孟山都和其他生物技术巨头信心满满地期待,转基因的小麦、

---

* 康奈尔科学联盟的网站上列出了资金来源。

水稻、马铃薯——全球所有的主食作物——将在短短几年后出现在农田里和餐桌上。然而并没有。相反,植物生物技术的影响只限于少数几种作物和北美、南美的大型农业企业,*Bt*棉花、澳大利亚的油菜、一些规模很小的扶贫转基因作物(比如发展中国家的*Bt*茄子和玉米)是几个特例。除此之外,欧洲、亚洲、非洲和澳大利亚全都说不。

如今的局面是全球陷入僵持。转基因作物没有消失,但想要引进新作物或进入新领域都寸步难行。在我看来,这就像1916年前后的第一次世界大战。第一轮激战已经打响,胜负尚未分晓。新的战线此消彼长,战壕年复一年原地不动。在这场漫长的消耗战中,双方都采取了卑鄙的手段,在宣传中妖魔化对手。和平谈判和停战条约迟早会出现,然而我们还需要白白耗费多少年呢? 第一步,必须了解你的敌人,尽最大可能地认识对手奋斗目标的合理性。

◇ 第八章

反对转基因的活动者做对了什么

　　写作这本书没想到竟能宣泄情绪。我一开始打算写成那种揭露真相的作品,用充满激情的语言凸显反转基因运动的不公正、不理性以及我认为它对世界造成的伤害。于是,我计划了几个章节,完整地写了下来,揭露反转基因团体的资金来源,嘲讽他们的领导者,拆穿他们很多言论的依据是伪科学,最后总结证明转基因不仅对环境有利,还能改善贫困国家农民的生活。

　　这本书就这么准备完毕,我甚至发了一份草稿给出版社。但我心中仍存有疑虑。我很清楚,这本书或许令人愉悦,也能让那些对我自称转变信仰、支持科学而表示认同的人放心。但是,我并没有去挖掘事实的根源——我的分析很肤浅,指控的目标大部分是"稻草人",如果说我有任何对根源的挖掘,那也只是更走极端,而非带给人启发。还是用第一次世界大战作类比,我就像一个受蒙蔽的将军,竭尽所能地将战壕往两军对峙的无主之地推进一点点,并咒骂伤亡的恶果。我未曾想过停火,更别说谈判或试图真正理解敌方。这属于持久作战的心理。然而对我个人而言情况就更加奇特了,因为我曾是他们中的一员——在战场的硝烟和泥泞中短暂现身过——现在我称他们为"敌人"。

　　当然,像这样充满愤怒的一面之词的书早就有人写过。如果你真的想找一本读,我推荐米勒(Henry Miller)的《弗兰肯斯坦食品神话——

抗议和政治如何威胁生物技术革命》(*The Frankenfood Myth: How Protest and Politics Threaten the Biotech Revolution*)。你不需要通读全书;倘若通读,你会发现活动团体被大量描述为"不理性"、"反技术"、试图阻挠进步,原因是他们根本不懂科学事实。我的初稿没有这么极端,主要原因是我不太赞同米勒带有商业倾向的政治立场。我不忠于任何一方。凭良心说,我无法用"不理性"、无脑"反技术"这样的词草草地概括那些人,因为他们仍然是我的朋友,我认为他们是聪明、理性、有道德感的一群人。于是,我把书稿寄给一些我觉得最能公允判断的人,听取他们的评价。我也鼓起勇气请求采访那些近年来与我有过节的人。所以说,尽管我一开始是以那种方式写作此书,但在内心深处,我并不想出一本狭隘的现实版英雄与坏蛋,仅仅把大家可能会在描述孟山都多么邪恶的反转基因论著中看到的东西反过来讲一下。于是,我做了一件不省时的事情:整章删除,看着自己曾用心构思、精心遣词、代表着数月工作的文字在一个删除键下消失。

朋友们帮助我认识到,我的初稿里欠缺了对反转基因运动的真诚理解,包括它的缘起、实际代表的价值以及那些真心忧虑转基因的人们是因为什么而投身其中。你可能会想,作为一个曾经的反转基因活动者,我对此多少有些洞悉。但记忆变幻莫测,加上人在回顾过去的正当性时带有宽慰自己的偏见,我早就"删除"了20世纪90年代热衷砍平试验田时的那些感受和世界观。另外,有些时候我也确实痛恨以前一些反转基因活动中的朋友,反过来我也被他们痛恨。当我曾经爱戴和尊敬的人开始叫我骗子的时候,我假装无所谓,但内心非常受伤。甚至有人一本正经地叫我证明我没有接受生物技术公司的贿赂。吉姆·托马斯是1996年最早介绍我接触反转基因的人,2013年3月,他告诉《观察家报》,说我"事业的成功建立在将曾经的朋友描述为无知的形象上"。[1]不管他说得对不对,我都不想有任何理由让同样的指责施加给这本书。

有些情景实在痛苦得让我不愿回忆。最糟糕的可能要数那次，BBC 4 频道播放了纪录片《绿色组织做错了什么》(*What the Greens Got Wrong*)之后，我和斯图尔特·布兰德都在那部片子里出现了，而我们不得不与两位牛津的朋友——绿色和平的乔治·门比奥特和帕尔(Doug Parr)进行电视辩论。节目内容包括指责环保运动因反对转基因、核能和使用 DDT 控制疟疾而危害了人类，可想而知，接下来的讨论中充满了怒气和不愉快。在我所有的经历中，当时是我离切实的人身威胁最近的一次：在摄影棚外休息时，一名观众当真摆出打架的架势，冲我吼叫起来。摄影棚外一帮满怀敌意的人在看录像，我从他们中间匆匆穿过，头上罩着件大衣，就像个被判有罪的犯人离开法庭，急于摆脱闹事的暴徒。后来，我和斯图尔特与他的一位朋友一起吃晚饭；由于离伦敦的摄影棚场地很近，我一直环顾四周，无法集中精神，几乎没法参与谈话。当天晚上甚至第二天我都无法入睡。我记得自己当时觉得四面楚歌，异常孤独。

乔治不是说话拐弯抹角的人，他在《卫报》的文章中写到了 BBC 4 频道节目的事："布兰德和莱纳斯表现得就像两个异端分子。但他们随口捏造的内容与那些新生事物不谋而合：大公司，智囊团，新自由主义政客。"[2] 不用说，虽然至此已有近 15 年的交情，我发现彼此已经无话可说。我开始觉得乔治这人一根筋，伪君子，只会对自己全情投入的绿色运动作出本能的原始反击。他则开始觉得我是一场大生意中的棋子，就像上面那句话所描述的那样。在同一篇文章中，他还说我有意或无意地参与了"由企业资助的智囊团领导"、长期"向环保政策开战"、与环保主义"强硬对抗的运动"。乔治一辈子都在与这类人作战。如今在他看来，我也是这样的一个人，或至少领导着他们的运动。我们在电子邮件里激烈争执。尤为难忘的一次，我们在一场原本为了解决问题的午餐中吵了起来。不过，乔治值得赞扬的一点是，他既对自己的原则坚定不移,也决不让我们的友情消亡。多年来我们的交流变得狭窄而紧张,但没有彻底中断。

后来乔治告诉了我为什么他觉得有必要非常严肃地对待此事。因为斯图尔特和BBC 4频道当时所做的事,在他看来是在重现反环境运动的"血祭诽谤"*。这么说是因为,环境运动反对在农业上使用DDT,造成的实际后果是禁止发展中国家喷洒DDT杀灭疟疾的传播者——蚊子。虽然在我的要求下,最严重的指控在节目播出前已经剪掉了,但斯图尔特在《地球的法则》一书中引用了美国公共卫生部门一名官员的话,说"DDT的禁用可能杀死了2000万儿童"。[3]我从未见过支持这种说法的有力证据,但正如乔治声称的,反环保运动者多年来不遗余力地推广这种说法,他们也宣扬气候变化不存在并维护企业游说者的利益。在节目里重复这样的谣言是可耻的:不仅会让我们在核能和转基因问题上可以进行也应当进行的严肃讨论蒙上阴影,还会在我与我在乎的人之间增添恶意的隔断。

最严重的决裂发生在我和多年的知己保罗·金斯诺斯(Paul Kingsnorth)之间。20世纪90年代末我就认识了保罗,他是小说家、诗人,过去在《生态学家》(Ecologist)杂志担任副主编。我们做过彼此婚礼的伴郎,曾互相支持,经历过各种艰难时刻,漫漫长夜里我们一起在牛津的小酒吧中喝着啤酒,抱怨世界的状况。我们决裂的原因,远不止是转基因。随着对深层生态学的钻研,保罗创立了一个"远离文明"的文学项目,名为"黑暗之山"(Dark Mountain)。而我当时已经变得更积极,更相信技术,我更愿意称之为"生态实用主义"。在《远离文明——黑暗之山的宣言》(Uncivilisation: The Dark Moutain Manifesto)中,保罗和合著者道格尔德·海因(Dougald Hine)写道:"我们试图统治地球,我们试图扮演

* 血祭诽谤(blood libel),中世纪时英国人对犹太人的一种诬告,指责犹太人杀害基督徒,是对少数族群的一种歧视。——译者

上帝的管家,并试图在人类的革命中迎来理性和隔绝的时代。结果我们统统失败了,而失败造成的毁灭甚至超出了我们的意识。文明的时代已经远去。远离文明,这就是我们现在必须展开的项目——深知自己的不足,因为曾参与文明;一边记录,一边毫不退缩地注视,竭力地伺机等待。"[4]之所以提到"上帝的管家",我猜是要影射斯图尔特·布兰德的名句:"我们就像神,或许还擅长当神。"这句话也启发了我,我给2011年自己写的一本书起名为《神的物种》(*God Species*)。

这么多年以来,各自的思想演变让我和保罗朝着不同方向渐行渐远,因此我们之间的失和也不足为奇。保罗反对严格理性,一头扎进荒野,让自己重返自然;而我,在美国西海岸,与斯图尔特·布兰德以及骄傲地自称为生态异教徒的"突破研究所"(Breakthrough Institute)一起起草了完全相反的观点——我们的《生态现代主义者宣言》(*Ecomodernist Manifesto*)。这份宣言颇为庄重地宣布:"我们自称为生态实用主义者和生态现代主义者。我们作出这项声明是为了确定、阐明和描述我们的愿景,用人类杰出的力量服务于创造一个美好的人类世。"(人类世指由人类统治的新地质年代。)我们表面上似乎追求同样的环境目标,但保罗主张谦卑,我们生态现代主义者的做派在他看来非常狂妄:如我们的《生态现代主义者宣言》声明的那样,我们想要"人类利用不断发展的社会、经济和技术力量来创造更好的生活,稳定气候,保护自然世界"。保罗的宣言则是退缩的,逆来顺受的,让我觉得困惑,甚至接近虚无主义。对他来说,冰冷的统计数据和我们以神自居的姿态没能让我们解决问题,反而让我们自己变成了问题。

我无需解释保罗的世界观和他对待我们生态现代主义者的态度,因为他在许多雄辩的评论文章中已经表露无遗。* 2012年,保罗在《卫

---

* 无论我们的观点有多么不同,我绝不否认保罗是一位优秀的作家;他的小说《觉醒》(*The Wake*)理应入围著名的布克奖。

报》的文章中描述了他怎么看我们新提出的理念。

　　新环保主义是对环保困境的一种渐进式、利于商业的、后现代理念。它摒弃了传统的绿色思想，天真地着重于局限性和转换社会价值上。新技术、全球化资本主义、西方发展模式，都不是问题，而是解决方案。热情拥抱生物技术、合成生物学、核能、纳米技术、地球工程学等各种惹怒绿色和平组织的复杂新事物，就会迎来未来。

但是，他承认，"新环保主义已经开始在某些行业掀起浪潮。斯图尔特·布兰德满世界演讲，为特大城市和转基因作物摇旗呐喊；英国作家马克·莱纳斯在电视广播上鼓吹核能，攻击以前的环保朋友是'勒德分子'*。"保罗也批评传统的环保主义，因为"它的语言和关注点变得越来越唯技术论和科学性……任何保护野生环境的运动，不愿承认人类本能和与自然的情感联系，都会让自己暴露于无情的意识形态攻击下，如今这种攻击来自新环保人士。"

这样描述我们的事业让我有点气恼，尤其是那个"新"字，透着轻蔑——什么新自由主义、新保守主义，还有更讨厌的新纳粹主义。但我的问题是，之所以痛恨保罗——在十年的大部分时间里我们真的彼此嫌恶——是我内心深处明白，我也在痛恨自己身上的某种东西，一种我过去具有、未来可能还会出现的东西。当我们围坐在旧金山的会议桌旁时，我觉得自己完全认同生态现代主义，但我也不想完全切断自己的过去。我的理性或许跟生态现代主义者在一起，但我的心仍和保罗一起，在远离电子表格和科学论文的森林和深山中。

我仍然认为，像保罗和乔治·门比奥特这样批评我们的宣言反环

———————————

　　* 勒德分子是19世纪英国工业革命时期因为机器代替人力而失业的技术工人，引申为持有反机械化以及反自动化观点的人。——译者

保,是不对的:我们全心全意地想要保护野生环境,但我们的愿景是"阻断"人类对自然的依赖,从而允许生态系统恢复。因此,城市的存在是好事,比起广撒网、低密度的发展模式来说,运营城市这种大规模人类聚居地的方式更高效;在我们宣言的网页上放有一张照片,背景是林立的高楼,前景则是郁郁葱葱的森林(我想是在香港拍的)。对比很鲜明,但暗示着人与自然的隔离,甚至是疏远。我们的宣言有经验依据,但对很多人来说,在情感上无法接受。也不奇怪,很多环保人士从我们的愿景中看到的是一种惨淡的反乌托邦式未来,只有高楼大厦和人造肉,遍及全球的技术或许保护得了钢筋水泥背后的野生环境,但与此同时它会让我们脱离地球之子的本质。

长期以来,环境主义对现代社会持有一种批评,认为现代社会割断了人与自然的联系。这也是一直困扰我的问题。举例来说,在游泳池里游泳和在河里随便游不好比。我住的地方离泰晤士河不远,我经常骑自行车到港口绿地西边的那道河湾,那片公共用地历史悠久,牛和马都在那里吃草。而在游泳池里,你被局限在直线里——四四方方的瓷砖,矩形的游泳池,来来回回地游泳,感觉像在一个液体跑步机上——而在河中你会感到动作和思想的真正解放。

而且在河里你还能看到更多东西。最近一次游泳时,风拂过水面,我蹚过泥地和水草来到河道中心时搅动了一圈圈小涟漪。一只视力敏锐的北极燕鸥在浅滩上短暂停留后,扎进河中抓鱼,激起一片微弱的水花。色彩斑斓的蓝豆娘轻点河面,一只乌黑发亮的兔子在远处河岸边的山楂树下幽寂地吃着草。我看到沿岸生长着薄荷,河面簇拥着几丛黄色的百合。对于这里的各种动物来说,水里与其视线等高的人类看起来没那么可怕了。天鹅,通常会在我离得太近时张开翅膀嘶鸣,此时却在离我几步之遥的地方无忧无虑地游弋。一只白鹭在岸边悠闲地踱步。我的狗,一只一如既往地忠心耿耿,在我身边蹚着水,鼻子里发出沉重的喘气声,另一只在灌木丛下窜来窜去。就在我快要回到岸上时,一只形单影只的胡蜂不明智地停在了水面上。扑通,一条鱼不知从哪里冒上来。胡蜂不见了。

游泳池被人管理着,干净,加氯消毒过,就像呈现在批评家面前的在我们生态现代主义者愿景中由人类管理的地球。围栏围起来的丛林长得再茂盛,也无法让人产生沉浸在自然中的感觉。在绳子隔开的泳道里游来游去,体验不到在界限分明的现代生活之外是什么样子,感受不到自己也和其他动物一样共享着美丽的地球。反过来,每次在河中游泳或在黑山跑步时——每当在牛津的平原待得太久我都会郁闷,我的感受会提醒我:我不想脱离自然。跟保罗一样,我不想自己的全部生活都受到现代化和技术的影响。我身上的生态主义仍然多于现代主义。河流的永恒感使之成为一种超越的体验。每次回去时,我的双脚沾满泥泞,但精神焕然一新。

*　　*　　*

2011年,保罗为"黑暗之山"项目写了一篇文章,对于我们决裂的深层原因,那可能是最详细的一次剖析。文章题为"数据控与诗人"(The Quants and the Poets)。我大体上是个"数据控",而保罗是位诗人。这样的说法,无论字面上还是比喻,都很好地概括了我俩的不同个性。保罗真的是一位诗人,他发表过的好几册诗集就是证明。自从读小学时被迫以这种不自然的方式表达过自己,我再也没有写过一首诗。甚至青春期失恋时我也没有富有诗意地表达过情绪,谢天谢地,除非说一个人关在房间里长时间唱史密斯乐团的歌也算诗意。现在,我更喜欢研读科学论文。虽然不是很擅长数学,但我从数字中得到了很多乐趣。只有当一个问题被适当地量化后,我才能够完全理解它。我喜欢在事实基础上理解世界,从山峦的精确高度到云的名称和海拔高度、岩石的年龄,都是如此。在我看来,这丝毫无损自然的壮观和对自然的敬畏。

一旦我知道北威尔士斯诺登峰附近露出的岩石是由20 000年前末次冰盛期的冰川雕刻出纹理的,知道在约1085米高处汹涌翻滚的云层是积雨云,那么眼前的地貌和云景因为科学而增添的解读维度会让我在欣赏时感受到更多快乐。看待事物的不同方式,导致了双方不同的趣味,最初并没有让我们疏离,而是加深了我们的友情。

保罗的文章是在日本福岛事故刚刚发生后写的,表面上是写核能,实际上涉及更深层次。"我觉得环保运动被数据毁掉了。环保人士们一心执迷于气候变化,坚持认为这是一项工程难题,必须以中立的科学眼光为指导,只能靠技术来解决。于是他们被逼到一个无法转身的角落。现在,大部分主流环保人士花时间争论风力发电场好还是波浪能发电站好,是选择核能还是选择碳汇。他们极为自信地预测我们做或不做什么将会怎样,完全是基于这个或那个'研究'中精挑细选出的让人麻木的数字,好像整个世界不过是张巨大的电子表格,只需要把数字配平就行。"

这段话(除了"精挑细选"这个词,多谢保罗),精准地描述了我过去几年的经历。我一直想搞清楚,像核能、可再生能源等各种不同的技术对解决气候变化问题有多少作用。在我与已故科学家戴维·麦凯(David Mackay,这本书正是献给他的)合作的研究中,我们还真把世界变成了一张巨大的电子表格:一份庞大的Excel文件,几百栏数字代表着全球经济的选项组合对气候造成的影响。我们的设想是制作一个"全球计算器",可以在全球尺度上量化不同的选项(用多少核能? 哪片地区建风电场? 有哪些作物产出?),开发一条起码有些经验现实基础的途径,提供给未来。最初的启示来自戴维的经典著作《可持续能源——事实与真相》(Sustainable Energy without the Hot Air)。他厌倦了能源技术上没完没了的概念斗争,在书中以量化选项的方式呈现观点。他有一句经典名言,经常被我拿来引用,说的是"我不支持核能,我支持数字"。*他的总体观点是,如果以为多加几块太阳能电池板和几座风电场就能让地球轻松低碳,那是痴人说梦。如果没有数据,我们无休止的争论永远得不出结果。

而保罗认为,做这种事情完全偏离重点。他的文章——真的值得全文阅读——后面继续写道:

> 举例来说,核能支持者和反对者之间的战争,实际上非常典型。尽管双方都装得很懂"科学"和"事实",其实都只是充满了先入为主的偏见。你是否喜欢核能,反映的是你具有的世界观:是满怀信心地拥抱西方发展模式,还是对此感到害怕或担忧;是相信科学还是不愿意相信科学;是小心谨慎还是无所顾忌;是"改革派"还是"保守派"。从转基因作物到资本主义的各种议题,这些都是影响环保辩论的内在原因……一个环保数据控可能会让你换掉灯泡或上街游行支持核电站或风电场,但是,他不会让你审视自己的价值观或社会中潜藏的谬论。[5]

保罗谨慎地承认,没有人是绝对的数据控或绝对的诗人,实际上这是"所有人内心的一种张力。谁也不会是完全理性和善于分析的,也没有人能绝对剥离诗意,虽然诗意有时候很难发觉"。他总结道:"对于数据和机器,我们讨论得够多了,我们缺的是可挖掘的故事。"换句话说,是时候让数据控刹车,让诗人来领头了。

在情感和理性间找到适当的平衡,这一点让保罗这样的思想家长期感到困扰,也是启蒙运动中关于人类理性的正确作用这一辩题的核

---

*戴维·麦凯还是剑桥大学的数学家,写过一本关于贝叶斯统计的教材,向反军火贸易运动(Campaign Against the Arms Trade)致敬。

心。为了致敬诗人，我想换用诗句取代平铺直叙的解释（顺便说一下，我有时候的确会读读诗）：

> 是不是所有的魔法一旦
>
> 触及冷峻的哲学就烟消云散？
>
> 一次，可畏的彩虹在天上升起：
>
> 我们知道彩虹密度和质地；
>
> 列在平凡事物可厌的编目里。
>
> 哲学将会剪去天使的羽翼，
>
> 会精密准确地征服一切奥秘，
>
> 扫荡那精怪出没的天空和地底——
>
> 会拆开彩虹，正像它不久前曾经
>
> 使身体柔弱的拉米亚化为一道虚影。*

"哲学将会剪去天使的羽翼。"我用3000字都解释不清楚的东西，济慈(John Keats)用短短一句话就做到了。他的诗《拉米亚》(Lamia)，发表于1820年，或许最好地诠释了浪漫主义与理性之间的紧张关系，保罗在文章中探讨的也是这种关系的一个变形。**

那么，"冷峻的哲学"（在济慈的时代，哲学的意思是"科学"，而不是我们现在理解的更广义的哲学）真的会拆开彩虹吗？这个问题也困扰着科学家。道金斯(Richard Dawkins)根据济慈的诗给自己的书起名为《解析彩虹》(Unweaving the Rainbow)："济慈认为，牛顿(Isaac Newton)把彩虹还原成三棱镜下的光谱，完全破坏了彩虹的诗意。济慈实在是大错特错。"牛顿用三棱镜首次发现可见光会分解成彩虹的颜色，而彩虹

---

* 译文参考《济慈诗选》，屠岸译，人民文学出版社出版。——译者

** 现在称某人"浪漫"成了一种滥用，似乎证明了我们的文化已经泯灭，这也是保罗想让大众关注的问题。

的光谱只是范围更宽的电磁光谱的一部分。道金斯写道:"牛顿解析彩虹,由此建立的光谱学,成为我们今天理解宇宙的一把钥匙,我们对宇宙的认识,大多由此而来。任何不负浪漫之名的诗人,看到爱因斯坦(Einstein)、哈勃(Hubble)和霍金(Hawking)的宇宙,其诗人之心,必然雀跃不止。"

道金斯也欣赏优美的诗意,但他担忧,如果没受过足够的科学教育,我们感受到的好奇与敬畏,落到不及诗人的人手里,会轻易地转向廉价的神秘主义和迷信。因此,他试图解决理性和浪漫之间的紧张关系,坚称在正确引导下,两者可以结合成一体。道金斯引用了布莱克(William Blake)《天真的序言》(*Auguries of Innocence*)开头著名的四行诗:

> 一沙一世界
>
> 一花一天堂
>
> 无限掌中置
>
> 刹那成永恒

接着,道金斯写道:"这种惊叹、敬畏和好奇的冲动,曾引导布莱克进入神秘主义(并让更逊一筹的人走向超自然迷信⋯⋯),也把另一些人引向科学。我们的解读尽管不同,但令我们感到兴奋的东西是一样的。神秘主义者满足于享受奇迹,沉溺于神秘,但并不打算去理解。科学家也感受到了相同的奇妙,但并不满足,并不踏实;认识到奥秘之后,接着会说,'但我们正在研究它。'"[6]

道金斯对后现代主义的学术风尚不以为然。他引用了美国人类学家卡特米尔(Matt Cartmill)的话来总结自己的基本理念:"任何一个宣称对所有事物都具有客观知识的人,都是在试图控制和统治其他人⋯⋯并不存在客观事实。理论已经污染了所有所谓的'事实',所有的理论都布满了道德和政治教条……因此，当某个穿着白大褂的家伙告诉你，这个或那个是客观事实时……他浆洗过的白色袖子里一定揣着某张政治议程表。"[7]就像法国植物学家孔茨（Marcel Kuntz）抱怨的："科学的核心目标是明辨真假，但他们［后现代主义者］认为这一目标变得毫无意义，因为科学的客观性被简化为众多文化（社群）中的某一个所表达的'主张'。于是，所有的思想体系都是现实的不同'构造'，都附载了政治内涵和议程。"[8]

有些环保人士认为他们在现代科学中看到了固有的偏见和权力关系，因此对现代科学充满怀疑，这让他们几乎欣然接受后现代主义。我在前面章节中提到的印度作家、活动家范达娜·席瓦就是这样。她写的一本书里说，西方科学只不过是"一种当地传统，通过精神殖民在全世界传播"。在席瓦看来，"本土的知识传统"在科学思想面前之所以容易瓦解，不是因为它们不能像牛顿、达尔文（Darwin）和爱因斯坦那样有效地解释宇宙，而是因为它们就像被枪抵着一样，受到了殖民主义的暴力清除。这里有一点她说的可能有道理：像基督教和伊斯兰教这样更有政治自信的宗教，尽管与现代科学共存，似乎也维持得不错。因此，对席瓦来说，欧洲启蒙运动倡导的经典科学方法，与其说是一个知识生成体系，不如说是力量的宣传。它们不仅没有关于客观真理的特别主张，而且对于普遍真理的所有科学主张从定义上都值得怀疑，因为它们在现实中是新殖民力量的工具。

或许有点过度诠释，但席瓦也没有完全说错。知识确实是力量，至少从根本上理解事物在自然中的运行规律可以让人们拥有修正和改变事物的力量。理解原子中的核作用力，无疑是迈向核裂变的第一步，无论核裂变是发生在核弹中还是反应堆中。基因工程当然也是一个例子。当克里克和沃森揭示DNA的结构、开启分子生物学时，他们便启动了一个或许是无法避免的过程，最终让基因按照人类的目的在物种之间穿梭,甚至新近还出现了精确的基因编辑。当时的档案记录显示,所有遗传学先驱都清楚地认识到这一点。当所有生物拥有相同的DNA编码系统这一事实变得明确时,另一个事实也就清楚了,即所谓"基因"的不同序列无论在哪里,在兔子身上还是在细菌当中,都应该有相似的功能。很多先驱最初担心重组DNA或许会产生某些无法预料的危险后果,尤其当遗传材料越过了物种之间的界限时,不过当进一步的研究证明这种情况不太可能发生时,大多数人的恐惧也就消散了。

后现代主义者对客观性的拒绝本身就让人反感,这一点我赞同孔茨,但我也不能完全否认他说到的科学工作会有"政治内涵和议程"。毋庸置疑,科学和技术是同一枚硬币的两面,有一面就必然有另一面。如果知识是力量,那么按照社会不平等的本质来说,有些人会因为知识而变得更强大,由此掌握比其他人更多的技术应用。这是2017年7月我终于和乔治·门比奥特在他牛津花园的苹果树下坐下来谈话时,他表达的观点中最让我受到冲击的一点。我们当时讨论的是科学是否不受价值影响。"人类所做的事情没有什么是价值中立的!"乔治坚持认为。他嚼着我作为采访酬劳带去的熟樱桃,继续说道:"我们浸润在各种价值观里。我们所作的决定始终受社会环境驱使,受政治环境影响,甚至受我们在毫无意识的情况下具有的各种价值观的影响,而那些决定包括了我们学什么以及如何学的决定。"他吐出一颗樱桃核。"它们不会改变你可能遵循的科学方法,但会改变你想用科学方法解决的问题。我们不能只把科学留给科学家。"他总结道,"吃樱桃吗?"

我提醒他,这种说法让他跟后现代主义者站到了同样的相对主义阵营里。但乔治不这么认为(顺便提一句,他在大学时学动物学,比我更像真正的科学家)。"我非常支持科学方法,"他告诉我,"但我赞成的是,确保那些用科学方法作决定的问题,以尽可能宽广的世界观去认识。而科学家中,只有一些不同寻常的人有宽广的世界观,我见过的大部分人往往视野非常狭隘,这在构建一个人的探索领域时很成问题。"
但是,我追问道,这不就暗示拒绝整个科学方法了吗?"不是的。科学方
法寻求的是一种大家都可以遵循的准则,并且当你试图为一个科学问
题找出答案时就必须遵循这种准则。当然,这种科学方法有可能被描
述成价值中立,尽管这一点还有争议,但科学本身就浸润在各种价值观
中——启蒙运动价值观、经济价值观以及科学家自己也往往辨识不清
的一整套价值观。"

因此在乔治看来,把转基因反对者归为"反科学"的批评完全没有
道理。"我认为这种称呼很荒谬……就好像说反对化学武器的人是反化
学的,或者说反对核毁灭的人是反物理的一样。转基因是一种技术,好
比洗衣机或汽车,我们必须作出一种政治决策(在理想的世界中应该是
一种民主决策),来确定我们是不是想用这种技术,以及用到何种程度,
如何使用。将所有这些潦草地概括为反科学,是可笑、轻率和愚蠢的。
但这常常是企业自己培养出的文化基因,因为把反对者描述为没有理
性的形象更容易操作。"我不好意思地干咳了几声,回想起我曾写过很
多博文和推文,指责对手"反科学"。

那么真有人"反科学"吗? 有意思的是,乔治认为在某些情况下这
个词确实可以用在气候怀疑论者的身上。"是的,我认为,对气候变化的
否认中有些要素是反科学的。他们其实是在攻击科学机构和同行评
议。我是说,在我看来,这属于反科学。那不是我们(早期的转基因反
对者)做的事情。他们攻击的不是一种技术,而是科学发现。他们说没
有发生气候变化,认为所有说发生气候变化的人都是科学骗子、是故意
伪造研究结果。"而涉及基因工程的科学时,"我觉得,研究方向一定存
在问题,倒不是研究本身错了,也不是有人在伪造结果,我只是觉得他
们提的问题不对"。

乔治强调说,政治权力问题一直是他对发展转基因作物的关注核

心，无论是他曾经对此口诛笔伐的20世纪90年代还是当下。转基因生物固有的食品安全问题，"我倒从来不担心"，他告诉我。他也不担心转基因是像查尔斯王子说的那样人类胆敢扮演上帝把基因挪来挪去，乔治不屑一顾地认为那是"完全误导人、论点不可靠、混乱的演讲"。他甚至乐于承认，"对转基因的安全性存在科学共识，这是完全正确的"。虽然对于我来说，之所以转变了对转基因的态度，科学共识这一点至关重要，但对乔治来说并不是关键。"对我来说，关键点在于企业权力、专利、控制、规模和所有权。"这些议题在当时因为抗农达种子的出现而格外令人关注，他认为农达是"焦土农业，你可以建设一个纯粹的大豆农场，别的什么也不会长，因为农达会淘汰所有其他植物"，其结果就是，孟山都在转基因应用领域形成垄断，还通过基因的商业专利合法剥夺了农民留种的控制权。

这让我想起美国环境作家约翰逊（Nathanael Johnson）在一部支持转基因的电影《食物进化》（Food Evolution）中的评论，他说基因工程"只不过是一项技术……不承担道德价值"。我对乔治说，不同的人可以用不同的方式使用技术，甚至一家私企在一个地方用了某种技术，其他人仍可以在另一个地方用同样的技术来推进公共福祉。如果拿转基因举例子，大概就是非洲的公共部门开发的抗旱玉米或抗病香蕉。面对当今的技术，乔治承认，他早就"考虑到，事情和我最初反对转基因时已经不是一回事了……我看得出，有些公共资助的项目能带来公共利益"。但他接着说："我仍然会刨根问底，追问这会如何改变小生产者与大生产者之间、富人与穷人之间、富国与穷国之间、企业与民众之间、公共机构与民众之间的权力平衡。权力的平衡至关重要，但在涉及公共政策时常常被忽视，因为人们往往认为，推动公共政策的是对技术、对所谓的经济发展以及对经济增长的理性评估，可实际上这一切都与权力关系密不可分。如果你想弄清这些问题，无视权力关系只会强化垄断的力量。"

在进一步研究这个问题时,我碰到了一个很好的例子可以佐证乔治的主张。这个例子来自南美洲的巴拉圭。据发展机构乐施会的说法,巴拉圭的土地分配是所有南美洲国家中最不公平的,80%的农业用地掌握在1.6%的土地拥有者手中。这导致有30万农民根本没有土地。巴拉圭之所以会成为南美洲贫困率最高的国家之一,这是一个重要原因。[9]没有土地的农民因为抢占土地或鼓动土地改革而被投入监狱甚至被处死。自1989年巴拉圭推翻了长期的独裁统治以来,已有129名农民遭到法外处决。如今巴拉圭的大部分农业用地被用来种植大豆,主要是抗农达大豆。乐施会公布的证据表明,抗农达系列使大农场主的优势碾压小农场主,进而加剧了土地不平等。

乐施会写道:"大规模单一种植模式的扩张正在占领小规模基础食品生产的土地;因此,曾经自给自足的农户如今也需要依赖当地市场,但市场里并不是总能买到营养食品。"[10]可以看出,抗农达系列在巴拉圭取得了规模经济效益,帮助大生产者驱逐小生产者,甚至可能完全取代小生产者。"大规模单一种植模式的扩张,受到全球市场动态和经济利益的驱使,往往会加深土地所有权的集中化,限制资源的公平获取,削弱环境,损害当地人的健康,造成剥削式工作条件,将小规模农户的传统生计逼入绝境。"乐施会的报告总结道。像这样的例子无疑在全世界还有很多,虽然乔治的政治经济理由并不是反对转基因的最根本论点,但在他牛津家中的苹果树下,我很高兴地承认,他提出了一个很有说服力的例子。对了,樱桃吃光了,现在是时候进屋做午饭了。

*　　*　　*

"你读过温纳(Langdon Winner)的书《鲸与反应堆》(*The Whale and the Reactor*)吗?"吉姆·托马斯问我,这是我们十多年来的第一次交谈。我承认没读过。"我认为这是反对核能的经典辩论,作者的大意是,核反应堆只能存在于有大量集中化权力的中央集权国家,因为需要维护它,需要安全基础设施和各种东西;这种技术不可能是一种民主化的技术,它需要集权化的系统。而我觉得,生物技术也是这样,生物技术的构成使它一定会被资金充足的机构充分利用。"

再次和这个男人对话让我有种奇特的感觉。20世纪90年代中期,他是最早影响我,使我加入反转基因运动的人,而在我改变观点之后他几乎成了我的宿敌。吉姆同妻子和两个孩子住在魁北克,我们通过Skype通话。坦白地说,一开始我有些紧张,不过很快,谈话的气氛轻快了起来,几乎就像老朋友一样——或许本该如此。我特别想和吉姆·托马斯谈谈,不仅是因为他对我的个人发展有很大影响,也因为他作为推进社会公正的活动家和技术批评家,事业一以贯之、引人注目。他和我一样在大学学的是历史,毕业后很快加入了绿色和平组织,大约10年前他去了ETC组织(ETC Group)。他解释说,这是"一个奇怪的首字母缩写——Erosion(侵害),Technology(科技)和Concentration(集中化)"。据他所说,ETC组织的工作重点是"新兴技术与企业集中化的结合如何导致各种侵害的产生:对生物多样性的侵害,对人权的侵害,对民主的侵害,这就是我们正在探索的根本问题。总的来说,我们试图搞清企业集中化和新兴技术的结合如何改变权力"。

总之,他们的工作并非全部跟转基因生物有关。我们交谈的那段时期,吉姆正在研究区块链,一种互联网数据库系统,像比特币等加密货币背后用到的就是区块链。其他的近期工作集中在地球工程(人为操控气候)和合成生物学。在农业方面,ETC组织对总体趋势作了前瞻性关注和广泛分析,这使它的工作与其他的运动组织很不相同。一份ETC近期的简报,题为"软件 VS. 硬件 VS. 无处可去"(Software vs. Hardware vs. Nowhere),[11]分析了大型企业合并,说它们"将改变整个世界的农业投入产业——从作物和家畜基因组学到农业机械和农业保险"。

如果交易成功,借用一位ETC发言人的话说,"农业机械公司会不可避免地将他们的大数据机械与大数据基因组学合并"。这早就不是我过去所想象的大部分反转基因活动家仍在从事的简单反对孟山都的激进运动。而且,通过吉姆与我聊到的担忧,我开始明白他在很多问题上的看法。

我还听从他的建议,阅读了《鲸与反应堆》。这本书首次出版于1986年,副标题是"探寻高科技时代的局限"(*A Search for Limits in an Age of High Technology*)。"如果说现代社会经验告诉了我们什么,"温纳早就在书中提醒我们,"那就是,技术不仅是人类活动的助手,也是重塑人类活动及其意义的强大力量。"因此,技术或许像约翰逊所说的那样不存在固有的"道德价值",但它绝对具有重要的社会和政治含义。"在现代技术发展的进程中,个人习惯、感受、自我认知、对时空的认识、社会关系以及道德边界和政治边界,都被有力地重塑着。"温纳提醒说。[12]

当然,如果要争辩说像锤子这样的工具天生有"政治性",似乎很荒谬,除非你是一只钉子。温纳解释说:"绝对不是说要在钢铁、塑料、晶体管、集成电路和化学物质的集成体中去找善或恶,那样做就神秘化了人工技艺,而回避了真正的根源,也就是自由与压迫、公正与不公平的人类根源。在评判公众生活处境时,指责硬件比指责受害者显得更愚蠢。"尽管温纳拒绝过于简化的"技术决定论"(即特定工具必然导致某种相关的社会结果或政治结果),但他的确总结说"人工制品可以有政治属性"。他以一首反对核能的赞美诗作为全书结尾,或许就像吉姆·托马斯告诉我的,说到天生具有政治特性的技术,核能是一个典型例子——它需要集权化的控制和防范,它所遗留的放射性废弃物及产生的同位素也能用于武器生产。

"是的,我们或许能够应付核能带来的一部分公共卫生和安全的'风险'。但随着社会逐渐适应了似乎难以避免的更危险的核能特性,人类自由将付出怎样的长期代价?"温纳问道。他引用了环保主义者、1970年首创世界地球日的海斯(Denis Hayes)的话:"配置的核电站越来越多,必将导致社会走向权威主义。实际上,只有在极权国家中才能安全地依靠核能,将其作为主要能源。"事实证明海斯说错了:20世纪80年代,法国几乎完全转为使用核电,并且在此过程中没有丢弃其民主特色。但另一方面,我也能理解他的观点:核能同太阳能和风能等所谓的"软能源"不同,核裂变无法屈就于小规模、低技术的应用。几乎从定义上就能知道,核反应堆不是乡村合作社建造得起来的。说句公道话,太阳能光伏电板也不是在木梁砖瓦的乡村合作社里生产出来的——它们由大型工厂大规模制造,即便会被安装在小得多的装置里。

还有一位评论家在反对核能上的观点几乎一模一样。曼德(Jerry Mander)曾在广告业任高管,在20世纪70年代成为富有影响力的评论家,批评高科技和全球化。他肯定地表示,核能"不可能让社会朝着民主的方向发展,只会将社会带往独裁。因为核能太昂贵、太危险,必须直接受集权化的财政、政府和军事机构的管控。一座核电站不是几个邻居凑一凑就能造起来的。社区管控令人无法容忍"。[13]与ETC组织和温纳一样,曼德对技术的批评一贯不局限在特定的某一种。他在1978年出版了首部主要作品,起了一个很吸引人的书名:《消灭电视的四个理由》(*Four Arguments for the Elimination of Television*)(你可以看出他确实是个广告人)。书名恰如其分地从字面意思上表明了书的内容。跟核能的情况一样,曼德称,电视作为一种媒介,天然具有政治属性,会导致民主变质甚至毁灭。他写道,这是因为如今一个有权力的个人或机构可以通过电视机,对"全国两亿人民"说话。他坚称看电视即"困惑、统一、孤立"与"被动"相结合,是"实行独裁的理想先决条件"。[14]

曼德以汽车类比来说明他的案例。他写道,一旦你接受了汽车的存在,也就意味着道路基础设施、石油产业以及"加速的生活方式和人类在地面上的高速移动,这种速度让你根本注意不到路边长了什么植物"。同理,"电视本身预先决定了使用者、使用方法以及对个人生活产生什么影响",还有"不可避免地产生哪种政治形式"——最后这一点让人不寒而栗。电视的存在没有妥协的余地,曼德总结道。必须"彻底铲除",否则民主将会灭亡。

过了40多年后读这篇檄文着实耐人寻味,此时电视已不再是1978年曼德担心的那种被动的集体群众经验。现在,我几乎看不到还有谁会坐下来看电视节目,更别说一群人坐在一起看。电子屏幕像以前的电视那样占据了我们的生活,或许比以往更甚。但伴随着互联网的到来,大众传播受到的离心力似乎要大于集中力。当技术在持续更新与变化的过程中不断变换形态时,整个讨论就增加了新的维度,即时间的维度。电视在1978年所具有的意义,到了2017年无疑不复存在。曼德写道:"把电视说成是'中立的'并且会变的,就像在说改良像枪支这样的技术一般荒谬。"不过,电视确实变了——它没有导致自动"实行独裁"。虽然在不同时期全世界都有独裁统治者把电视当作工具,但有些时候电视也有助于提醒人们去关注不公平现象和推动自由进步。甚至枪支这样一种致死性技术,也既能用来维持警察国家,亦能消灭千夫所指的独裁者。

这就引出了一个问题:我们能否提前知道一项技术将会造成什么后果? 无数的例子说明,对一种工具的探索引起了另一种工具的演化或创新,这两种工具往往还有着不同的实质。哈福德在《塑造现代经济的50项伟大发明》(*Fifty Inventions That Shaped the Modern Economy*)中写道,雷达最初是英国军方(在第二次世界大战准备阶段)为了寻找"死亡射线",利用集中的无线电波而发明出来的。无处不在的现代工具iPhone(顺便提一下,我采访吉姆·托马斯和乔治·门比奥特时都是用iPhone录音的)所依赖的技术中,至少有12种来自不同贡献者的技术,这些技术最初是由公共部门出于完全不同的目的开发出来的,绝大部分得到了美国政府的支持,尤其是美国国防部。其中一个例子就是GPS,即全球定位系统。哈福德写道:"这纯粹是一种军事技术,在冷战时期开发,直到20世纪80年代才允许民用。"而网络,由软件工程师伯纳斯-李(Tim Berners-Lee)开发,当时他正在欧洲核子研究中心(CERN)研究粒子物理。更别提互联网,众所周知,其前身是阿帕网(ARPANET),由五角大楼资助建立的计算机网络,最初的构想是可以在核战争中使用的分布式命令与控制网络。触屏、算法、HTTP以及Siri等iPhone用到的其他技术也是一样。

了解这些信息后,我在Skype通话中——在曼德为电视写哀歌的时代,Skype使用的技术大概好比《星际迷航》(*Star Trek*)中的幻想吧——向吉姆·托马斯提问,我们是否真能就不同技术的固有政治属性得出什么定论? 毕竟,在撒哈拉以南的非洲地区,几乎每个农民都将移动手机当作一种解放自身的工具,难道不是吗?"实际上,对于在非洲大规模铺设互联网基础设置、人人买手机、运行能源系统和农业系统,以及过去给予电信公司现在给予大数据公司的权力,我确实担心。"吉姆回答说,"从个人的短期视角、被告知的前景去看问题有时不管用,最好拉远距离,问问这将会如何改变农业,如何在一段时间内改变耕作系统,到时个人的位置又在哪里。"

至于生物技术本身,吉姆很高兴地承认,关于基因工程的民主应用、公共部门的应用——甚至开源应用,存在一场真正的辩论。"我觉得这个问题很有意思,看它会走哪条路线。最终是要集权化、终将陷入需要大型集中化力量的地步,还是变成人人都能自由开发、使用和分享的东西? 这是个有趣的讨论,但看看过去的20年,情况并非如此。科学界和工业界都已被大型制药公司和农化公司所控制。"

事实确凿:我从事过的公共部门项目,如孟加拉国的 *Bt* 茄子或东非的节水抗旱玉米，比起大众市场上的转基因大豆、玉米和油菜等商品粮来说，体量微不足道。那么，像孟加拉国的 *Bt* 茄子和巴西的抗农达大豆这两种情况，吉姆准备区别对待吗？"有可能，有可能。这个问题有意思。我对此了解得还不够，"他说。"不过清楚的是，第一代是在北美进行了大规模单一化种植，然后作为一种创意出口了。"

对话被我儿子汤姆(Tom)打断。他要出门去参加课后的网球班，来跟我说再见。等他骑着自行车上了小路后，吉姆接上我们刚才的对话："所以，这并不是说科技一定会走某条特定的路，我不觉得这是一条强硬的路线，但我确实认为会倾向于某种结果和用法。在技术方面，有这样一种想法：技术是有延时的。"正如他在2009年的一场关于合成生物学的演讲中所言："我们生活在一个不公正的世界，如果我们将一种强大的技术引入这个不公正的世界，很可能会加剧这种不公正，除非我们非常非常刻意地消灭这种不公正。目前我尚未见到这种事情发生。"[15]

这次轮到我女儿来打断我们的谈话。"爸，你不知道我要去上舞蹈课吗？快点儿！"罗莎(Rosa)不喜欢上舞蹈课迟到，实际上她喜欢至少早到20分钟，只是为了让我们忙得团团转。吉姆也是两个孩子的父亲，他非常理解我。我们友好地说了再见。虽然我的想法不能代替他，但我记得自己感到既释然又异常乐观。我曾经的朋友，后来又被我妖魔化……好吧，突然间，似乎我们又可以成为朋友了。可能还会有很多我们仍然无法彼此认同的地方，但我可以说他是一位深刻的思考者，他的动机是正派和可敬的，他正从事有价值的重要工作。不知怎么，让我有些迷惘的是，我仍记得我曾多么喜爱他。

* * *

然而，做一名技术评论家的问题在于如何划分界限。我们很容易把界限划在离当下不远的过去，或许会划在自己的童年时代，这是由于怀旧情绪作祟，让那时总显得更温柔、更缓慢、更熟悉。但这种判断纯粹是主观臆断,总是依赖于我们个人的经历。甚至一台旧打字机在手持鹅毛笔的书写者看来也是一种让人生畏的危险机器。

保罗·金斯诺斯在最近的邮件中告诉我,即使他发现我告诉他的一些关于转基因生物的事实很有说服力,"我仍然反对转基因……对我来说,这事关精神和道德。我只是觉得有些界线我们不能跨越。我承认我们已经跨越了数百条界线,导致我们现在一团糟。但我们不会因为再多跨越几百条界线就能摆脱困境"。但是,任何保持一致性的尝试注定失败:保罗给我发的是一封电子邮件,是用电脑打字的,字里行间满是现代工业社会的礼貌。而他对于"阻止时代进步"的现代版尝试持有绝对悲观:

> 对我来说,技术本身的发展势头已经是我们做什么都无法扭转的。最终,如果我们人类能做点什么对自己有利的事,我们会做的。整个经济、技术和文化系统就是为此建立起来的。在这样的背景下,环保人士只是一个抗议小群体,有时会遏止浪潮,但坚持不了多久。因此,我认为我们所做的一切都在这样的现实中操作:这种现实正在无情地将我们推向业已发生的灾难。我在这样的情况下谈到精神或神圣时,不觉得它可以改变这种势头或阻止我们碰壁。但我相信,我们可以坚持,就像在风暴中举着一簇火焰,努力让它不要熄灭。最终风暴将停息,虽然不在我们的有生之年,而火焰或将持续燃烧。我觉得这就是我所能做的一切!

我确实不认同保罗对工业社会的全面怀疑论,虽然只是出于自己的主观个人理由。2005年3月,我妻子玛丽亚(Maria)在生下我们的儿子汤姆时,不得不进行紧急剖腹产,所幸的是,当时我们在牛津设施完备的约翰·拉德克利夫医院。如果没有这种现代医疗干预,母子两人非常有可能死于生产,而这种事情在不久远的过去频繁发生。两年后,我们的女儿罗莎,也是通过剖腹产出生的。2011年我感染了肺炎,身体急速衰弱。当时我们正好在赫里福德郡,我在那里的一家医院受到医生妥善的治疗,通过静脉注射大剂量的抗生素,捡回了命。要是在前工业社会,整个莱纳斯家族可能就此灭绝了吧?你可以说我有私心,但我认为那会成为整个宇宙史上一场绝无仅有的灾难,它不禁让我对现代世界的是与非产生了不同的看法。在我看来,工业社会有无可否认的优势,用现代工具和知识去拯救自然界也有同样无可否认的劣势,在试图用劣势去抵消优势时产生的紧张感是生态现代主义背后的动机之一。

有些技术批评家,比如农民诗人贝里(Wendell Berry),甚至拒绝使用电脑打字。贝里用铅笔在纸上写了一篇文章,毫不含糊地题为《为什么我不打算买电脑》(Why I am NOT going to buy a computer):"作为农民,我的大部分工作靠马来做。作为作家,我用一支笔和一张纸来工作。我妻子在一台美国皇牌标准打字机上将我的作品打出来,这台打字机如今还像1956年刚买时一样新。"[16]文章发表在1987年的《哈泼斯》(Harper's)杂志上,引来了好几封批评信。最令人印象深刻的一封,是关于贝里的妻子在他的正义之举中的隐含角色:"贝里向饱受电脑奴役的作家推荐一款好用的替代品:老婆——一种低技术含量的省力装置。向'老婆'扔一堆手写便条,你便可以收到一份完成了的书稿,打字的同时还做了校对。有什么电脑能做得到?贝里对技术创新的所有严苛标准,'老婆'都能满足:廉价,可修理,离家近,有助于家庭稳定。"

这或许是不客气的讽刺,但我想作者有一点说得在理:对技术的政治经济担忧既要向前看,也要向后看。新型工具把很多人,尤其是女性,从无偿而繁重的家务劳动中解放出来。我很喜欢已故瑞典教育家汉斯·罗斯林(Hans Rosling)所做的一场TED演讲,题为"汉斯·罗斯林和神奇的洗衣机"。他讲述了一个让人动容的故事,一台能洗衣服的机器解放了他的祖母,使她第一次有时间读书。

另一方面,"新勒德"(Neo-Luddites)运动的领袖塞尔(Kirkpatrick Sale),则态度非常强硬。他曾在舞台上生动地展示了他的反技术立场。后来他对采访者说:

> 我曾在纽约市政厅的舞台上面对1500名观众。我站在讲台后,讲台前放着一台电脑。我花了一分半钟,非常简短地描述了技术界出了什么问题,技术界如何正在摧毁生物界。然后,我走过去,抢起一把有力的长柄大锤,一锤砸烂屏幕,又一锤砸碎键盘。这感觉好极了。当时发出的声音,飞溅到聚光灯下的邪恶的电脑零件,还有空中飞扬的灰尘……有些观众鼓起了掌。我鞠了一躬,回到座位上。[17]

尽管听起来很像噱头,但塞尔所做的无非是在坚持自己的原则。原则不容妥协。塞尔相信工业文明将很快瓦解,因为它摧毁环境,并且持续增长的需求与逐渐消失的资源和工作岗位之间存在矛盾。塞尔提出,部落社会内部的手工业和社会安排是更好的选择。但完全回避技术是不可能的:人类是会制造工具的物种,甚至塞尔也不得不对记者承认,他有一张信用卡,还有辆车。"人会作出让步,除非他想要独自在森林里生活。因此想要融入世俗生活的人必须多少作出妥协。那么,问题就变成,你会作出怎样的妥协?我想,如今很多新勒德主义人士和抵制科技的人作出了糟糕的选择,说他们可以使用主宰者的工具来解放奴隶。我觉得这是不可能的。"[18]

塞尔写了一本可读性很强的优秀著作《反叛未来》(Rebels Against the Future),讲述勒德分子的历史。在工业革命早期的几十年,18世纪的英国突然涌现出勒德分子捣毁机器的运动。吉姆·托马斯也骄傲地宣称自己是"勒德分子的崇拜者"。虽然流行文化将勒德分子塑造成抵制进步力量的无知傻瓜,但更为准确的历史文献(例如塞尔的)记录道,勒德分子并不全都反对技术,他们反对的是那种机械纺织机,准确地说,在他们看来这些纺织机就像技术娴熟的农家纺织工,威胁到了他们的生计,说得更大点,"机器损害了平民百姓的利益"。有时,他们会在夜间砸毁纺织机;有时,他们会把纺织机拖到集市,让聚集在那里的公众作出判决。吉姆·托马斯说,他曾经在约克城堡组织过一次勒德式的技术审判。这个地点臭名昭著,因为1812年,有15个被指认为勒德分子的人因为新确立的捣毁机器罪而在这里被执行绞刑。[19]

"一群活动者将一辆汽车拖到古老的石塔前,我们组成公共法庭,邀请旁观者作证,支持或反对内燃机对我们生活造成的影响。汽车增加了活动性和经济机遇,另一方面则带来交通事故、哮喘、社区破坏和气候变化,两者孰轻孰重。碰巧路过的每一个人都成了陪审团成员。"汽车被判损害公共利益罪,但吉姆承认,"这场对技术的象征性的大众评审仪式迟到了100年,无法影响相关的创新政策"。[20]但是,这次经历让他思考:"如果我们没有迟到那么久,会怎样?如果我们把新兴技术拖到公共协商和民主监督的现代法庭,会怎样?事情会变成什么样子呢?"或许有点像全世界的反转基因运动——这项新技术也有很多人认为是有害的,而且并不是一点道理也没有。

◈ 第九章

环保主义者是怎么想的

那么，应当对基因工程设置什么限制吗？当然，就像人类对周遭世界的任何一种干预都应该有限制一样。把限制设定在确切的什么位置，是一个道德问题而非科学问题。这更多关乎意图而非解释，而科学明显对后者更擅长。我从未听过有谁当真提议过应当对人类生殖细胞开展基因工程，唯一的例外是为了摆脱令人烦恼和/或致命的遗传疾病。杰里米·里夫金经常警告会发生优选雅利安人那样的优生学大滑坡，目前看起来显然不会出现这种情况。我们当然都应该保持警惕，但理由想必是大部分正派人都认为，允许任何人从基因上挑选金头发、蓝眼睛的孩子是一个在道德上难以容忍的想法。那样做将违背我们整个社会普遍秉承的一种神圣价值观：尊重一个人的生命所负有的内在价值。

这种神圣价值观同样适用于无生命物体：即便在约塞米蒂无意间发现花岗岩中有价值十亿美元的金矿闪闪发光，我们有谁会去把酋长岩（El Capitan）炸开？每当看到古老的森林被砍伐或鲸被捕杀，我都会义愤填膺——本身如此珍贵的东西怎么可以被如此肆意地摧毁。大部分人共有的崇敬之情还适用于人类传统和古代遗迹。我还记得，当得知恐怖组织 ISIS 用炸药炸毁了叙利亚的帕尔米拉古城遗迹时，我几乎产生了生理性的恶心。任何人蓄意地无情摧毁属于全人类的遗产,就和战争、种族灭绝一样,是在损害整个人类群体。但恐怖主义在扩张它的精神支配力时,会以最残酷的方式违背最普遍的道德规范,例如针对学童或音乐会观众等无辜人群,或者摧毁不可替代的古代工艺品。

说到遗传工程的道德争议,其核心在于我们对物种与物种之间的自然界线应当尊重到什么程度。我回想起朋友保罗·金斯诺斯曾经对我说过,"我只是觉得有些界线我们不能跨越",充分说明这不是一个理性或科学的立场,甚至不是一种一以贯之的立场。他承认,我们已经"跨越了数百条"界线,而他自己也是我们这么做的受益者之一。尽管如此,于他而言这依然关乎"道德"或"精神"。我认为,这里的问题在于评估业已存在之物的"完整性"——无论它们来自自然界还是古代人类,都不希望它们随着人类的进一步改造而明显退化。个人而言,我预见会比保罗看到更多的界线被人类跨越,但这并非出于轻率或盲目。我不认为一定会有滑坡悲剧,因此也不认为应当去阻止可能造福某些有需求人群的创新。不过我承认,自然界有其神圣之处,并且和保罗一样,我也不希望人类的入侵或改造无所不及以至于自然荡然无存。

已故的演化生物学家古尔德(Stephen Jay Gould)在1985年写的一篇文章中优美地阐述了这一点。正如文章标题"完整性与里夫金先生"所示,这篇文章主要是批评杰里米·里夫金在基因工程上的立场。"如果我们把生物仅仅当成可分割的信息序列,按照人们的喜好任意分解和重组,那么我们的世界就会变成一片荒野。"古尔德说。但是,他主张,里夫金之类的反对者并没有解决真正的恐惧,而是选择了"一种极端主义,会把人道的科学研究和迷人的科学研究都排斥出去……我确实看不出有什么理由要拒绝所有的基因工程,就因为这种技术或许有朝一日会在某个现代版希特勒的手中被歪曲利用,那么你最好也禁止印刷机,因为这种机器既能创作莎士比亚也能排版《我的奋斗》(*Mein*

Kampf)。多米诺骨牌理论并不能推及所有人类成就。如果我们可以通过移植细菌基因使重要的农作物变得抗病或抗冻,那在有人遭受营养不良的世界里为什么不应当这么做?

古尔德这里的意思是要在神圣与实用之间取得平衡。有时候这种平衡是错的,而我也发现自己反对技术侵入自然。举一个最近的例子,2013年我在牛津发表演讲后不久,收到一封来自埃文斯(Antony Evans)的电子邮件,他向我介绍了名为Kickstarter的众筹平台。他正在为一个合成生物学项目寻求支持,这个项目"想要创造一种发光植物,开启用发光树木取代路灯的旅程"。网页的标题写着"发光植物:无需电力,自然发光"。[1]这看来将会是"创造可持续自然发光的第一步"。显然,埃文斯认为,无论是作为可持续能源的倡导者还是基因工程的新支持者,我应该会感兴趣。他写道:"我们受到了ETC和地球之友的质疑,他们正发起运动阻止我们的项目,恐怕您不会对此感到意外。"

然而,我非但不想支持这个项目,还回信告诉埃文斯,我觉得发光树木取代路灯的设想十分可怕。ETC在反对发光植物的运动中列举了"首次在全世界任意地方有意将'合成生物学'生物释放到环境中"可能导致的各种潜在风险。[2]这些理性的论点有可能符合事实,也有可能不符合,而在我看来,他们跑偏了重点。我的反应更为基本,而且我猜这也是ETC组织和地球之友在作出反应时更深层的动机:看到那些自诩"生物黑客"的人想要干扰生物有机体的本质,我们出于本能地在道德上厌恶他们,认为他们目的愚蠢、甚至低劣。在街上看到发光的树木,在我看来是一种玷污,是人工制品——所谓的"技术圈"——对其他生活领域的入侵。

我不否认,在"我们知道事实上准确"和"我们认为道德上正确"这两者之间可能有矛盾。我用了"生物有机体的本质"这个说法,我知道这会让科学界的一些朋友尤其是生物学家愤怒,他们会指出并没有这种东西,并以等级神秘主义这类道金斯式术语指责我。物种除了基因组中的DNA序列不同以及由此导致的生物体表型不同外,并没有其他可证明的"本质"。我也知道这在科学上是对的,但是很难以这一知识为基础作出合理的伦理判断。我知道没有科学家会主张抛开一切去开展种间基因工程。蚂蚁和人类共享基因,有相同的DNA编码系统,知道这一点并不能证明人的生命和蚂蚁的生命在伦理上有平等的相对价值。

出现感性的反应,并在道德上受到这种反应的牵引,似乎让我们"数据控"显得有些尴尬或不合时宜。毕竟,支持转基因生物的活动家往往正是以"不理性"为罪名嘲讽他们的对手。但是,假如不是以直觉和情感为动力来应对周遭世界的挑战,我们的伦理道德是什么?道德感尤其会被神圣和亵渎之间的冲突所激发,比如在圣地赚钱的商业动机。耶稣唯一一次有记载的发怒是他把放贷者赶出神庙,这不是没有理由的。我记得曾经听说过一个提案,是把公司商标放在月球上,好让抬头仰望夜空的人都会看到月亮的宁静海上印着"可口可乐"或"耐克"。我不知道这是不是开玩笑,我对此表示怀疑,但只要想一想那种场景,我就会感受到强烈的厌恶和低俗。我一点儿也不介意使用超高清望远镜可以清楚地看到阿波罗登月船在月球表面留下的痕迹。因为那样做是本着探索的精神,并且会在我们凝视宇宙中的一个小角落时加深我们感受到的敬畏之心。即便造成的结果一样,都是人类干扰了处于原始状态的月球表面,但意图(以及规模)让两件事在伦理道德上完全不同。

基因工程有时被看作是对自然界的直接援助,经常用来恢复人类早期入侵自然造成的破坏。这大概可以作为塞尔所言"利用主人的工具解放奴隶"的一个示例,而这里的道德争论在两方面都有。例子之一是正在开发的抗疫病转基因美洲栗。在19世纪末,美洲进口日本的板栗时,也引入了一种新的病原体,导致原有的本土栗树林全军覆没。那些美洲栗曾经占据森林乔木的四分之一,能长30多米高,结出的栗子为松鼠、熊等无数动物提供了食物。纽约州立大学环境科学与森林学院的科学家想要恢复这种巨木在美国东北部阔叶林中的关键种地位。研究人员把来自小麦的一个基因剪接到栗树的基因组中,让栗树可以抵抗栗疫病病原体的感染。[3]

我想不出有什么理性的论点可以反对这么做。小麦基因存在于很多其他禾草中,几乎不可能对环境产生什么有害影响。转基因栗子不会让松鼠中毒。引入的基因只不过让栗树生成一种草酸氧化酶,避免病原体产生的草酸毒害栗树。这些构成成分都是天然的,它们组合起来可以让已消失的生态系统恢复。尽管如此,我不禁感觉到——是的,感觉——转基因树木形成的森林和天然树木形成的森林之间确实存在质的差别。我不会因此反对这个项目,但确实会有所怀疑。漫步在一片森林中,当你知道周围树木的一个基因最初是在实验室里被剪接到树的基因组中时,会产生别样的感觉。即便出于最利他和生态学的目的制造出这些树,它们也是人为产物,因此有质的差别。从某些方面来说,它们是技术圈和生物圈的融合。在把人们种树形成的林地(或许是可疑的成排生长出卖了它们)与树木自己生根发芽长出来的林地相比时,我也有同样的感觉。我最喜爱的林地是那种名副其实的原始森林,自远古以来,甚至在还没有人类到来以前,就一直生长在那里。它们将我们与过去相连,使我们在踏出现代人精心构筑的世界后获得一种超越感。

即便动植物在物理学和生物学上都与它们的自然祖先相同,质的问题依然会产生。我朋友斯图尔特·布兰德和他妻子瑞安·费伦(Ryan Phelan)在做一个名为“复苏”(Revive & Restore)的项目,其中一个重要的目标是复活猛犸象、旅鸽和其他一些已灭绝的魅力物种,策略是从保存的标本中提取DNA,然后人为重建它们的基因组。同样,我可以理解,甚至也感染到了斯图尔特和瑞安的兴奋,但我还是有疑虑。这些动物,一旦成为现实,或许在生物学上精确地复制了它们已消失的祖先,但它们同时也是完完全全的人类创造物。这产生了质的差别。*有一次我和斯图尔特一起在旧金山湾区金门大桥桥塅的卡瓦略岬参加一个会议,吃早餐时我向斯图尔特提出了质疑。他吃麦片粥的动作停了下来,脸上露出诧异的表情,嘟囔着说"本质论"。换句话说,他无可非议地指出,我的怀疑论没有行得通的科学理由,而是一种道德上和直觉上的反应。

假如复苏的猛犸象并不是完完全全的"天然",那么问题就来了,什么算"天然"?保罗·金斯诺斯写过一篇题为"黑色密室中"(*In the Black Chamber*)的文章,对这个问题有很好的描述,文中思考了"神圣"在当今世界意味着什么。

> 我意识到我所称的"自然"——这个词并不完美,但我找不到更合适的词——其实只是指代生命的另一个词,鲜血和粪便、死亡和重生像轮子一样不断滚动。自然有多么美丽,就有多么致命,有时候两者同时出现。但是于我而言,重点是,野外大自然固有的恐怖、暴力与它的美丽、和平一样,激发出我心中的种种冲动:谦卑,渺小,有时是恐惧,往往渴望融入比自己更大或比自己的同类更大的某种东西中。宗教希望我把这些冲动献给有着人类外形的天神。

正是这种超越世人的本质,在我和保罗看来,是人类改造或重建的物种所缺乏的东西。

---

*其实复活的猛犸象也不是百分百的复制品,因为其做法是把表达猛犸象性状的基因插入现存亚洲象(猛犸象的近亲)的基因组。

毫不意外，保罗也对"复苏"项目十分怀疑。尽管他承认自己能够"明白布兰德的想法从哪里来"，但他的本能反应是感到"可怕"。他尖刻地写道："不管你是否喜欢宗教，起码它让我们明白自己不是神。而反灭绝者和他们那帮人提倡的伦理道德告诉我们，我们就是神，应该像神一样行事。"在保罗看来，这只不过是"人类沙文主义的最新表达，是智人帝国的另一种表现形式，最终必然导致'终结野性'，'完全成为我们人类的产物——新自然'。"他在结尾讽刺地写道：

> "我是斯图尔特·布兰德，灭绝物种的复活者。"布兰德在网络论坛上高喊。我是王者之王——奥斯曼提斯（Ozymandias）：很高兴见到你。

保罗在文章中竭力捍卫自己对"复苏"项目的情绪，说那是合情合理的反应，不需要借助通常功利主义所用的"合理批评"来论证。他预料到有些人（除了布兰德外）会说他的反应"不理性"，他承认"没错，是不理性，而且再真实不过了"。他写道："人类已经改变了太多东西，我们操纵或试图操纵的东西太多，但我们过去从未逾越这道界限。我们还从未迈向创造生命，那样做的话，带来的后果将是不可避免地消灭野性大自然。"

撇开人为创造的猛犸象不谈，农业中的基因工程从根本上来说会逾越这道新界限吗？我猜是这样，但是正如保罗在给我的电子邮件中所承认的，在此之前已经有成千上万种渐进式创新，从为了开发当今主要粮食作物所做的选育，到耕作工具的发明。即便是非转基因农作物，那些已驯化的物种早已和它们的自然祖先大相径庭。你可以上网搜索一下"类蜀黍"（teosinte），看看原始的玉米野生祖先长什么样：一种灌木植株，向外伸出的果穗上，只有稀稀拉拉几颗硬梆梆的籽粒在顶端不起眼地排成一排。现代的麦子就更加不天然了，小麦（*Triticum aestivum*）

属于三方杂交的产物,来自原始的野生一粒小麦和两种属于节节麦的野草。因此,进入我们面包的小麦拥有6套染色体,也叫作六倍体(人类和大部分自然物种——绝非全部,是二倍体,即拥有2套染色体,双亲各提供1套)。[4]野生香蕉基本没法入口,里面的圆形种子硬得会磕伤牙齿。栽培香蕉是无核的,从母株上分离吸芽进行无性繁殖,因此和母株在基因上完全相同。马铃薯同样如此,只不过是以块茎而非吸芽的移栽进行无性繁殖。

作物选育靠杂交或偶然的突变。造成的结果是有些植株可能会结出更多果实、收获更容易或味道更可口,诸如此类。但这种选育过程通常要经历几十年,甚至几百年。加快速度的一种方式是引入诱变剂来加大突变速率。有效的有毒化学物质或电离辐射都可以作为诱变剂,起到打断DNA的效果。所产生的突变大部分是阴性的,对植物不利,并导致损伤。然而时不时也发生有益的突变:用于意大利面的硬质小麦品种,红宝石葡萄柚,以及名为"金色诺言"的大麦品种,都是通过诱变得到的。有意思的是,诱变得到的农作物包含在有机系统中,不受转基因作物禁令的约束。现在出现了新的争论:运用精准的基因组编辑工具(例如CRISPR系统)得到的点突变(只影响DNA上一对碱基的突变或变化)是否应视为转基因生物? CRISPR就像一把分子剪刀,可以精确地靶向特定的DNA序列并将DNA剪开。如果可以做辐射诱变却不允许做基因编辑,那是完全说不通的,因为这就像告诉脑外科医生可以用钝器却不能用手术刀。

栽培的作物要活下去还需要人类不间断地密集参与。你或许会发现有杂草入侵了麦田,但从不会看到有小麦入侵杂草荒地或林地。这是我不介意作物基因工程的一个原因。因为作物基因工程对邻近的生态系统几乎没有影响(若引入的基因让耕作系统发生改变,例如农药使用水平发生变化,这种程度的影响除外)。但在更偏向道德的层面,我并未因为转基因作物很大程度属于人类创造物而反对它们。我的担忧主要来自技术对自然有更直接的干扰。比起我吃的食物里有转基因生物，我更担心当地林地里有转基因生物。正如生物学家们一直以来主张的，食物里的转基因生物没问题，我们栽培的所有植物都曾经历过广泛的基因改造。

概括来说，唯一能够真正针对转基因生物提出的讨论是"未知的未知"担忧，即引入重组 DNA 可能对基因组造成的某种内在损伤或危险。要想象怎么会发生这种事是非常困难的。DNA 在活细胞内会不断破裂又修复，阳光、代谢产生的氧、无数其他损害给 DNA 造成的损伤通常达到每天每个细胞数万次。损伤很快会被细胞内的酶修复。细胞每次分裂时，平均至少 10 条双链 DNA 断裂。[5] 大多数时候，酶会结合在 DNA 分子断裂端附近，但它们也会作用于刚好可以获得的新的基因序列。因此，基因工程与细胞内不停在做的那类事其实没有多大不同。要说基因工程师在实验室里引入基因时，有什么固有风险是自然界在细胞内无数次突变和修复基因时所没有的，这几乎不可能。

尽管如此，人们觉得基因工程不天然，因此感觉就是不一样，人们在直觉上普遍认为必然有什么固有的风险。你可以从大家的用词上感受到：转基因生物也许会"污染"有机作物，造成"基因污染"，但从来不会反过来说。塞莱利尼教授的患癌鼠在渲染这种情绪上更是出尽风头。根本不需要读他写的文本（本来就是难懂的法式英语），即使许多人批评他统计数据粗制滥造、对照组同样生了癌、鼠的饮食不一样，等等，但这些批评丝毫没有影响图片给人带来的强烈恐怖感。在塞莱利尼发表的彩色照片上，可以看到鼠长着恶心的巨大肿瘤，当涉及这种强烈的情感时，统计显著性黯然失色。整个国家被立刻说服，就像前面说过的，塞莱利尼的鼠让肯尼亚至今禁止转基因生物。哪怕塞莱利尼的论文已经被撤稿，在全世界范围内还是不断有人拿这篇论文作证据来说转基因必定造成危害。

我捍卫任何一个人从基本的伦理道德上反对转基因的权利,但我对经验主义的信仰同样坚定,而肯尼亚的禁令有违于我的这种信仰,让我非常反感。我不希望在肯尼亚或者任何一个其他地方看到政策被伪科学牵着鼻子走。我更希望可以看到对转基因的伦理争议可以越辩越明,围绕着伦理争议展开相应的讨论("你不能把细菌基因放进这种玉米,因为我认为这么做是错的")。我很高兴地看到,欧盟向不可避免的趋势低头,当成员国想要在领土上禁止栽培转基因作物时,需要提供"公共政策"(也就是伦理道德)方面的理由。[6]这要远远好过法国和其他欧洲政府过去多年来为了预先定好的决策硬凑"科学证据"的做法。当科学证据与伦理道德有冲突时,拒绝科学证据并不可耻,只要开诚布公地做。歪曲科学证据,用它作理性主义者的遮羞布,去掩盖暗中的伦理道德异议,这是不对的。假如反对意见属于道德领域,就应该对此展开讨论。我们所有人,包括基因工程师在内,都认为应该对如何运用这项技术有所限制,并且应该从伦理道德上定义界限。所以,让我们就界限设定在哪里坦诚地展开辩论吧。

我还怀疑,有些反转基因意见表面上是出于政治考虑,实际上同样生发于道德失范的考虑。正如我在Skype通话中向吉姆·托马斯建议的,对于企业控制、集权化、垄断等问题,相比转基因大豆,iPhone同样或者说实际上更加值得担忧。尽管吉姆以他一以贯之的态度告诉我,他同样担忧移动电话,但不可否认的是,通信技术远远没有食品和农业那么牵动人心。因此,当我们觉得心爱的粮食作物在基因上被非天然的东西做了手脚时,在道德义愤上尤其敏感。从这个角度来看,关于印度Bt棉农和塞莱利尼鼠的争议似乎更容易解释。专利权是对基因组公共财产的"圈地",这一反对意见也就有了伦理依据。我必须得说我持有同样的反对意见。一想到谁都可以"拥有"我的某个基因,我就觉得非常不舒服。我的想法可以在大多数国家得到法律的支持：2013年，美国最高法院宣布，天然存在的DNA序列不具备专利资格。

　　以一个我谨慎表示支持的基因工程产品为例，这是一个由水恩（AquaBounty）公司开发的转基因三文鱼项目，博人眼球地自称"世界上最有可持续性的三文鱼"。尽管有捕捞野生三文鱼的地方，但人类对粉嫩的生鱼片和肥厚的三文鱼排的胃口太大了，光靠野生来源的三文鱼无法满足。于是水产养殖应运而生。毕竟，随着从狩猎采集走向农耕畜牧，人类几千年前就开始在陆地上进行养殖了，而水产养殖只不过把圈养的地点设在大海里。然而，在海里养殖三文鱼有众所周知的环境问题：养分富集造成的污染会影响海洋生态环境；海虱会污染野生三文鱼，而用来去除海虱的化学物质也会污染野生三文鱼；养殖的鱼会逃逸，与野生亲缘物种杂交。此外，三文鱼是肉食动物，因此要从海洋中获取其他鱼的鱼肉作为饲料，这实际上将过度捕捞的压力推向了食物链下游。

　　水恩的模式则不同。他们所用的大西洋鲑（三文鱼）转入了大鳞大马哈鱼（奇努克三文鱼）的生长激素基因，使鱼能够全年生长*。这样一来，同样长到可供上市的重量，需要的饲料大大减少，野生鱼类的捕捞压力也降低了。基因工程甚至有助于用陆基原料完全取代鱼肉：科学家们用油料作物压榨制取omega-3脂肪酸——目前只能从海洋蛋白来源获取的一种脂肪酸，这种设想已经在实验阶段取得成功。不过，像食品安全中心之类的反转基因组织并未被说服支持转基因三文鱼。为了不让水恩的三文鱼得到批准，食品安全中心发起了一场诉讼，其理由是"批准任何转基因鱼都会对本土鱼群构成致命威胁"，以及"转基因鱼具有改变整个生态系统生物多样性的环境威胁"。[7]

---

　　* 大西洋鲑在不受干预的情况下只在春季和夏季生长。——译者

我认为食品安全中心的理由并不成立,因为水恩的转基因三文鱼并不会游到海里。这家公司采取的方式是只把鱼养殖在陆地上的鱼池里,远离沿海的野生三文鱼群。他们表示,这样对环境更好,因为废水可以收集起来用作肥料,经过滤的水还可以循环使用。[8]此外还有一道安全保障,养殖的所有转基因三文鱼都是无生育力的雌鱼。因此,只有转基因鱼跳出鱼池、长出腿、千方百计挪到海滨、游入某个地方的三文鱼群,再变性并同时获得生育力,才会实现与野生三文鱼的杂交。技术再纯熟的"弗兰肯斯坦鱼"也不可能完成如此壮举。但这些荒谬之处正说明,争议不在于水恩的技术细节,而在于食品安全中心从原则上对基因工程持有道德异议。我理解这一点,但我认为,以真正可持续地生产三文鱼为目标让事情有了行动价值,尽管我们只能把三文鱼作为远离野生环境的驯化物种看待。假如是把转基因三文鱼放在海里的网箱中,与野生鱼类相伴饲养,那我会很乐意地在食品安全中心的请愿书上签名。

* * *

情况各不相同的这些转基因争议都说明,只把问题看作科学争议却忽视或取代人们的道德感是危险的。社会心理学家海特(Jonathan Haidt)在其杰出著作《正义之心》(*The Righteous Mind*)中指出,对于道德规范丧失产生的情绪反应,人们几乎会尽一切可能用"说得过去的"理性说辞来辩解。海特为调查这一现象展开实验,他设计了一些容易引起厌恶但实际上不会伤害任何人的情景,询问人们的想法。一个例子是这样的:"家里的狗被车撞死了,然后全家人坐下来把狗肉吃掉了。没人看到。"大多数人会因为狗的尸体如此不被尊重而感到嫌恶且惊惧,但是由于没有任何确定的伤害而难以理性地作出解释。为了证明道德上的直觉是合理的,人们往往会设想出受害者。比方说,他们告诉海特,家人吃了狗肉可能会生病,或者邻居看到这家人在吃烤狗肉会感到不适(忽略了海特在故事中明确表示过没有人看到)。海特得出结论:"很显然,这些设想出来的危害绝大部分是事后加工的。人们对这些行为的谴责往往非常迅速,看上去不需要花太多时间来决定怎么想。但是,他们常常要花一些时间来构想出一名受害者,并且是敷衍地、像找借口一样提出受害者。"[9]

海特报告说,为现实中本能、快速、自发的道德评判寻找的这些事后说辞大多显得毫无说服力,甚至荒谬可笑。共同点是,他们都试图找出一些外部伤害的证据,来解释自己对明确觉得有本质错误的东西所产生的厌恶感。当海特心平气和地对这些辩词逐一作出反驳后,那些人当中不那么自信或是争辩能力不足的人再也找不出任何借口,变成海特所谓的"道德上哑口无言",他们会说"我知道这不对,但我只是说不出原因"。正如海特总结:"这些实验参与者在用逻辑推理,他们在努力推理。但是,这些推理不是为了寻找真相,而是为了找出支持情绪反应的理由。"[10]当被访者被一再证明推理有误时,他们仍然保持着原来的道德信念。海特回忆说:"他们就好像挥舞着手臂,把理由一个接一个地扔出来。"

说这些并不是想说具有道德直觉的人在某种程度上不理性或愚蠢。人就是会有这样的表现,而海特想要找出人类为什么、怎么会倾向于这样的行为。事实上,那些没有道德直觉的人会导致最严重的问题,他们被称为精神病患者。海特的结论发人深省。在任何事情上,他说,别再试图通过摆证据讲道理来说服任何人。"如果你要求人们去相信某个有违直觉的事情,他们会竭尽全力寻找'应急出口'——怀疑你论点或结论的理由。他们几乎总会成功。"[11]海特说道。他由此驳斥了人类心理学中的"缺失模型"。缺失模型描述的是很多人都有的一种想法,甚至颇具讽刺意味的是,以我的经验,很多科学家也有这种想法:不同意自己观点的人,个个都是因为无知,而把一系列科学"事实"展示给他们看,就足以教育他们,让他们转变观点。我自己就吃过苦头。我发现,告诉别人印度农民的自杀率并不比法国或苏格兰高,这个事实毫不影响他们对转基因生物抱有的对错观念。但不管怎样,我还是孜孜不倦地这么做,包括在这本书里。

自杀的故事非常有力,因为它为出于直觉的道德反对提供了外部的正当理由:有受害者,而且受害者(一贫如洗的印度农民)越苦难、越受剥削,反派(孟山都)越邪恶,效果越好。还是拿海特一开始假设的道德故事来说,想象一下,假如你听到的是,一个富商吃掉了穷人家的狗,而且深爱这条狗的穷人家小孩目睹了这一幕,伤心欲绝地痛哭,那么你可能会感到出离愤怒。我们几乎不可能用理性分析来打破像这样的道德框架,有可能出现的最好方式是翻转原有的道德框架,用另一个同样强有力、人们希望更能反映事实真相的道德框架来取代它。我在本书非洲那一章里尝试着这么去做了。反对转基因的组织是恶棍,而农民是受害者,因为农民被剥夺了权利,无法选择更好的、有助于他们摆脱贫困的种子。在非洲运作的反转基因组织当然有另一套相反的说辞,他们认为,购买"改良"种子的农民会被跨国公司剥削,从而削弱当地的复原能力和食品主权。注意,你是可以翻转这些说辞的,就像著名的纳克立方体——由线条构成的立方体,观察视角可以变化。但也就像无法同时看到两个角度的纳克立方体一样,你无法同时相信两种说辞。

就像我在非洲那一章所展示的,并不只是反对转基因生物的活动家才受道德关怀的驱使。支持转基因生物的活动家同样富有激情,因此他们也可能对打破偏见的理性争辩充耳不闻。绿色和平组织的共同创始人穆尔(Patrick Moore)就是一个例子。在成立绿色和平组织几年后,他离开了,并在2010年出版《一个绿色和平组织逃兵的自白》,书中否认了该组织拥护的多项议题。穆尔还发起"接纳黄金大米"运动,指责绿色和平组织反对转基因黄金大米(一种生物强化大米,旨在解决维生素 A 缺乏问题,在发展中国家这一问题对幼儿影响尤甚)的做法是"犯下反人类罪行"。穆尔的网站上这样写着:"我们相信,在过去 14 年里,绿色和平组织阻挠黄金大米的产生,让数百万人白白遭受维生素 A 缺乏症之苦却吃不到黄金大米,构成了《罗马规约》中的反人类罪。"[12]这无疑是站在道德立场上的指控。然而,穆尔声称是绿色和平组织恶意不让营养不良儿童获得救命的生物增强大米,这种说法要小心。尽管绿色和平组织确实发起了反对运动,并且可以令人信服地说,其运动造成了有损黄金大米项目的消极监管和不利政治环境,但目前为止,尽管技术工作已经开展了数十年,国际水稻研究所的研究团队还没能在任何一个国家提交黄金大米大面积种植的申请*。因此,按照很多支持转基因的运动家声称的,绿色和平组织"阻止"了黄金大米,显然不是事实。

即便是全世界最负盛名的科学家,比如在专业领域荣获诺贝尔奖的科学家,或许在很多人眼里任何时候都应该表现得非常理性,但在黄金大米运动中也会暴露出人的缺陷。2016 年 6 月,至少 124 位诺贝尔奖得主联名支持《致绿色和平组织、联合国以及各国政府》的公开信。尽管这封公开信是用科学语言写的,但它并不仅仅是科学声明,更是强烈的道德声明。声明呼吁绿色和平组织"停止反对一般性的经生物技术改良的作物及食品,尤其停止反对黄金大米运动",并强调"基于情绪和教条、违背数据的反对必须得到制止",最后提出问题:"在我们将其看作'危害人类罪'之前,世界上有多少穷人必须死去?"[13]没有什么比指控你不认同的人犯有"危害人类罪"更煽动情绪了,这种语言通常是用在战争和种族灭绝教唆犯身上的。然而,这里一百多位世界上最优秀的科学家让他们的道德直觉混淆了理性评判,以至于他们会签署这样一

---

* 更新:2017 年 8 月,黄金大米在菲律宾向监管机构提交了申请。

份缺少真实证据支撑的声明。科学家毕竟也是人,谁知道呢?

的确,科学家有时是会被经验证据说服而改变想法的(尽管以我的体验来说很少见)。道金斯在《解析彩虹》一书中讲过一个有意思的故事,用来说明科学方法在考验人类容易犯错的这一点上有独到之处。他将其铭记为自己的一段"成长经历"。那是他在牛津读本科时,一位来自美国的客座讲师拿出了新的科学证据,"我们动物学系一位备受尊崇的资深前辈提出的宠物理论被彻底推翻,而我们过去一直对那项理论深信不疑"。面对新证据的质疑,那位老前辈没有动怒,而是"站起身,大步走到礼堂前面,热情地握着美国人的手,感情充沛地宣布,'我亲爱的同行,我真是要谢谢你。这15年我一直错了。'"道金斯慷慨激昂地深情提问:"还有其他行业会这么大方地承认错误吗?"[14]

道金斯的例子恐怕属于少数情况,因为这来自科学家之间的争辩,换句话说,在这么一种社会构建的环境中,证据和推理论证会格外得到优先考虑。这更多只能说是例外而非规则,当争辩围绕着道德议题——无论是关于转基因食品还是枪支管控——更是如此。

这也是为什么我强烈捍卫在转基因食品安全性上科学共识的重要性。反对者坚持认为,像英国皇家学会或美国科学促进会等研究机构的声明只能代表科学家方面的群体思考。不仅仅在转基因生物的辩论上是这样。在气候变化、疫苗接种等议题上,反对科学主流意见的人也有类似的主张,他们扬言科学界有群体偏见。我认为这是没有道理的。在我看来,诺贝尔奖得主的声明有缺陷,并不能代表科学共识无意义。那些专家签署的这份东西大多不属于他们原有的专业知识领域(把某方面的专家当成所有领域的专家向来是不对的)。另一方面,政府间气候变化专门委员会一丝不苟地花费很长时间来评审科学文献,在全球变暖问题上达成专家共识。美国国家科学院近来也在基因工程上采取类似的过程,生成了长篇大论的报告,再次表示"没有证据表明转基因作物制成的食品比非转基因食品安全性低"。我看到后乐观地写了一篇文章发在博客上,题为"转基因生物安全性的争辩结束了"。[15]显然,我错了。

*   *   *

那么,为什么连美国科学院也得不到信任?为什么人们如此固执己见,不同意几百位世界级专家认同的意见?从最基本的层面来说,谁也不想犯错。承认错误总是很困难的,当因为犯错而被责难时,我们大多会下意识地找理由表明自己是无辜的、用意是好的,或者找其他借口来限制心灵上的痛苦和设想中的名誉受损。这就是科学方法如此违反直觉的原因之一:科学在不断犯错的过程中进步,尤其需要证明过去的理论有错误之处。一种理论,只有在经历了多次证伪而未被推翻,才能说它是客观正确的,并且还只是暂时性的客观正确。因而有了"零假设",统计证据检验的基础。检查统计数据的出发点是假设没有任何事情发生。只有当所谓的"P值"(概率值)非常小(通常小于0.05),才认为纯粹因巧合而发生某个结果的可能性是很低的(低于5%),这样的结果被视为"具有统计学意义"。可即便如此,这也不是最终的结论,而是起点,因为每100篇宣称其结果有统计学意义的科学论文中,同样在5%的概率检验下,有5篇恰巧是错误的。

在科学上,犯错是知识进步的有机组成部分;然而在政治上,承认错误对于任何一个渴望成为领袖的人来说都是自取灭亡。英国的BBC 4频道有一档晨间新闻,名为《今日》(Today),每一次采访政治家都要将其逼入死角,迫使其言论来一个180°大转变,这对被访者来说将是致命伤。被人发现改弦易辙,在政治上有很大风险,最著名的一个例子要数美国民主党总统候选人克里(John Kerry)在2004年美国大选期间的表现。当他对伊拉克战争等关键问题转变立场后,克里被骂"变卦"、讲话"胡扯"、"摇摆不定",这给他的竞选活动造成了巨大损失。正如舒尔茨

(Kathryn Schultz)在《我们为什么会犯错》(*Being Wrong*)一书中所写的：
"莱诺(Jay Leno)给克里的总统竞选提了两条口号：'确定主意好难哦'
和'犹豫不决的选民们，我和你们一样'。"在共和党代表大会上，一提到
克里的名字，代表们就像体育场上制造人浪那样左右摇晃，以示摇摆不
定。花10美元，你可以买到一双印有克里头像的人字拖——英语中
"人字拖"也有变卦之意。[16]而这一切的后果，当然就是让明智、无懈可
击的布什(George W. Bush)成功连任。

我们大部分人不是政治领袖，可以幸福地对自己抱有一种幻觉，自
以为正义和道德，同时也不用担心这种幻觉被揭穿。或许这对于我们
保持心理健康是必要的，那些总觉得自己事事不如别人、不断被自我怀
疑折磨的人，很有可能早早加入服用抗抑郁药的队伍。然而，如果缺少
道德约束(在意他人的评判是道德约束的主要施加方式)，大多数人在
很多时候会撒谎和骗人，有些人可能还会犯罪，或是对更恶劣的犯罪行
为佯装不知。我们或许连这一点也不想承认，不过无数实验已经表明，
这些是人类一直有的典型行为。舒尔茨提醒我们："我将其视为法国抵
抗运动式幻想。很多人相信，要是第二次世界大战期间自己身在法国，
一定会加入与纳粹作斗争的英雄队列，帮忙把受迫害的人运送到安全
地带。然而，事实是，只有2%的法国居民积极参与了抵抗运动。或许
你我有可能在2%当中，但更有可能不是。"[17]

这暗示了现实世界的情况。在现实世界中，我们的道德和行为标
准基本上是社会条件的产物，而社会条件在很大程度上取决于特定的
文化和历史环境。人类是一种社会动物，这一点很重要，比我们能制造
工具、拇指对握、有大脑皮层等特征都重要。对我们来说，群体动态对
我们行为的方方面面都至关重要。海特解释过，人们不在意政治问题
和道德问题中的证据，这也是为什么没有医保的人不太可能投票给民
主党。人们在意的是自己的群体，"无论是按种族、地区划分的群体，还

是按宗教、政治划分的群体"（更有可能是同时满足）。因此，"政治观点的作用是'代表社会成员身份的徽章'。就像汽车保险杠上贴的一排贴纸，显示自己的政治事业、大学、支持的球队一样。我们的政治不是求个体私利，而是求群体私利"。[18]

推理能力的发展并没有帮助我们寻找诸如客观现实那样的东西，而是帮助我们成为所在群体中更有价值、更成功的成员，这或许是海特在书中传达的最关键见解。像人类这样的社会动物，被群体排斥或驱逐几乎等同于被判死刑，因此，为群体求私利的行为在演化中被施加了更强大的选择压力。海特写道，我们发展出的推理能力"不是为了帮助我们发现真相，而是为了帮助我们在与他人讨论的过程中辩论、说服和操纵他人"。[19]这就是为什么人会有很强的"确认偏误"，因为它是"（争辩型头脑的）内置特点，而不是可以（从推断型头脑中）去除的程序漏洞"。

读到海特关于"有意识的推理主要不是为了发现而是为了说服"的论断后，我立刻回想起了自己的经历。我过去一直跟自己说，我是因为发现和吸收了早先缺乏的科学信息才推导出我要摆脱反转基因的信念。我很羞愧地记得，在以前破坏农作物的那段时间，我甚至连DNA是什么都不知道。这么看起来我简直是"缺失模型"的典型案例，新信息填补了我的知识不足，转变了我的思维。但我也明白，回到我反对转基因的那几年，其实有数不清的机会可以让我好好了解为什么转基因生物或许没那么坏，而我那时候压根儿没有兴趣去抓住那些机会。我在媒体或活动中与支持转基因的科学家们争辩时，不是想去更好地了解他们的观点，而是想要打败他们，越彻底越好。在我看来，思维狭窄的是科学家们，而不是我。几年之后，当年的一位专家、牛津的一位遗传学教授问我，当时如果他换种说法有没有可能说服我。我告诉他不可能。这不是因为他们的论证缺乏力量，他们的错误在于认为自己的主张非常了不起。

在群体内部,阻止人们改变主张并质疑群体共识的力量是非常大的。对此,有一个常识性术语叫"同侪压力"。不少人一厢情愿地觉得这个词只适用于学校同学之间,其实它适用于我们所有人。舒尔茨称之为社群的"分歧缺失",是一种集体思维。舒尔茨写道:"首先,社群让我们过分支持自己的主张。其次,社群帮我们屏蔽了外界的反对。第三,社群让我们漠视遇到的一切外界反对。最后,社群还会在内部遏制分歧的产生。这些因素为个人认知上的确认偏误创造了一种社会对应物,和确认偏误引发的问题是一样的。无论我们的社群还有什么其他优点,有一点是非常危险的,那就是大大增强了我们自以为正确、不可能犯错的信心。"[20]舒尔茨的解释验证了我对那位牛津遗传学教授的回答:"即便自己的信仰真的遇到外部的质疑,我们通常也会漠视。事实上,我们倾向于从信任的人那里自动接收信息,同样,我们也倾向于自动拒绝来自陌生途径或不友善者的信息。"

群体思维太强会带来破坏,因为那些或许正确和有用的反对意见会被摈除在外,这也就意味着群体的所作所为或许达不到最佳。历史上有一个特别臭名昭著的例子:萨勒姆女巫审判。整个社群似乎被一种癔症支配,强大的从众压力让人们歇斯底里,仅仅以梦境和幻象为证据,便以巫术的罪名把19人绞死。心理学家贾尼斯(Irving Janis)把这种思维模式定义为"小集团思维",即"当人们深度参与有凝聚力的小圈子时,当成员们为努力追求一致、没有足够动力去实事求是地评估其他行动方案时,人们的一种思维模式"。[21]作为环保主义活动者,我的经历正是如此。我们有许多不成文的严格的监督规则,比如谁也不能从外部对我们从事的"运动"发出批评,尤其不能被我们看不上的"主流媒体"批评。

这种小集团思维看起来有压制性和排他性,但确实对一个社群来说,维持凝聚力、解决综合问题至关重要。要不是因为有联结紧密、极度忠诚的团体组织,我们这些活动者根本无法采取激进措施,甘冒暴力、入狱甚至更大的风险,比如为了避免古老的林地或山坡被摧毁而试图阻挡推土机前行。有时,这样的小集团具有正式的组织构成,被称为"亲和团体",强调无论什么情况、个人要付出多大代价,成员之间都要互相照顾。偶尔对团队共识提出质疑或许是有用的、必要的,但是持续的内部反对不会被长期容忍。就像舒尔茨所说的:"一个持异议者能破坏整个群体的凝聚力。从群体的角度来看,怀疑和异议就像一种传染病,会蔓延,破坏群体的健康。因此,很多社群对群内逾矩的人会迅速采取矫正、隔离或驱逐(极端情况下,还会消灭)的行动。"[22]

显然,这就可以解释为什么宗教常常会花大力气迫害非信徒,并格外仇恨那些放弃了信仰的人。舒尔茨讲了一个故事,一个阿富汗的穆斯林男子改信了基督教,被迫逃离国家。我曾在马尔代夫目睹这样的事(2009 年到 2012 年间,我曾在马尔代夫担任总统的气候顾问)。马尔代夫声称是"100%穆斯林国家",那里禁酒,在机场入关时要检查行李,像《圣经》、培根等物品都属于不得进入的违禁品。曾经有一次,一个马尔代夫人承认自己是无神论者,这意味着马尔代夫再也不能自称 100%穆斯林,由此引发了一场全国大辩论。但人们争论的主题不是应不应惩处这名异议者,而是实行哪种惩处方式最合适:向他投石块还是斩首?此人被迫在电视上露面,公开放弃自己的说法,并乞求得到宽恕。[23]马尔代夫一个 Facebook 群的成员提倡世俗化,他们后来遭到治安员们的绑架和死亡威胁,必须背诵《古兰经》才能免死。[24]我服务的总统纳希德(Nasheed),试图推行更世俗化、更尊重人权的政策,但当一般民众的宗教热情被点燃时,连他也无能为力。

我无意把环保运动的朋友们和宗教极端主义者作比较。这些事例的唯一共同点在于,都是人类谋求群体利益的典型行为。这也是我们所有人一直在做的事情。我们每次在社交媒体上分享一个政治主题的帖子时，都是在向我们的朋友表明自己对集体的忠心。正如海特所言，声誉的重要性不亚于食物和住所，很可能更甚，因为从演化角度看，集体成员的身份对于确保食物和住所来说至关重要。因此，这类谋求群体利益的行为不会让我们考虑不周或欠佳，而是人性使然。

这些在我看来无比真实，因为我清楚地记得在我对环保运动中的群体共识开始提出质疑时的感受。不仅是和转基因生物相关，还和核能有关，有些时候是在集会和会议中。有次保罗·金斯诺斯和我写了讽刺激进运动的匿名打油诗，在威尔士地球优先组织的集会上印发。[25]保罗当时不在现场，而我很快就被人发现，彻底遭到孤立。我记得当时有种强烈的感觉，自己仿佛回到了学生时代，在操场上做游戏时被同学们排斥，大家都从我身边跑开并躲开我。即便我很清楚这件事因自己而起，体验仍然令人困惑。我接受了自我强加的驱逐，历尽艰辛攀爬上邻近的山。

这件事大概发生在2000年，那时我还没有开始转变对转基因生物的看法。也就是说，关于这番经历，真相并不是我发现有些科学信息挑战了我对转基因生物的看法，然后改变观点，被环保运动驱逐。实情是，种种原因让我在很多年前就开始抽身，至少离开了环保舞台上的直接行动派。一部分原因是感到厌倦和愤世嫉俗，更为重要的是，我知道自己不是很擅长直接行动，相比之下我想成为一名作家。因此，当我后来通过公开发言和写作来表明自己改变了对转基因生物的看法时，我不再对环保组织有强烈的认同感，我就要承受由此带来的风险——环保主义者的批评风暴。

海特讲集体运动的书让我明白，由于我对环保组织的忠心早就开始转移，转移到了另一个团队——科学家团体，很可能那时我就为转变对转基因生物的想法埋下伏笔。我在2008年获得皇家学会图书奖，无论对错,这奖杯是来自科学界的认可。假如我是猎头部落的成员,这相当于我把敌方首领的头皮拿回来了。只有当我的名誉受到威胁时(因为在我现在认为是一条战线的人看来,我写的转基因生物内容很有可能是不科学的),我才不得不重新考虑自己所属的阵营。

换句话说,比起对实际真相的在乎程度,或许在内心深处我更在乎的,是自己在新的科学部落中以追求真相闻名。希望殊途同归吧。但之所以会这样,只是因为我处于一个很特殊的位置,要做一个以维护科学准确性闻名的科学作家。换句话说,我并没有改变初衷,只不过改变了阵营。

◇ 第十章

20年的失败

2015年11月,绿色和平组织公布了一份报告,题为"20年的失败——为什么转基因作物没能兑现诺言"。该报告声称:"尽管强大的行业游说组织做了20年的转基因市场营销,但使用转基因技术的国家、用到转基因技术的农作物还是屈指可数。"报告补充说,全世界农业用地中只有3%用来种植转基因作物,其中大部分面积种植的转基因作物只有两种性状:耐受除草剂和抗虫害。报告还指出,欧洲消费者"不吃转基因食品",只有一种玉米是整个大陆种植的唯一一种转基因作物,接着它得意洋洋地下结论:"亚洲大部分地区没有转基因作物,印度和中国种植的转基因作物则是非食品用途的作物:棉花。非洲只有三个国家种植转基因作物。简而言之,转基因作物没有'养活全世界'。"

对以上的报告内容,我唯一有异议的地方是"全世界农业用地中只有3%用来种植转基因作物"。实际上最新的数据是全球耕地的12%,包括全美可耕地的一半左右。¹其余说的都对。然而,报告作者没说的是,他们所谓的转基因技术的先天缺陷,至少有一部分原因在于绿色和平组织等的成功阻挠。绿色和平组织实际上是用一个醒目的循环论证在说:"被我们竭力阻止了20年的这种技术还没有大获成功。"正如我前面展示过的,从1996年开始,绿色和平组织领导了一场全球性的运动,意在阻止转基因作物的部署和发展。随后的20年里,全世界无论哪里要引进任何一种转基因生物,都会遭到绿色和平组织的激烈抗议。现在,绿色和平以"20年的失败"为题撰写报告,声称转基因生物没有向他们兑现诺言。证明完毕。这真是教科书式的自我应验预言的案例。这大概就是绿色和平组织自己的年度报告。

我已经在本书中举了很多例子来显示反转基因运动在阻挠转基因技术应用上取得了巨大成功。就像绿色和平组织所说的,世界各地都无法获得这种生物技术所承诺的好处,只有少数几种经济作物成功地配置了转基因版本。激进分子的运动和公众的普遍恐惧直接阻碍了小麦、马铃薯、水稻等各类作物发展转基因品种。不仅如此,由于各个国家的监管机构需要编制大量有关安全性的申报材料,新种子推向市场需要等待数年到数十年的漫长时间,整个技术的应用成本变得非常高。这意味着,只有全球大众市场中最有利可图的经济作物才值得生物技术公司投资,大量曾经有前途的想法和开发项目只能搁置或完全丢弃。

把想法转化为经监管批准的产品需要高昂的费用,这是公共部门的植物研究机构和学术研究所等非企业参与者无力承担的,因此有希望的创新也只能搁置在大学实验室的架子上。花费数年时间为小型园艺市场开发转基因品种太不值得。因此,很多反转人士争辩说基因工程只让大公司和大农户受益,其实也是一个循环论证。激进主义非常成功地把小公司和公共部门拦在生物技术革新的门外,正好加剧了垄断局面,而很多反转人士自称正在与垄断对抗。

作为公共部门的转基因项目,为数不多的真正取得成果——字面意义上的"成果"——的一个例子是抗病毒木瓜的开发。20世纪90年代末在夏威夷,家庭农场的木瓜产业几乎快被木瓜环斑病毒摧毁,转基因技术适时拯救了这个产业。当时,由美国康奈尔大学的研究人员领衔的一支团队,利用编码病毒外壳蛋白的基因,成功创建了一个抗病毒品种。新品种名为"彩虹",至今表现良好。而且,以我个人品尝经验来说,这种木瓜味道甜美。然而,近年来夏威夷的反转基因运动激增,岛上出现了要求禁止一切转基因的选民公投。活动者抵制抗病毒木瓜,有时还有恶意破坏行动,夜里用砍刀将家庭农场的整片果林捣毁。[2]

抗病毒木瓜起初也计划引入泰国,那里有类似的环斑病毒影响,并且木瓜是泰国人饮食文化中的重要部分。于是,泰国政府的研究人员与康奈尔大学合作,把抗病毒基因引入泰国的木瓜品种——该品种是泰国特色青木瓜沙拉的主要原料。田野试验随后在泰国开展起来。然而,由于这些木瓜表现得非常好,2004年消息迅速扩散,在官方正式批准发放种子之前,就有人偷取了种子给当地农民使用。绿色和平组织抓住了机会,发布新闻,声称这是"亚洲主要粮食作物遭受严重基因污染的一个例子",甚至用一份地图显示"泰国的污染扩散"。[3]绿色和平组织的活动者还翻越围栏闯入政府研究站,砍倒一部分试验中的木瓜树,张贴"停止转基因田间试验"的横幅。令人尴尬的是,泰国政府马上接受了这一要求,强迫研究人员销毁剩余的实验,并原地挖坑把树埋了。[4]随后,政府官员搜查农村,将转基因木瓜树悉数移除销毁。讽刺的是,有时候转基因木瓜还特别好认,因为在受病毒侵害的区域它们往往是仅有的不受影响的植株。毫不意外,由于"扶贫"转基因作物被毁,绿色和平组织的这些行动给一些泰国农民带来的结果就是生活拮据和生计损失。[5]

更关键的是,这场骚动为泰国整个植物生物技术行业带来负面影响。同时期在开发的作物包括抗病毒的辣椒和番茄、抗虫害的豇豆和棉花、抗病毒和耐盐的水稻,等等,所有这些都被搁置。绿色和平组织成功地把抗病毒木瓜转变为全国"污染"丑闻,几乎是一夜之间扼杀了泰国的生物技术产业。差不多15年过去,泰国依然没有官方批准的转基因木瓜,也没有种植甚至没有开发任何其他转基因作物。21世纪初报告的近40个正在开展的项目,无一不被中止。

尽管各国情况不同,但类似的运动在全世界很多地方成功阻止了转基因作物。前面提到过,绿色和平组织及其当地盟友在菲律宾通过蓄意破坏和法院申诉阻止了 *Bt* 茄子。在印度,反转基因团体于2010年成功地从消极的国家政府手中争取到了无限期禁令,禁令到现在还没有正式取消。此后,印度再也没有批准过转基因作物,公共部门开发转基因芥菜的研究者正在为他们的作物争取批准,但反转基因运动如此猛烈,失败似乎难以避免。

在非洲,活动者阻挠转基因作物项目,这样的故事我已经讲过很多了。在南美洲,秘鲁官方宣布的是项目中止10年;厄瓜多尔、委内瑞拉和智利也都禁止大规模种植。整个欧洲的情况几乎不可挽回:匈牙利甚至在国家宪法中加入了反转基因的条款;俄罗斯政府威胁,无论是进口还是种植转基因作物,都会被处以高额罚款。转基因问题几乎不同于任何其他问题,它跨越了地理和政治广泛存在。在不久前的一次中国之旅中,我听说,当2012年绿色和平组织就一项儿童食用黄金大米的试验成功地挑起全国性丑闻之后,[6]转基因生物被数百万人看作美国人毒害中国儿童的阴谋。

所以绿色和平组织说得不错,转基因作物在"养活全世界"方面的确没有大作为。但在很大程度上,这是拜绿色和平组织及其盟友努力阻止转基因作物所赐。

* * *

那么,如果要对转基因作物的整体影响力作出更公正的总结,会是怎样的呢?2014年的一项荟萃分析,综合了近150项经同行评议的独立的研究结果,得出的结论是,采用转基因技术已使化学农药的使用减少37%,作物产量上升22%,全球范围农民利润增加68%。[7]顺便提一下,这些农民绝大部分在发展中国家。这种全球总体图景显然归并了大量数据,有正面的也有负面的。但我想,这至少应当让绿色和平组织认真思索一下,他们反对了 20 年的技术已让化学农药的使用减少了 37%。当我一开始反对孟山都、反对抗农达时,我并不知道转基因其实会"减少"化学物质在农业中的使用。减少量几乎全部来源于 Bt 性状带来的杀虫剂用量减少;除草剂耐受性主要是改变了使用的除草剂类型,使全世界使用的大部分除草剂转为草甘膦。

还有其他环境问题。据一项国际研究估算,由于杀虫剂喷洒的减少,以及免耕转基因作物带来的土壤碳储存改善,全球范围内转基因作物的使用让 2015 年少排放了大约 2600 万吨二氧化碳。[8] 这相当于一年里道路上减少 1200 万辆车。听起来很多,但实际上从全球范围来看没什么大不了:2600 万吨二氧化碳大约相当于 7 座燃煤发电厂每年释放的量。[9] 光是美国,就有超过 600 座燃煤发电厂;中国超过 2000 座。[10] 因此,如果你把气候看作重要性大于一切的问题,那么不供应煤炭比不种转基因作物要紧多了。顺便说一下,绿色和平组织开展了"退出煤炭"(Quit Coal)运动,我很高兴地在此表示赞同。[11] 不过这里的关键信息在于,就气候而言,转基因作物同样带来了广泛的积极作用。

环境方面其他的考虑不一定是这种情况。早期有人猜测,Bt 玉米的花粉或许会对北美洲著名的黑脉金斑蝶(帝王蝶)种群有害,但后来的一些研究没有支持这种猜测。不过,有证据显示,在美国一些种植玉米和大豆的州,耐受除草剂的性状导致帝王蝶的主要食物马利筋草显著减少。[12] 帝王蝶种群还受到其他很多因素的影响,从越冬地墨西哥砍伐森林到变幻莫测的天气。但在所有其他条件保持不变的情况下,食物来源的减少,对北美这种标志性物种的种群恢复力来说肯定不利。为此,美国环境保护协会正在与全美农民合作开展"帝王蝶栖息地交流"项目,通过鼓励措施让农民保护马利筋。环保协会表示:"农场主和牧场主管理着很多适合马利筋生长的生境,因此他们非常适合去恢复并改善这一重要生境,并沿着帝王蝶大迁移之路创建关键的生态走廊,以为其提供繁育地和花蜜地。"[13] 付出努力的不只是环保协会,当然,所有这些努力都是需要的,因为美国农民现在在杂草控制方面非常成功,一部分原因在于使用了耐受除草剂的转基因生物。

由于杀虫剂的喷洒相应减少,种植 Bt 作物有利于昆虫多样性。中国的一项研究发现,减少杀虫剂的使用后,与非 Bt 棉花相比,在 Bt 棉花上的瓢虫、草蛉和蜘蛛等益虫的种群更多。[14] 另一方面,草甘膦的过度使用肯定会加速杂草的演化,最近的一次统计显示,对抗草甘膦的杂草达到了 35 种,包括传说中的玉米地"超级杂草"长芒苋(palmer amaranth)。抗除草剂的杂草最终会在任何一个经常使用除草剂的地方演化出来,无论是种植转基因还是非转基因作物的地方。法国不种植任何转基因作物,但也有大量抗草甘膦的杂草。

虽然发生了基因流动,也就是人们很担心的对自然生态系统的"污染",大部分抗性杂草由少数几种野生逃逸的耐草甘膦油菜、苜蓿、翦股颖组成,它们在道路边、灌溉沟渠边自生自长。目前没有迹象表明 Bt 基因会从农场栽培的植物中跑到外边。美国国家科学院发布的官方报告说:"尽管有基因流动发生,但没有任何实例证明,从转基因作物到有亲缘关系的野生物种的基因流动对环境产生了不利影响。"[15] 超级杂草?污染?这些都出现了,但它们对环境没有实质影响。它们微不足道。环保运动人士可以不用担心它们,去着手解决更重要的问题吧。

* * *

令人忧虑的是,绿色和平组织在"20年的失败"报告中称,"吃转基因作物是安全的"是个"神话"。报告称,"对于转基因食品的安全性没有科学共识",并引用了一份"超过300位独立研究人员"在2015年发表的"联合声明"作为支持证据。这份声明由全球很多领导反转基因生物活动的研究者和活动家起草并签署,题为"转基因生物的安全性没有科学共识",发表在一份影响力很低的期刊《欧洲环境科学》上。[16]"广大独立科学研究人员和学者组成的团体质疑了近期有关转基因生物安全性达成共识的说法。"论文摘要中发出反对的声音,"对引用文献的客观分析结果,不支持'转基因生物安全性达成共识'的主张。"

读这篇论文让我想起在其他有科学争议的领域,比如气候变化、疫苗和艾滋病,异议者提出类似的"没有共识"的声明。例如,一份气候变化否定论者请愿书的发起人,声称收集了31 000份科学签名——规模比转基因生物怀疑论者大100多倍,称"没有令人信服的科学证据表明,人类释放的二氧化碳会在可预见的未来造成地球大气层的灾难性升温并破坏地球气候"。[17]2001年,有个创世论团体在回应美国公共电视网(PBS)一部关于达尔文进化论的纪录片时,收集了100名科学家的签名,宣称他们"对随机突变和自然选择能够造成生命复杂性的断言表示怀疑"。签名者里有一些听起来很厉害的人,比如耶鲁大学的细胞学和分子生理学教授,还有顶级大学里的许多数学家、生物学家和物理学家。[18]从这些签名者的正式学术资历来说,这份名单比反转基因生物的名单更令人印象深刻。

我举这两个例子是想说,自己挑选的异见人士团体并不能真正挑战科学共识,即便里面包含了几个有名有姓的人物。我能想出至少5个断然否认人类造成全球变暖的气候学家,还有名牌大学里坚称艾滋病病毒不会造成艾滋病的著名病毒学家。共识,并不意味着百分百同意,也不是要比拼谁拿出的专家名单最长、名气最大。以自选团体作出的声明为准是非常危险的,美国国家科学教育中心(National Center for Science Education)的"史蒂夫计划"大概是最好的例子。这个项目是戏仿创世论者长期以来的一种传统,就是收集"怀疑进化论的科学家"或"反对达尔文主义的科学家"的签名。史蒂夫计划的列表上现在已有1400个签名支持达尔文进化论,而这些科学家全都叫史蒂夫。[19]

对科学共识的竭力否认，其实是在为一些人提供基于错误认识的伪科学辩护，那些人出于意识形态，比如宗教、政治或别的什么原因，想要否认科学共识的存在。看到绿色和平组织在这一问题上如此顽固不化地站到错误的一方，反对全世界的科学观点，我感到非常不安。这不仅是因为我钦佩绿色和平组织所做的其他环保工作，更是因为，这种意识形态上的选择性有损它在其他运动上的公信力，那些运动同样声称是有科学证据支持的。假如绿色和平组织否认转基因问题上的科学，那么当它谈论过度捕捞、森林砍伐、生物多样性，甚至是气候变化时，我们怎么知道这是不是真的？该组织现在的两难困境和我过去遇到的情况一样：你不可能一边捍卫这项科学共识，一边又否认另一项科学共识，并仍然期望在科学问题上受到信任。就是这么简单，绿色和平组织现在真的应该认识到这一点了。

为了避免我反过来被指责为选择性报道，这里让我详细引用上面提到的美国国家科学院在2016年发布的转基因生物相关报告。完整的报告里还考虑了转基因生物的社会经济方面，包括附录总共388页，所以我这里只局限在单纯的安全性问题上。有意思的是，该报告的开头就提到，基因工程的科学共识在过去的几十年里发生了巨大的转变。1974年，诺贝尔奖得主伯格主持的美国国家科学院委员会发出警告："人们严重担忧一些人工重组DNA分子可能具有生物危害。"那段时间，正如我前面有一章所描述的，正是环保团体第一次集结起来的时候，他们想要引起人们对这种潜在危害的关注。鉴于当时科学的局限性，他们这么做是合理的，因为人们对潜在风险几乎一无所知。不过，十多年后，到了1987年，美国国家科学院在收集了更多证据并加以考虑后，改变了主意。美国国家科学院委员会下结论说，"引入重组DNA改造的生物所带来的相关风险，与引入非基因改造生物和引入其他方法改造生物的相关风险是相同的"，并且这类生物不会造成独特的环境危害。此后，美国国家科学院在1989年、2000年、2002年和2004年发布的报告中，一步步坚定了这一立场。美国国家科学院没有发现有任何对人体健康不利的影响可归因于转基因作物。

美国国家科学院可以改变观点，因为作为一家科学研究机构，它在重组DNA问题上必须采取循证立场，科学证据随着时间变化，它的立场也会不断地相应调整。它有正式的流程来审查科学文献，并相应地调整结论。颇有启发性的是，环保团体并没有类似的做法，没有这种正式的流程来确保基于证据制定政策。作为政治利益集团，他们的立场一经确定，哪怕背后的科学证据随着时间越来越弱，其意识形态仍会不断加强。他们不可能依据变化的证据来修改立场，就像政治家不可能承认自己的180°大转变一样，一部分原因是他们害怕在转变过程中失去地位和信誉。反转基因运动也有利益，其专业声誉和薪水都建立在利益上。食品安全中心的营业额有数百万美元，假如它在转基因生物的问题上采取以科学为基础的立场，将威胁到自身的生存。但更重要的是，关于基因工程的道德叙事——负面的道德框架——已经建立起来，事实证明，在面对科学界的任何质疑时，这一框架能迅速复原。

如今，主流团体往往不会公开地说一些更为极端的断言，比如关于癌症、孤独症之类的。但这类极端说法在互联网上越传越广，并且被一些边缘组织（例如有机消费者协会）、替代疗法的兜售者（例如Mercola.com）、没有科学资质的个人［例如史密斯（Jeffrey Smith）］极力鼓吹。就以史密斯为例，他以前是瑜伽教练和舞蹈教师，曾就读于玛赫西管理学院，推广"超验冥想"（Transcendental Meditation）的玛赫西运动的就包括了这家学院。[20]有机农业运动的惊人兴起也驱使很多人去寻求转基因生物的"健康"替代品，人们将其认同为传统农业，并认为大量使用化学品对环境有严重影响。这些题材也是另类右翼*的主题,阴谋论家琼斯(Alex Jones)时不时把耸人听闻的长篇大论放在他创办的网站"信息战"(Infowars)上,抨击"有毒的"转基因生物和草甘膦。这些紧密合作取得了极大成功:民意调查显示,大约四成美国人(顺便说一句,在共和党人和民主党人之间平均分配)相信,含有转基因成分的食品对健康的影响要坏于传统食品。[21] 在2015年的一项著名研究中,皮尤研究中心(一家无党派智库和民调机构,总部设在华盛顿特区)发现,一般公众和科学界之间在转基因问题上的认识差距,要明显大于疫苗、进化论、核能等任何一个有争议的领域。[22]

那么,事实是怎么说的呢? 美国国家科学院在报告中发表了一份显示癌症发病率的图表,代表各类癌症发病情况的曲线上下波动,但是,并没有哪种癌症是从首次引入基因工程食品的1996年开始变化的。一个并不令人意外的发现是,"数据并不支持'由于食用转基因作物的产品,致癌率增加'的说法"。不仅如此,"美国癌症发病率的变化模式总体上与英国和欧洲相似,后两处的膳食结构中,转基因作物成分食品的含量要低得多"。此外,与盛行的想法不同的是,最近几十年里美国和加拿大的癌症死亡人数其实有所下降。

也没有任何数据表明转基因食品和肾病有关系。肥胖呢? 或者糖尿病呢?"对于食用转基因食品造成美国肥胖率升高或2型糖尿病发病率升高的假说,委员会未见公开发表的支持证据。"同样的结论也适用于乳糜泻、各种过敏和孤独症。说到孤独症,近几十年里确诊人数迅速增加,但是美国和英国的增长速度是一样的。以上这些都是负面的,再来看正面的:基因工程可以用来增加有益的营养素,例如维生素 A;它

---

* alt-right,完整拼写为 alternative right,持有极端保守或反对变革观点的意识形态组织,主要特点是反对主流政治,通过网络媒体散布有争议的内容。——译者

还可以减少毒素,例如油炸马铃薯中潜在的致癌物丙烯酰胺。

我这里不想把转基因生物的安全性问题与其他更合情合理的担忧混为一谈。许多批评这项技术的人继续关注与企业集中化、小农户、除草剂使用等有关的数不清的政治、社会和经济问题。然而我认为,我们现在可以清楚地知道,以食品安全为理由反对转基因生物在科学上是站不住脚的,即便这个理由在全世界被人当作蛊惑人心的有力工具。得到的结果并不能证明其手段的正确。就像行动援助组织在乌干达电台推送转基因致癌的广告一事被曝光,他们付出了代价才明白,环保和发展组织如果散布有关转基因的伪科学恐吓故事,将遭受严重的声誉危机。备受尊敬的运动组织不应该成为"后真相"*的提供者。有关转基因生物的争议还会在其他许多方面继续进行,无论是政治的、经济的、道德的还是心理上的,但是,反对意见绝不应当以"同性恋基因"、致癌或孤独症等赤裸裸的谎言为基础。

与此同时,否认一个世界性的科学共识,需要极端的选择性偏见。这才是终极的选择性报道。绿色和平组织把一小群异议者发表的声明拿来高调宣传,同时无视美国国家科学院、美国科学促进会、英国皇家学会、非洲科学院、欧洲科学院科学顾问委员会(EASAC)、法兰西科学院、美国医学会(AMA)、德国科学与人文院校联盟等众多科研机构。甚至欧洲委员会在2010年的一份报告中也承认:"根据130多个研究项目的努力,经过25年以上的研究,涉及500多个独立研究小组的工作,得出的主要结论是,生物技术本身,尤其是转基因生物,风险并不高于传统植物育种技术之类。"[23]

绿色和平组织还选择性地引用科学文献,歪曲知名国际研究机构

* 后真相(post-truth),指一种不正常的舆论生态,使用断言、猜测、感觉等表达方式,让感性诉求超越客观事实,来迎合受众的情绪与心理,以强化、极化某种特定观点。该词当选牛津字典2016年的年度词。——译者

的立场来支持自己的主张。在"20年的失败"里,他们引用世界卫生组织的话作出声明:"不同的转基因生物包括了以不同方式插入的不同基因。这意味着,评估某一种转基因食品及其安全性应当具体情况具体分析,不可能对所有转基因食品的安全性作出普遍性陈述。"听起来这是质疑转基因生物安全性的科学共识,对不对? 不然,因为绿色和平组织的引用并不完整。世卫组织接下来的一句话是这么说的:"当前国际市场上可以买到的转基因食品已经通过了安全性评估,不太可能对人类健康构成风险。此外,在已批准上市的各个国家,一般人群食用这类食品,不会影响人体健康。"瞧! 这种选择性引用真叫人害臊——只能说明绿色和平组织的论据实在是弱,想要寻求机构支持时,唯一的办法就是公然歪曲联合国机构。

改变一个人的观念很难,改变一个集体组织的立场更难。然而,绿色和平组织其实不必做第一个改变立场的组织。不久前,最早反对基因工程的团体之一美国环境保护协会经过漫长的内部辩论后,修改了他们在生物技术问题上的立场。最终声明如下:"美国环境保护协会承认,使用生物技术是为了合理地运用科学,以寻求有效解决方案。我们认识到,过去一些生物技术产品的应用引起了合理的关注。因此,对于特定的生物技术产品或工艺,我们将基于其对健康、环境、社会和经济的风险与收益,作出透明的评估,然后给予支持或反对。生物技术产品的风险和收益往往因生物体、地理和其他变量而不同,评估时需要考虑相关的时空尺度。就和所有科学、技术、工程的产品一样,应用生物技术得到的新产品和新技术,需要事先评估其风险和收益,包括社会影响。鉴于此,美国环保协会对生物技术产品这个大类,比如转基因生物,不作支持或反对,并认为某些产品未必会产生有益的结果或值得支持。"[24]

来吧,绿色和平组织! 追随美国环境保护协会,追随科学吧! 这样的前景真的有那么可怕吗?

*   *   *

假如说,绿色和平组织赢了,转基因生物被禁了,会怎样? 美国普渡大学的一个小组针对这个假设展开了研究。"这不是去争辩要保留还是失去转基因生物,"泰纳(Wally Tyner)教授在新闻稿中解释了他们的研究,"这只是一个简单的问题:假如没了转基因生物会怎样?"[25]普渡大学的农业模型显示,如果所有转基因生物在美国完全消失,会让玉米产量减少11%,棉花产量减少18%,大豆的生产量损失5%。为了弥补美国转基因玉米、棉花和大豆的这些损失,普渡大学研究小组估计,改种非转基因作物将需要全球增加约110万公顷耕地面积,其中差不多三分之一,也就是38万公顷将占用森林用地。"这说明,采用转基因技术避免了自然土地(森林和牧场)转化为农田。"他们总结。[26]

转基因作物对全世界的土地节约作用有多重要呢? 根据联合国粮农组织的统计,全世界平均每年森林面积净损失330万公顷。[27]承蒙转基因作物提供的更高产量,节约的土地面积只有年均损失量的十分之一。这个量不算大,但普渡大学的研究只关注了美国的转基因作物生产量——7000万公顷左右,而全世界的总量大约为1.8亿公顷。大致算一下,假设以同样的产量损失比例推算到全世界范围,我估计如果全世界都不种植转基因作物,森林面积将损失近100万公顷。相当于威尔士面积的一半,或比美国康涅狄格州的面积略小一点,亦或全世界平均每年森林面积净损失的三分之一不到。或许不是很大的量,但也绝非微不足道。除非有特别充分的理由,否则我个人不会想要砍伐有半个威尔士那么大面积的森林。

普渡大学这项研究得出的结论中,最有意思的或许根本不是与转基因生物有关的部分。研究小组还考察了美国"乙醇计划"导致的土地损失。根据这项计划,2016年生产了大约150亿加仑*乙醇,[28]用掉了美

---

* 1加仑(美制)约为3.8升。——译者

国玉米总产量的40%。[29]普渡大学研究小组从他们的模型中发现,玉米大量转化为生物燃料,造成的森林和其他自然土地的损失,几乎刚好与他们估算的美国完全禁止转基因生物会造成的损失相同。由于对土地利用的影响和森林砍伐,环保团体自然对生物燃料持怀疑态度。正如绿色和平组织自己所解释的:"当用于粮食或饲料生产的土地被转为种植生物燃料作物,农业不得不向其他地方扩张。这往往导致新的毁林及其他生态系统的破坏,尤其是在发展中国家的热带地区。"[30]完全正确。可是,假如普渡大学的模型研究结果是正确的,那么绿色和平组织的两条政策将相互抵消:摆脱美国玉米乙醇计划而节约下来的森林面积,几乎完全被禁止转基因生物抵消。

显然,更好的计划是把最好的两个选项加起来,摆脱生物燃料且保留转基因生物。这样一来,相当于整个威尔士的森林都可以免遭破坏。在我看来,这说明了如何把关于转基因生物的辩论从非黑即白的框架中脱离出来,转向更细致的"是、而且、但是、也许"。根据很多研究的看法,由于人类对生物多样性的影响,我们现在已经进入所谓的地球"第六次大灭绝"时代。为了尽可能留下更多的物种,我们必须竭尽全力保护尽可能多的陆地(和海洋)区域。生态学家和生物保护主义者威尔逊(E. O. Wilson)提出,应当将半个地球留给野生生物。[31]为实现这一目标,必须大大降低人均消费,持续减少人口增长。威尔逊承认高科技可以作出贡献,指出"带LED照明的室内垂直花园、转基因作物和微生物以及其他创新,让每公顷产出的食物量大幅提高"。并不是所有的土地都一样:威尔逊明确指出,我们的保护需要重点关注价值高的生态系统,例如美国加利福尼亚的红杉森林、亚马孙河流域、安第斯山脉的云雾森林、加拉帕戈斯群岛和刚果盆地。

乔治·门比奥特提倡大规模野化,提议把灭绝的物种重新引入日益扩大的保护区。然而,所有这些都需要在现有的耕地面积上保持作物高产(同时希望减少耕地面积)。不是非要把农田转变为贫瘠的荒原，高产的农业，无论规模大小，都可以确保尽可能支持和鼓励野生生物。再次说明，这不是非此即彼的。正如乔治在其出色的《野性》(Feral)一书中所言:"我反对把高等级的农田大规模还原为野生状态，因为这可能会对全球粮食供应构成威胁。但是，让自然保留一些休耕的小角落，在最肥沃的地方留一些未经开发的小区域，我们也不会有什么损失。"[32]乔治指出，假如你从食物生产效率很低的边缘地区开始，食物与荒野的权衡看起来就没那么艰巨。他的一个典型例子来自英国，大片的丘陵山区用来养羊，对英国的肉类供应作出的贡献微乎其微，却减少了大片山脉、高沼地和山坡景观的生物多样性价值。

减少全球肉类消费，大概是所有保护自然生态系统的因素中最重要的一点。因此，乔治·门比奥特是一个不情愿的素食主义者。他在《卫报》上发表文章:"雨林、稀树草原、湿地、了不起的野生动物，能与我们相伴，却不能与我们现在的饮食共存。"在我与已故的戴维·麦凯及其同事合作的全球计算器模型中，可以看到全世界素食主义者(或者更好的纯素食主义者)具备的潜力。你可以在 globalcalulator.org 网站上找到这套模型。从饮食选择到交通方式再到发电能源，模型中呈现了各种各样的路径。模型的目标是让全球气温的涨幅保持在2℃以内，在模型右上角有个小小的红色温度计作指示。这项任务非常艰巨，但假如你把全球肉类消费量降低到大部分印度人的平均水平，它就变得容易多了。还有一种做法也有帮助，那就是提升作物产量。反过来，假如你选择让全世界的饮食方式都像美国那样大量吃肉，你将会收到一条报错信息:"您选择的道路所用的土地已经超出了全世界可用的土地。请更改您的设置!"大量食用牛肉的情节甚至会让模型中的小温度计爆表，暗示全球气温崩溃。

* * *

那么,让我们听听转基因生物支持者怎么说。同时也让我们听听素食主义者、自然保护主义者、农民、科学家、环保主义者怎么说,以及每一个正在努力了解怎么才能为子孙后代、为生灵万物保护好地球的人怎么说。让我们用好科学这个奇妙的工具,在人类侵入生物圈保持在什么程度是合适的这个问题上,也让我们尊重人的感受和道德直觉。或许现在我们终于能联起手来,确保在农业领域和其他任何一个领域对科学创新进行严格评估和部署,从而改善环境、改善贫困国家人民的生活。

最重要的是,我们不要再重蹈覆辙了。我们已经浪费了20年为一种育种技术而争吵,如果这种技术得到合理使用、符合公共利益,无疑能够帮助全世界对抗贫困、让农业更加可持续。我们不要再浪费更多的20年了。

注 释

第一章 英国的直接行动——我们如何挡住了来势汹汹的转基因

1. 出自吉姆·托马斯的描述。Tokar, B. 2001. *Redesigning Life? The Worldwide Challenge to Genetic Engineering*. Zed Books, London.

2. Press release, 7 August 1997. UK Gene Crop Destroyed, www.gene.ch/gentech/1997/Jul–Aug/msg00487.html. 这里提到海科威姆占领活动。

3. 有人——我不知道是谁——确实谈论了这次行动,并发表在1998年的《每日记录》(*Daily Record*)上。*Daily Record*, 21 June 1998. Good Golly Dolly; Kidnap threat to cloned sheep.

4. Squire, G. R. et al, 2003. On the rationale and interpretation of the farm–scale evaluations of genetically–modified herbicide–tolerant crops. *Philosophical Transactions of the Royal Society of London* B 358, 1779–1800.

5. *The Guardian*, 21 September 2000. Greenpeace wins key GM case.

6. *BBC News*, 16 February 1999. GM food taken off school menu, news.bbc.co.uk/1/hi/education/280603.stm.

7. *BBC News*, 8 March 1999. Fast–food outlets turn against GM food, news.bbc.co.uk/1/hi/uk/292829.stm.

8. *Sunday Post–Dispatch*, 25 July 1999. Fear is growing; England is the epicenter.

9. *Sunday Post–Dispatch*, 25 July 1999. The English make it clear to the world that they don't want to mess with Mother Nature.

10. Genetix Update newsletter, Autumn 1999, no. 14. Available from www.togg.org.uk/togg/updates/GUissue14.pdf.

11. Jim Thomas, in Tokar, *Redesigning Life?* Ibid., p. 340.

12. *Independent*, 12 July 1999. UK's 'most eco–friendly' trees are destroyed by GM activists.

第二章 科学之种——我是怎么改变想法的

1. Press release, 5 September 2001. 'Pies for damn lies and statistics' as Danish anti–green author gets his just desserts, www.urban75.com/Action/news138.html.

2. Undercurrents TV, 2001. Bjorn Lomborg pied by Mark Lynas, www.youtube.com/watch?v=TOg8IqkS4PA.

3. *The Guardian*, 17 June 2008. Lynas's Six Degrees wins Royal Society award,

www.theguardian.com/books/2008/jun/17/news.science.

4. Waltz, E. 2009. GM crops: Battlefi eld. *Nature*, 461: 27–32.

5. Gilbert, N. 2013. Case studies: A hard look at GM crops. *Nature*, 497: 24–26

6. *New Statesman*, 30 May 2005. Mark Lynas: Nuclear power–a convert, www.newstatesman.com/node/195308?page=2.

7. Lynas, M. 2010. Why we greens keep getting it wrong. *New Statesman*, www.newstatesman.com/environment/2010/01/nuclear–power–lynas–greens.

8. *The Australian*, 18 January 2013. An inconvenient truth, www.theaustralian.com.au/news/inquirer/an–inconvenient–truth/news–story/0fc19aaf635f9dc97bed3ff538961c9e.

9. *New York Times*, Dot Earth blog, 4 January 2013. New Shade of Green: Stark Shift for Onetime Foe of Genetic Engineering in Crops. dotearth.blogs.nytimes.com/2013/01/04/.

10. *GM Watch*. Background Briefing–Mark Lynas and the GM movement in the UK, gmwatch.org/en/background–briefing–mark–lynas–and–the–gm–movement–in–the–uk.

11. BBC World *HARDTalk*, 30 January 2013.

12. *Rothamsted Research*, 2012. GM Appeal, www.YouTube.com/watch?v=I9sc-Gtf5E3I.

13. Bruce, T. et al, 2015. The first crop plant genetically engineered to release an insect pheromone for defence. *Nature Scientific Reports*, 5: 11183.

第三章　基因工程的发明者

1. Van Beveren, E. Statues–Hither and Thither, www.vanderkrogt.net/statues/object.php?record=beov025&webpage=ST.

2. Schell, J. 1975. The Role of Plasmids in Crown–Gall Formation by A.Tumefaciens. In: Ledoux L. (eds) *Genetic Manipulations with Plant Material*. NATO Advanced Study Institutes Series (Series A: Life Sciences), vol 3. Springer, Boston, MA.

3. *WUNC North Caroline Public Radio*, 23 February 2015. The Life, Legacy and Science of 'Queen of Agrobacterium' Mary–Dell Chilton, wunc.org/post/life–legacy–and–science–queen–agrobacterium–mary–dell–chilton#stream/0(47 minutes).

4. Van Montagu, M. 2011. It Is a Long Way to GM Agriculture. *Annual Review of Plant Biology*, 62: 1–23.

5. Monsanto, 1997. Fields of Promise: Monsanto and the development of agricultural biotechnology.

6. Charles, D. 2001. *Lords of the Harvest: Biotech, Big Money, and the Future of Food*. Basic Books, Cambridge, US.

7. Robinson, D. and Medlock, N., 2005. Diamond v. Chakrabarty: A Retrospective on 25 Years of Biotech Patents, *Intellectual Property & Technology Law Journal*, 17, 10: 12–15.

8. Robb Fraley, interview by Brian Dick at Monsanto, St. Louis, Missouri, 16 December 2015 (Philadelphia: Chemical Heritage Foundation).

9. Robb Fraley, interview by Brian Dick at Monsanto, Ibid.

10. Charles, D., 2001. Ibid., p. 5.

11. *World Food Prize*, The Sculpture, www.worldfoodprize.org/en/about_the_prize/the_sculpture/.

第四章 孟山都的真实历史

1. Forrestal, D., 1977. *Faith, Hope, and $5000: The Story of Monsanto: The Trials and Triumphs of the First 75 Years*. Simon and Schuster.

2. Myers, R. 2000. *The 100 Most Important Chemical Compounds: A Reference Guide*. Greenwood. Westport, US.

3. *International Directory of Company Histories*, 2006. Monsanto, www.encyclopedia.com/social–sciences–and–law/economics–business–and–labor/businesses–and–occupations/monsanto–company.

4. *Greenfields*. Astroturf, www.greenfi elds.eu/astroturf/.

5. *Wired*, 6 December 2009. 12 June 1957. Future is now in Monsanto's house, www.wired.com/2009/06/dayintech_0612/.

6. Institute of Medicine of the National Academies, 2012. *Veterans and Agent Orange: Update 2012*. p. 55.

7. *National Pesticide Information Center*. 2,4–D Technical Fact Sheet, npic.orst.edu/factsheets/archive/2,4–DTech.html.

8. Institute of Medicine of the National Academies, 2012. Ibid.

9. *New York Times*, 19 April 1983. 1965 Memos Show Dow's Anxiety on Dioxin.

10. *New York Times*, 1983. Ibid.

11. *New York Times*, 6 July 1983. Ralph Blumenthal: Files Show Dioxin Makers Knew of Hazards.

12. *New York Times*, 30 November 1993. Alison Leigh Cowan: Veterans Seek Revival of Agent Orange Suit.

13. *New York Times*, 11 March 2005. William Glaberson: Civil Lawsuit on Defoliant in Vietnam is Dismissed.

14. Carson, R. 1962. Chapter 2, The Obligation to Endure. *Silent Spring*. Penguin, London.

15. *New York Times Magazine*, 21 September 2012. How 'Silent Spring' Ignited the Environmental Movement.

16. *CBS News*, 19 September 2012. The Price of Progress, www.cbsnews.com/videos/the–price–of–progress/.

17. Stoll, M. 2012. Industrial and agricultural interests fight back. *Virtual Exhibi-

tions, Vol. 1. www.environmentandsociety.org/exhibitions/silent-spring/.

18. *Monsanto Magazine*, October 1962. The Desolate Year, iseethics.files.wordpress.com/2011/12/monsanto-magazine-1962-the-desolate-yeart.pdf.

19. *Scientifi c American*, 4 May 2009. Should DDT Be Used to Combat Malaria?

20. *Washington Post*, 1 January 2002. Monsanto Hid Decades of Pollution.

21. *New York Times*, 29 February 2016. Chemical Safety Bill Could Help Protect Monsanto Against Legal Claims.

22. *National Geographic*, July 1979. See www.flickr.com/photos/jbcurio/8740859605.

23. *The Atlantic*, 2 December 2014. Bhopal: The World's Worst Industrial Disaster, 30 Years Later.

24. *New York Times*, 30 October 2014. Warren Anderson, 92, Dies; Faced India Plant Disaster.

25. *Holocaust Education & Archive Research Team*. I. G. Farben.

26. *Bloomberg*, 5 February 2015. America's Most Loved and Most Hated Companies.

27. *New Yorker*, 3 November 2013. Why the Climate Corporation sold itself to Monsanto.

28. *New York Times*, 10 June 1990. Betting the farm on biotech.

29. *New York Times*, 10 June 1990. Ibid.

30. Schurman, R. and Munro, W. 2010. *Fighting for the Future of Food: Activists Versus Agribusiness in the Struggle over Biotechnology*. University of Minnesota Press, US, pp. 37-8.

31. Schurman, R. and Munro, W. 2010. Ibid., pp. 43-4.

32. *Industry Task Force on Glyphosate*, 2017. Glyphosate Facts. Glyphosate: mechanism of action, www.glyphosate.eu/glyphosate-mechanism-action.

33. *Monsanto.com*. Monsanto History: An Introduction, www.monsanto.com/whoweare/pages/monsanto-history.aspx.

34. Quoted in Schurman, R. and Munro, W. 2010. Ibid., pp. 33-4.

35. Schurman, R. and Munro, W. 2010. Ibid., p. 133.

36. *CropLife*, 17 July 2017. Complexity in Agriculture: The Rise (and Fall?) of Monsanto, www.croplife.com/management/complexity-in-agriculture-the-rise-and-fall-of-monsanto/.

37. Robb Fraley, interview by Brian Dick at Monsanto, Ibid.

38. *Monsanto.com*, 1 December 2015. Monsanto Takes Action to Fight Climate Change with Carbon Neutral Crop Production Program, monsanto.com/news-release/monsanto-takes-action-to-fight-climate-change-with-carbon-neutral-crop-production-program/.

39. *CIP*. Biosafety and Health, research.cip.cgiar.org/confluence/display/potatogene/

The+NewLeaf+story.

40. *New Yorker*, 10 April 2000. The Pharmageddon Riddle.

41. Vaeck, M., et al, 1987. Transgenic plants protected from insect attack. *Nature*, 327: 33–37.

第五章　自杀种子？从加拿大到孟加拉的农民和转基因生物

1. Monsanto.com, 11 April 2017. Myth: Monsanto Sues Farmers when GMOs or GM Seed is Accidentally in Their Fields, monsanto.com/company/media/statements/gmo-contamination-lawsuits/.

2. *Right Livelihood Award*. Percy and Louise Schmeiser, 2007, Canada, www.right-livelihoodaward.org/laureates/percy-and-louise-schmeiser/.

3. Percy Schmeiser-David versus Monsanto, www.youtube.com/watch?v=oPKoS-rc99p4.

4. Monsanto.com, 11 April 2017. Percy Schmeiser, monsanto. com/company/media/statements/percy-schmeiser/.

5. *MIT Technology Review*, 30 July 2015. As Patents Expire, Farmers Plant Generic GMOs.

6. Monsanto.com, 9 April 2017. Roundup Ready Soybean Patent Expiration, monsanto.com/company/media/statements/roundup-ready-soybean-patent-expiration/.

7. *The Wiglaf Journal*, June 2012. Monsanto & the Global Glyphosate Market: Case Study, www.wiglafjournal.com/pricing/2012/06/monsanto- the- global- glyphosate- market-case-study/.

8. Supreme Court of the United States, *Bowman v. Monsanto Co. et al*. Decided 13 May 2013, www.supremecourt.gov/opinions/12pdf/11-796_c07d.pdf.

9. Monbiot, G., 1 January 1997. Science with Scruples-Amnesty Lecture, www.monbiot.com/1997/01/01/science-with-scruples/.

10. Klümper, W. and Qaim, M., 2014. A Meta-Analysis of the Impacts of Genetically Modified Crops, *PLoS One*, 9, 11: e111629.

11. *Center for Food Safety & Save Our Seeds*, 2013. Seed Giants vs. US Farmers, www.centerforfoodsafety.org/files/seed-giants_final_04424.pdf.

12. *GMOanswers.com*, 2014, gmoanswers.com/ask/why- does- monsanto- sue- individual-farmers-and-other-ag-biotech-companies-dont-if-they-do-it.

13. Monsanto Fund, Our Mission, www.monsantofund.org/about/our-mission/.

14. Organic Seed Growers and Trade Association et al, v. Monsanto, www.osgata.org/wp-content/uploads/2011/03/OSGATA-v-Monsanto-Complaint.pdf.

15. *Mother Jones*, 1 December 2012. DOJ Mysteriously Quits Monsanto Antitrust Investigation, www.motherjones.com/food/2012/12/dojs-monsantoseed-industry-investigation-ends-thud/.

16. *Mother Jones*, 1 December 2012. Ibid.

17. *ETC Group*, 15 September 2016. The Monsanto–Bayer tie–up is just one of seven; Mega–Mergers and Big Data Domination Threaten Seeds, Food Security, www.etc-group.org/content/monsanto–bayer–tie–just–one–seven–mega–mergers–and–big–data–domination–threaten–seeds–food.

18. *Food & Water Watch*, 26 July 2017. American Antitrust Institute, Food & Water Watch, and National Farmers Union Say Monsanto– Bayer Merger Puts Competition, Farmers, and Consumers at Risk, www.foodandwaterwatch.org/news/american–antitrust–institute–food–water–watch–and–national–farmers–union–say–monsanto–bayer.

19. AAI, Food & Water Watch and National Farmers Union, 26 July 2017. Re: Proposed Merger of Monsanto and Bayer, www.foodandwaterwatch.org/sites/default/files/white_paper_monsanto_bayer_7.26.17_f.pdf.

20. *Daily Mail*, 3 November 2008. The GM genocide: Thousands of Indian farmers are committing suicide after using genetically modified crops.

21. Bitter Seeds, teddybearfilms.com/2011/10/01/bitter–seeds–2/.

22. *New Yorker*, 25 August 2014. Seeds of Doubt.

23. Shiva, V. Monsanto vs Indian Farmers. vandanashiva.com/? p=402.

24. *New Yorker*, 25 August 2014. Ibid .

25. Kathage, J. and Qaim, M., 2012. Economic impacts and impact dynamics of *Bt* (*Bacillus thuringiensis*) cotton in India, *PNAS*, 109, 29: 11652–11656.

26. Krishna, V. and Qaim, M., 2012. *Bt* cotton and sustainability of pesticide reductions in India, *Agricultural Systems*, 107: 47–55

27. Krishna, V. and Qaim, M., 2012. Ibid.

28. Cornell Alliance for Science, 30 October 2014. *BT* Cotton in India–The Farmer's Perspective, allianceforscience.cornell. edu/bt–cotton–india–farmers–perspective

29. Plewis, I., 2014. Indian Farmer Suicides–Is GM cotton to blame? *Significance*, Royal Statistical Society.

30. *The Conversation*, 12 March 2014. Hard Evidence: does GM cotton lead to farmer suicide in India? theconversation.com/hard–evidence–does–gm–cotton–lead–to–farmer–suicide–in–india–24045.

31. *The Conversation*, 12 March 2014. Ibid.

32. Plewis, I. 2014, Ibid.

33. Feed the Future South Asia Eggplant Improvement Partnership. Pesticide use in Bangladesh, bteggplant.cornell.edu/content/facts/pesticide–use–bangladesh.

34. *New Age*, 1 September 2014. *Bt* brinjal farmers demand compensation.

35. *New Age*, 21 March 2015. *Bt* brinjal turns out to be 'upset case' for farmers.

36. *New York Times*, 24 April 2015. How I Got Converted to G.M.O. Food.

37. Cornell Alliance for Science, 12 July 2016. Bangladeshi *Bt* brinjal farmer

speaks out in GMO controversy, allianceforscience.cornell.edu/blog/bangladeshi–bt–brinjal–farmer–speaks–out–gmo–controversy.

38. *GM Watch*, 28 July 2015. Propaganda over facts? BBC Panorama and *Bt* brinjal, gmwatch.org/en/news/latest–news/16320

39. *Marklynas.org*, 8 May 2014. *Bt* brinjal in Bangladesh–the true story, www.mark-lynas.org/2014/05/bt–brinjal–in–bangladesh–the–true–story/.

40. Mark Lynas, 14 May 2014. Bangladesh *Bt* brinjal farmers speak out, www.you-tube.com/watch?v=_LoKPldPopU.

41. *Daily Inquirer*, 29 July 2016. Boost for *Bt* 'talong' opinion, inquirer.net/96038/boost–for–bt–talong.

42. *International Monsanto Tribunal*. Advisory Opinion, www.monsanto–tribunal.org/upload/asset_cache/189791450.pdf.

43. *IFOAM–Organics International*, 13 September 2016. People's Assembly & Mon-santoTribunal,www.ifoam.bio/en/news/2016/09/13/registration–open–peoples–assembly–monsanto–tribunal–14–16–october–2016–hague.

44. *Guardian*, 13 October 2016. GM seed firm Monsanto dismisses 'moral trial' as a staged stunt.

45. *International Monsanto Tribunal*. Advisory Opinion.

46. *International Monsanto Tribunal*. Progam–Monsanto Tribunal, www.monsanto–tribunal.org/program.

47. *ABC News*, 14 June 2014. GM farmer wins landmark canola contamination case in WA Supreme Court.

48. *Supreme Court of Western Australia*. Marsh vs. Baxter. 2014.

49. *International Monsanto Tribunal*. Memo no. 15 Farida AKTHER, www.monsan-to–tribunal.org/upload/asset_cache/373558186.pdf?rnd=HknM44.

50. Kruger, M., et al, 2014. Detection of Glyphosate in Malformed Piglets. *Journal of Environmental and Analytical Toxicology*, 4: 5.

51. *EFSA*, 12 November 2015. Glyphosate: EFSA updates toxicological profile, www.efsa.europa.eu/en/press/news/151112.

52. *Reuters*, 18 April 2016. How the World Health Organization's cancer agency confuses consumers, www.reuters.com/investigates/special–report/health–who–iarc/.

53. *The Times*, 18 October 2017. Weedkiller scientist was paid £120,000 by can-cer lawyers.

54. *Reuters*, 19 October 2017. In glyphosate review, WHO cancer agency edited out 'non–carcinogenic' findings.

55. *IARC*. IARC Monographs on the Evaluation of Carcinogenic Risks to Humans, List of Classifications, Volumes 1– 119, monographs.iarc.fr/ENG/Classification/latest _classif.php.

56. *New York Times*, 14 May 2015. Defying U.S., Colombia Halts Aerial Spraying of Crops Used to Make Cocaine.

57. *Agronews*. Seven glyphosate companies listed first China's top 20 pesticide enterprises, news.agropages.com/News/NewsDetail---10968.htm.

58. *International Monsanto Tribunal*. Memo no. 23: Claire ROBINSON, www.monsanto-tribunal.org/upload/asset_cache/328188625.pdf?rnd=E7bYWr.

59. *The Guardian*, 3 February 2011. WikiLeaks: US targets EU over GM crops.

60. *BBC News*, 7 January 2005. Monsanto fined $1.5m for bribery.

61. *Wikipedia*. List of largest companies by revenue.

62. *Fortune*, 6 June 2016. Can Monsanto save the planet?

63. *Fortune 500*: Archive 1965, archive.fortune.com/magazines/fortune/fortune500_archive/snapshots/1965/902.html.

64. *Oxfam International*, 26 April 2010. Oxfam International's position on transgenic crops, www.oxfam.org/en/campaigns/oxfam-internationals-position-transgenic-crops.

第六章　非洲——让他们吃有机玉米笋吧

1. *UNICEF*, 10 April 2015. Survey shows sharp drop in childhood stunting in Tanzania, www.unicef.org/media/media_81517.html.

2. *BBC News*, 12 April 2007. Deaths in Uganda forest protest.

3. *African Civil Society Statement Call for a ban on GMOs-Acbio*, org.za/activist/petition/African%20Civil%20Society%20Statement%20Call%20for%20a%20ban%20on%20GMOs.

4. Kenya Citizen TV, 21 November 2012, www.youtube.com/watch?v=2qV75NOjsuY.

5. Seralini, G.-E., et al, 2012. RETRACTED: Long term toxicity of a Roundup herbicide and a Roundup-tolerant genetically modified maize. *Food and Chemical Toxicology*, 50, 11: 4221-4231.

6. *Food Sovereignty Ghana*, 8 July 2015. FSG Goes To Court Today Over *Bt* Cowpeas and GM Rice, foodsovereignty ghana.org/fsg-goes-to-court-today-over-bt-cowpeas-and-gm-rice/.

7. *Food Sovereignty Ghana*, 20 May 2014. Ban All GM Foods In Ghana! foodsovereigntyghana.org/ban-all-gm-foods-in-ghana/.

8. *The Sunday Mail*, 8 June 2014. Mudede slams GMO academic, www.sundaymail.co.zw/mudede-slams-gmo-academic/.

9. *Lusaka Times*, 7 June 2014. Lunanshya council destroys Bokomo Cornflakes containing traces of GMO, www.lusakatimes.com/2014/06/07/lunanshya-council-destroys-bokomo-cornflakes-containing-traces-gmo/.

10. *UNICEF*, 2007. Nutrition in Zambia, www.unicef.org/zambia/5109_8461.html.

11. *New York Times*, 30 August 2002. Between Famine and Politics, Zambians Starve.

12. Paarlberg, R., 2009. *Starved for Science: How Biotechnology is Being Kept Out of Africa*. Harvard University Press, US, p. 15.

13. *Daily Telegraph* blogs. Why being Green means never having to say you're sorry, web.archive.org/web/20101108023823/blogs.telegraph.co.uk/news/jamesdelingpole/100062459/why-being-green-means-never-having-to-say-youre-sorry/.

14. TVE Earth Report, 2005. Aliens in the Field, tve.org/film/aliens-in-the-field/.

15. *The Guardian*, 17 October 2002. Zambians starve as food aid lies rejected.

16. Greenpeace, 30 September 2002. Eat this or die: The poison politics of food aid, www.greenpeace.org/international/en/news/features/eat-this-or-die/.

17. Paarlberg, R, 2009. Ibid., p. 82.

18. Cornell Alliance for Science, 22 February 2017. Visiting Tanzania's first-ever GMO crop trial, allianceforscience.cornell.edu/blog/tanzania- first- ever- GM- maize-crop-trial.

19. *Famine Early Warning System Net*, February 2017.

20. *Daily News*, 7 March 2017. Revoke GMO trials in Dodoma Mr President, www.dailynews.co.tz/index.php/analysis/48979- revoke- gmo- tech- trials- in- dodoma- mr-president.

21. *Little Atoms*, 19 April 2017. Tanzania is burning GM corn while people go hungry, littleatoms.com/science-world/tanzania-burning-GM-corn-while-people-go-hungry.

第七章　反转基因运动的不断兴起

1. *Euractiv*, 2015. Jeremy Rifkin: 'Number two cause of global warming emissions? Animal husbandry', www.euractiv.com/section/agriculture-food/interview/jeremy-rifkin-number-two-cause-of-global-warming-emissions-animal-husbandry/.

2. Wade, N., 1973. Microbiology: Hazardous Profession Faces New Uncertainties. *Science*, 182, 4112: 566-567.

3. Watson, J. and Tooze, J. 1981. *The DNA Story: A documentary history of gene cloning*. W. H. Freeman and Company. Prologue.

4. Wade, N. 1973. Ibid.

5. National Academy of Sciences, 1977. *Research with Recombinant DNA: An Academy Forum*, March 7-9, 1977.

6. Watson, J. and Tooze, J. 1981. Ibid., p. 15.

7. Wade, N. 1973. Ibid.

8. National Academy of Sciences, 1977. Ibid.

9. Watson, J. and Tooze, J. 1981. Ibid., p. 14.

10. Watson, J. and Tooze, J. 1981. Ibid., p. 28.

11. Watson, J. and Tooze, J. 1981. Ibid., p. 43.

12. Watson, J. and Tooze, J. 1981. Ibid., p. 95.

13. *New York Times Magazine*, 22 August 1976. New strains of life–or death.

14. Watson, J. and Tooze, J. 1981. Ibid., p. 159.

15. Watson, J. and Tooze, J. 1981. Ibid., p. 160.

16. Watson, J. and Tooze, J. 1981. Ibid., p. 262.

17. Watson, J. and Tooze, J. 1981. Ibid., p. 169.

18. Watson, J. and Tooze, J. 1981. Ibid., p. 132.

19. Watson, J. and Tooze, J. 1981. Ibid., p. 235.

20. From Stewart Brand's *CoEvolution Quarterly*, Spring 1978, 17:24.

21. *Pennsylvania Gazette*, October 1992. Jeremy Rifkin's Big Beefs.

22. *Pennsylvania Gazette*, October 1992. Ibid.

23. *Pennsylvania Gazette*, October 1992. Ibid.

24. Uhl, M., 2007. *Vietnam Awakening: My Journey from Combat to the Citizens' Commission of Inquiry on U.S. War Crimes in Vietnam* . McFarland & Co.

25. Application from the People's Bientennial Commission for a public gathering, 4 July 1976. Gerald R. Ford Presidential Library, www.fordlibrarymuseum.gov/library/document/0067/1563322.pdf.

26. *The Blade*, Toledo, Ohio, 22 April 1976. Backers of Revolutionary Concepts Stir Rebellion By Some in Business.

27. *Pennsylvania Gazette*, October 1992. Ibid.

28. Howard, T. and Rifkin, J., 1977. *Who Should Play God?* Dell Publishing Co. p. 10.

29. Howard, T. and Rifkin, J., 1977. Ibid., p. 44.

30. Howard, T. and Rifkin, J., 1977. Ibid., p. 206–7.

31. Howard, T. and Rifkin, J., 1977. Ibid., p. 224.

32. *Pennsylvania Gazette*, October 1992. Ibid.

33. *Pennsylvania Gazette*, October 1992. Ibid.

34. *The Gettysburg Times*, 16 November 1979. Author Warns Against Science 'Playing God'.

35. *Euractiv,* 2015. Ibid.

36. *New York Times*, 16 November 1986. Biotech's Stalled Revolution.

37. *BBC News,* 14 June 2002. GM crops: A bitter harvest?

38. *New York Times*, 25 January 2001. Biotechnology Food: From the Lab to a Debacle.

39. *The Washington Post*, 12 January 1993. Biotech tomato headed to market despite threats.

40. *New York Times*, Retro Report. Test Tube Tomato, www.nytimes.com/video/us/100000002297044/test−tube−tomato.html.

41. *The Washington Post*, 12 January 1993. Ibid.

42. Bruening, G and Lyons, J., 2000. The case of the FLAVR SAVR tomato. *California Agriculture*, 54, 4: 6−7.

43. *New York Times*, 5 September 2015. Food Industry Enlisted Academics in G.M.O. Lobbying War, Emails Show.

44. Organic Consumers Association, www.organicconsumers.org/news/vaccine−studies−debunked.

45. Organic Consumers Association, www.organicconsumers.org/news/ebola− can−be− prevented− and−treated− naturally− so− why− are− these− approaches− completely− ignored.

46. Organic Consumers Association, www.organicconsumers.org/categories/swine−bird−flu.

47. Charles, D. 2001. *Lords of the Harvest: Biotech, Big Money, and the Future of Food*. Basic Books.

48. Charles, D. 2001. Ibid., p. 100.

49. Charles, D. 2001. Ibid., p. 100.

50. Charles, D. 2001. Ibid., p. 208.

51. Charles, D. 2001. Ibid., pp. 208−9.

52. *Irish Times*, 13 March 1996. Attack on the mutant tomatoes a failure.

53. *Associated Press*, 14 February 2001. Europe OKs New Biotech Food Rules.

54. *CNN.com*, 8 February 2001. Bove on trial for wrecking genetic rice and CNN.com , 15 March 2001. Bove convicted for food assault.

55. *The Ecologist*, 29 January−1 February 1999. India cheers while Monsanto burns.

56. *St Louis Post−Dispatch*, 2 April 2001. Arsonists burn Monsanto depot in Italy.

57. Schurman, R. and Munro, W., 2010. *Fighting for the Future of Food: Activists Versus Agribusiness in the Struggle over Biotechnology*. University of Minnesota Press. Table 2, p. 108.

58. Schurman, R. and Munro, W. 2010. Ibid., p. 138.

59. National Center for Family Philanthropy, 2001. Practices in Family Philanthropy − Collaborative Grantmaking: Lessons Learned from the Rockefeller Family's Experiences. National Center for Family Philanthropy, Washington D.C.

60. *Foundation for Deep Ecology*. Some Thought on the Deep Ecology Movement, www.deepecology.org/deepecology.htm.

61. *Foundation for Deep Ecology*. Work in Progress, www.deepecology.org/books/Work_In_Progress.pdf.

62. This information is gleaned from multiple tax returns. For a useful summary see archive.li/elmRO.

63. Greenpeace International, 2015. *Annual Report 2015*, www.greenpeace.org/international/Global/international/publications/greenpeace/2016/2015-Annual-Report-Web.pdf.

64. *Academics Review*, 2014. *Organic Marketing Report*, academicsreview.org/wp-content/uploads/2014/04/AR_Organic-Marketing-Report_Print.pdf.

65. Jay Byrne, Food & Agricultural Advocacy 2011-2012 Ag-biotech & GMO labeling case studies. Presentation, National Association of State Departments of Agriculture (NASDA), Des Moines, 2012. www.nasda.org/File.aspx?id=4275

66. Friends of the Earth, 2015. *Spinning Food: How food industry front groups and covert communications are shaping the story of food*, www.foe.org/news/archives/2015-06-new-report-exposes-how-front-groups-shape-story-of-food.

第八章 反对转基因的活动者做对了什么

1. *The Observer*, 9 March 2013. Mark Lynas: truth, treachery and GM food.

2. *The Guardian*, 5 November 2010. Deep Peace in Techno Utopia, www.monbiot.com/2010/11/05/deep-peace-in-techno-utopia/.

3. *The Guardian*, 5 November 2010. George Monbiot's blog: When will Stewart Brand admit he was wrong? See alsoGeorge's website, www.monbiot.com/2010/11/10/correspondence-with-stewart-brand-second-tranche/.

4. *The Dark Mountain Manifesto*, dark-mountain.net/about/manifesto/.

5. Kingsnorth, P., 2011. *The Quants and the Poets*. paulkingsnorth.net/2011/04/21/the-quants-and-the-poets/.

6. Dawkins, R., 1998. *Unweaving the Rainbow: Science, Delusion and the Appetite for Wonder*. Penguin Books, London, p. 17.

7. Dawkins, R., 1998. Ibid.

8. Kuntz, M., 2012. The postmodern assault on science. *EMBO Reports*, 13, 885-889.

9. Oxfam America, 2015. *Land and Human Rights in Paraguay*, www.oxfamamerica.org/static/media/files/Paraguay_background.pdf.

10. Oxfam, 23 April 2014. *Smallholders at Risk: Monoculture expansion, land, food and livelihoods in Latin America*, www.oxfam.org/sites/www.oxfam.org/files/bp180-smallholders-at-risk-land-food-latin-america-230414-en_0.pdf.

11. *ETC Group*, 13 December 2016. Deere & Co. is becoming 'Monsanto in a box', www.etcgroup.org/content/deere-co-becoming-monsanto-box.

12. Winner, L., 1986. *The Whale and the Reactor: A Search for Limits in an Age of High Technology*. University of Chicago Press, p. 9.

13. Mander, J., 1991. *In the Absence of the Sacred: The Failure of Technology and the Survival of the Indian Nations*. Sierra Club Books, p. 35.

14. Mander, J, 1991. Ibid., p. 27.

15. Thomas, J, 2008. Synthetic Biololgy Debate at the Long Now Foundation, longnow.org/seminars/02008/nov/17/synthetic−biology−debate/.

16. Berry, W. Why I am not going to buy a computer, btconnect.com/tipiglen/berrynot.html.

17. *Wired* , 6 January 1995. Interview with the Luddite, www.wired.com/1995/06/saleskelly/.

18. *Wired*, 6 January 1995. Ibid.

19. Thomas, J. 21st Century Tech Governance? What would Ned Ludd do? 2020science.org/2009/12/18/thomas/.

20. Thomas, J. Ibid.

第九章　环保主义者是怎么想的

1. *Kickstarter.com*. Glowing Plants: Natural Lighting with no Electricity, www.kickstarter.com/projects/antonyevans/glowing−plants−natural−lighting−with−no−electricit/description.

2. *ETC Group*, 7 May 2013. Kickstopper letter to Kickstarter, www.etcgroup.org/content/kickstopper−letter−kickstarter.

3. The American Chestnut Research and Restoration Project, www.esf.edu/chestnut/.

4. Fedoroff , N. and Brown, N.−M. 2004. *Mendel in the Kitchen: A Scientist 's View of Genetically Modified Food*. National Academies Press, location 734.

5. Haber, J, 1999. DNA recombination: the replication connection. *Trends in Biochemical Sciences*, 24, 7: 271−275.

6. Directive 2015/412 of the European Parliament and of the Council of 11 March 2015 amending Directive 2001/18/EC as regards the possibility for the Member States to restrict or prohibit the cultivation of genetically modified organisms (GMOs) in their territory, eur−lex.europa.eu/legal−content/EN/TXT/HTML/?uri=CELEX:32015L0412&from=EN.

7. Center for Food Safety. GE Fish & the Environment, www.centerforfoodsafety.org/issues/309/ge−fish/ge−fish−and−the−environment.

8. Aquabounty.com . Sustainable, aquabounty.com/sustainable/.

9. Haidt, J, 2012. *The Righteous Mind: Why Good People are Divided by Politics and Religion*. Penguin Books, London, p. 28.

10. Haidt, J. 2012. Ibid., p. 29.

11. Haidt, J. 2012. Ibid., p. 59.

12. Allow Golden Rice Now! The Crime against Humanity, allowgoldenricenow.org/

wordpress/the-crime-against-humanity/.

13. Laureates Letter Supporting Precision Agriculture (GMOs), supportprecisionagriculture.org/nobel-laureate-gmo-letter_rjr.html.

14. Dawkins, R. 1998. Ibid., p. 31.

15. Cornell Alliance for Science, 23 May 2016. GMO safety debate is over, allianceforscience.cornell.edu/blog/mark-lynas/gmo-safety-debate-over.

16. Schulz, K., 2010. *Being Wrong: Adventures in the Margin of Error*. Granta Publications, p. 175.

17. Schulz, K. 2010. Ibid., p. 157.

18. Haidt, J. 2012. Ibid., p. 100.

19. Haidt, J. 2012. Ibid., p. 104.

20. Schulz, K. 2010. Ibid., p. 149.

21. Quoted in Schulz, K. 2010. Ibid., p. 152.

22. Schulz, K. 2010. Ibid., p. 156.

23. *BBC News*, 15 July 2010. Maldives atheist who felt persecuted 'hangs himself'.

24. *Minivan News*, 9 June 2014. Vigilante mobs abduct young men in push to identify online secular activists, minivannewsarchive.com/politics/vigilante-mobs-abduct-young-men-in-push-to-identify-online-secular-activists-86720.

25. 你能在如下网站找到它们之一: www.eco-action.org/dod/no9/may_day.htm Earth First! Journal *Do or Die*, issue 9. 说明一下, 该期刊其他处把我好好羞辱了一番!

第十章　20年的失败

1. ISAAA Brief 52-2016-Executive Summary, www.isaaa.org/resources/publications/briefs/52/executivesummary/default.asp This is 185 million hectares out of roughly 1.5 billion global total.

2. *Hawaii News Now*, 29 September 2009, www.huffingtonpost.com/2013/09/29/eco-terrorism-papayas-hawaii_n_4013292.html.

3. Greenpeace International, 27 July 2004. GE papaya scandal in Thailand, www.greenpeace.org/international/en/news/features/ge-papaya-scandal-in-thailand/.

4. Lynas, M. and Evanega, S.-D., 2015. The Dialectic of Pro-Poor Papaya. In Ronald J. Herring (ed.), *The Oxford Handbook of Food, Politics, and Society*. Oxford University Press, Oxford.

5. Davidson, S., 2008. Forbidden Fruit: Transgenic Papaya in Thailand. *Plant Physiology*, 147: 487-493.

6. Greenpeace, 31 August 2012. 24 children used as guinea pigs in genetically engineered 'Golden Rice' trial, www.greenpeace.org/eastasia/news/blog/24-children-used-as-guinea-pigs-in-geneticall/blog/41956/.

7. Klumper, W. and Qaim, M. 2014. A Meta—Analysis of the Impacts of Genetically Modified Crops. *PLOS One*, 9, 11: e111629.

8. Brookes, G. and Barfoot, P., 2017. Environmental impacts of genetically modified (GM) crop use 1996—2015: Impacts on pesticide use and carbon emissions. *GM Crops & Food*, 8, 2: 117—147.

9. *Union of Concerned Scientists*. Environmental impacts of coal power: air pollution, www.ucsusa.org/clean—energy/coal—and—other—fossil—fuels/coal—air—pollution.

10. End Coal. Coal Plants by Country (units), endcoal.org/wp—content/uploads/2017/07/PDFs—for—GCPT—July—2017—Countries—Units.pdf.

11. Greenpeace International. Why we must quit coal, www.greenpeace.org/international/en/campaigns/climate—change/coal/.

12. National Academy of Sciences, 2016. *Genetically Engineered Crops: Experiences and Prospects*. Washington, D.C.: The National Academies Press, p. 96.

13. Environmental Defense Fund. Monarch Butterfly Habitat Exchange, www.edf.org/ecosystems/monarch—butterfly—habitat—exchange.

14. Lu., Y., et al, 2012. Widespread adoption of *Bt* cotton and insecticide decrease promotes biocontrol services. *Nature*, 487, 7407: 362—365.

15. National Academy of Sciences, 2016. Ibid. p. 98.

16. Hilbeck, A. et al, 2015. No scientific consensus on GMO safety. *Environmental Sciences Europe*, 27: 4.

17. Global Warming Petition Project, www.petitionproject.org/.

18. Discovery Institute, 24 September 2001. 100 Scientists, National Poll Challenge Darwinism, www.reviewevolution.com/press/pressRelease_100Scientists.php.

19. National Center for Science and Education. ncse.com/project—steve—faq.

20. Genetic Literacy Project. Jeffrey Smith: Former flying yogic instructor now ' most trusted source ' for anti—GMO advocacy, geneticliteracyproject.org/glp—facts/jeffrey—m—smith/.

21. Pew Research Center, 1 December 2016. Public opinion about genetically modified foods and trust in scientists connected with these foods, www.pewinternet.org/2016/12/01/public—opinion—about—genetically—modified—foods—and—trust—in—scientists—connected—with—these—foods/.

22. Pew Research Center, 29 January 2015. Public and Scientists' Views on Science and Society, www.pewinternet.org/2015/01/29/public— and— scientists— views— on—science—and—society/.

23. European Commission, 2010. *A Decade of EU—funded GMO Research (2001—2010)*, ec.europa.eu/research/biosociety/pdf/a_decade_of_eu—funded_gmo_research.pdf.

24. Environmental Defense Fund. Our position on biotechnology, www.edf.org/our—position—biotechnology.

25. Purdue University, 29 February 2016. Study: Eliminating GMOs would take toll on environment, economies, www.purdue.edu/newsroom/releases/2016/Q1/study- eliminating-gmos-would-take-toll-on-environment,-economies.html.

26. Taheripour, F. et al, 2016. Evaluation of economic, land use, and land-use emission impacts of substituting non-GMO crops for GMO in the United States. *AgBioForum*, 19, 2: 156-172.

27. FAO, 2015. *Global Forest Resources Assessment 2015*, www.fao.org/3/a-i4793e. pdf p. 3.

28. Renewable Fuels Association. Industry Statistics, www.ethanolrfa.org/resources/industry/statistics/.

29. USDA, 2017. *U.S. Bioenergy Statistics,* www.ers.usda.gov/data-products/us-bioenergy-statistics/.

30. Greenpeace Finland, 23 February 2011. Research on palm oil and biofuels, www.greenpeace.org/finland/en/What-we-do/Neste-Oil-driving-rainforest-destruction/Research-on-palm-oil-and-biofuels/.

31. Wilson, E., 2016. *Half-Earth: Our Planet's Fight for Life*. Liveright Publishing.

32. Monbiot, G., 2013. *Feral: Searching for Enchantment on the Frontiers of Rewilding*. Penguin. p. 153.

致 谢

———

  这本书通过意外的方式得到了很多人的帮助。有些人希望匿名，但我对你们的感谢并不会因此有任何减少。尤其有一位提供的反馈可以说是为这本书带来了变革(你知道我说的是你!)。

  我要特别感谢几位朋友，他们付出了宝贵的时间和专业经验帮助我调研和无数次改写。非常感谢马克·范蒙塔古和诺拉·波德加茨基，在布鲁塞尔亲切慷慨地招待我，与我分享他们奇妙的人生故事。也要谢谢玛丽-戴尔·奇尔顿和傅瑞磊，与我分享他们关于基因工程发明过程的回忆。

  我也要特别感谢吉姆·托马斯的信任、正直和诚实，让我们回忆起我俩早期的经历，并探索了当前也许仍然具有的共同点。乔治·门比奥特一如既往地慷慨，与我分享他的时间和经验之谈，帮助我理解政治经济学方面的问题，像我这种"科学型"的人常常会忽视这一方面。我必须特别提到此生与我同行了很长时间、很长路程的保罗·金斯诺斯，我们一度分道扬镳，现在似乎再度走到一起，为此我衷心感激。或许我们不必在所有事情上达成共识也能成为朋友。保罗的写作技巧是一流的，他对本书草稿提出了十分宝贵的意见和建议。

  杰出的科学家、天才的传播者范恩尼纳姆(Alison Van Eenennaam)，也为我慷慨提供意见，还有同样杰出的罗纳德(Pam Ronald)也是。他们两位都在加州大学戴维斯分校。我也要谢谢费多罗夫，因为早在2013年我刚开始摸索着重新认识转基因生物时，她启发了我去深入理解问题。

  从2014年到2017年，康奈尔大学科学联盟让我拥有了在研究机构做调查的宝贵基础，我在这本书里讲的很多故事来自我为康奈尔大学做的研究和出差调查。这里要特别感谢那里的伊瓦内加(Sarah Evanega)和康罗(Joan Conrow),两位阅读了草稿并热心提供了意见。而科学联盟的成功离不开比尔和梅琳达·盖茨基金会的长期支持,项目官员和其他人员不仅提供了资金,还提供了很多帮助。尽管这本书是我的一个独立项目,我个人对书负有全部责任,但我从这些关系中受益匪浅。

我还想感谢"复苏"项目的斯图尔特·布兰德和瑞安·费伦,虽然在这本书里起了某种陪衬的作用,但他们的智慧和远见令我感激。斯图尔特的著作《地球的法则》给了我特别的启发,在此我要专门提一下。里德利(Matt Ridley),还有我在马尔代夫时的共事者罗伯茨(Paul Roberts),都对初稿发表了意见。而在同样阳光明媚的夏威夷,弗林(Rory Flynn)对反转基因团体错综复杂的资助关系有深入研究,谢谢他提供宝贵信息。

哈福德也是我想要感谢的人,在喝着咖啡的一个春天早晨,他轻快地建议我别再拖了,赶紧开始写东西。我的经纪人哈伍德(Antony Harwood)立刻领会了意思,在整个过程中提供宝贵的反馈、专业知识和各种支持,这也是我从2004年开始写第一本书时他就一直在做的。我还特别感谢布卢姆斯伯里出版社负责这本书的吉姆·马丁(Jim Martin)和麦克迪尔米德(Anna MacDiarmid),他们为此投入了大量时间;还有文字编辑贝斯特(Catherine Best)的帮助,让我的初步工作得到了极大的提升。

我还想在此提及牛津伍尔夫科特的友邻们,尤其是里默(Rimmer)夫妇[琼·里默(Joan Rimmer)已经93岁高龄了!]、奈杰尔(Nigel)、路易丝(Louise)、泽布(Zeb)、梅尔(Mel)、戴夫(Dave)、特雷莎(Teresa)、露西(Lucy)、德尔戈奇(Delgorge)夫妇,以及莫通斯(Kirstie Mortons)全家(他们是前邻居了),还有本地旅馆The Plough and Jacobs Inn的所有人! 谚语说养一个孩子需要集一个村庄之力,我看写一本书也是如此。特别是一个有好酒吧的村庄。

当然我要把最深切的谢意给我的家人。我的漂亮宝贝汤姆和罗莎不得不好几次忍受他们的爸爸比平常还要爱发牢骚。我的妻子玛丽亚既是我的头号支持者,也是我的头号批评者,并且以她的爱、智慧和敏感把两个角色合二为一。无论她会怎么说，我真的认为没有她不会有这本书。我亲爱的父母，瓦尔·莱纳斯(Val Lynas)和布里·莱纳斯(Bry Lynas)，也以各种方式作出了贡献。特别是我的父亲，作为有机农业农民，与作为作家的我一起经历了这趟旅程。

最后，我要把这本书献给戴维·麦凯，用来纪念他。他是我的朋友，也是我的导师，让一个总是被数学弄得有点绝望的人深深感到数字的重要性。我俩都是经验主义和宣言者乐队的热爱者。让我们向下一个500英里前进！*

---

* 宣言者(Proclaimers)是来自苏格兰的兄弟乐队，"I'm Gonna Be 500 Miles"是他们的代表作。——译者

图书在版编目(CIP)数据

科学之种:我们为什么深深地误会了转基因/(英)马克·莱纳斯著;朱机,黄琪译. —上海:上海科技教育出版社,2020.7
(哲人石丛书.当代科普名著系列)
书名原文:Seeds of Science: Why we got it so wrong on GMOs
ISBN 978-7-5428-7334-7

Ⅰ.①科⋯　Ⅱ.①马⋯　②朱⋯　③黄⋯　Ⅲ.①转基因技术-普及读物　Ⅳ.①Q785-49

中国版本图书馆CIP数据核字(2020)第127076号

責任編輯　伍慧玲　胡　杨
裝幀設計　李梦雪　杨　静

科学之种——我们为什么深深地误会了转基因
马克·莱纳斯　著
朱　机　黄　琪　译

出版发行　上海科技教育出版社有限公司
　　　　　(上海市柳州路218号　邮政编码200235)
网　　址　www.sste.com　www.ewen.co
经　　销　各地新华书店
印　　刷　常熟市文化印刷有限公司
开　　本　720×1000　1/16
印　　张　17.25
版　　次　2020年7月第1版
印　　次　2020年7月第1次印刷
书　　号　ISBN 978-7-5428-7334-7/N·1102
图　　字　09-2018-725号
定　　价　48.00元

哲人石丛书

当代科普名著系列　　当代科技名家传记系列
当代科学思潮系列　　科学史与科学文化系列

第一辑

确定性的终结——时间、混沌与新自然法则　　　　　　13.50 元
　　伊利亚·普利高津著　　湛敏译

PCR 传奇——一个生物技术的故事　　　　　　　　　15.50 元
　　保罗·拉比诺著　　朱玉贤译

虚实世界——计算机仿真如何改变科学的疆域　　　　18.50 元
　　约翰·L·卡斯蒂著　　王千祥等译

完美的对称——富勒烯的意外发现　　　　　　　　　27.50 元
　　吉姆·巴戈特著　　李涛等译

超越时空——通过平行宇宙、时间卷曲和第十维度的科学之旅 28.50 元
　　加来道雄著　　刘玉玺等译

欺骗时间——科学、性与衰老　　　　　　　　　　　23.30 元
　　罗杰·戈斯登著　　刘学礼等译

失败的逻辑——事情因何出错,世间有无妙策　　　　15.00 元
　　迪特里希·德尔纳著　　王志刚译

技术的报复——墨菲法则和事与愿违　　　　　　　　29.40 元
　　爱德华·特纳著　　徐俊培等译

地外文明探秘——寻觅人类的太空之友　　　　　　　15.30 元
　　迈克尔·怀特著　　黄群等译

生机勃勃的尘埃——地球生命的起源和进化　　　　　29.00 元
　　克里斯蒂安·德迪夫著　　王玉山等译

大爆炸探秘——量子物理与宇宙学　　　　　　　　　25.00 元
　　约翰·格里宾著　　卢炬甫译

暗淡蓝点——展望人类的太空家园　　　　　　　　　22.90 元
　　卡尔·萨根著　　叶式辉等译

探求万物之理——混沌、夸克与拉普拉斯妖　　　　　20.20 元
　　罗杰·G·牛顿著　　李香莲译

亚原子世界探秘——物质微观结构巡礼　　　　　　　　18.40 元
　　艾萨克·阿西莫夫著　　朱子延等译

终极抉择——威胁人类的灾难　　　　　　　　　　　　29.00 元
　　艾萨克·阿西莫夫著　　王鸣阳译

卡尔·萨根的宇宙——从行星探索到科学教育　　　　　28.40 元
　　耶范特·特齐安等主编　　周惠民等译

激情澎湃——科学家的内心世界　　　　　　　　　　　22.50 元
　　刘易斯·沃尔珀特等著　　柯欣瑞译

霸王龙和陨星坑——天体撞击如何导致物种灭绝　　　　16.90 元
　　沃尔特·阿尔瓦雷斯著　　马星垣等译

双螺旋探秘——量子物理学与生命　　　　　　　　　　22.90 元
　　约翰·格里宾著　　方玉珍等译

师从天才——一个科学王朝的崛起　　　　　　　　　　19.80 元
　　罗伯特·卡尼格尔著　　江载芬等译

分子探秘——影响日常生活的奇妙物质　　　　　　　　22.50 元
　　约翰·埃姆斯利著　　刘晓峰译

迷人的科学风采——费恩曼传　　　　　　　　　　　　23.30 元
　　约翰·格里宾等著　　江向东译

推销银河系的人——博克传　　　　　　　　　　　　　22.90 元
　　戴维·H·利维著　　何妙福译

一只会思想的萝卜——梅达沃自传　　　　　　　　　　15.60 元
　　彼得·梅达沃著　　袁开文等译

无与伦比的手——弗尔迈伊自传　　　　　　　　　　　18.70 元
　　海尔特·弗尔迈伊著　　朱进宁等译

无尽的前沿——布什传　　　　　　　　　　　　　　　37.70 元
　　G·帕斯卡尔·扎卡里著　　周惠民等译

数字情种——埃尔德什传　　　　　　　　　　　　　　21.00 元
　　保罗·霍夫曼著　　米绪军等译

星云世界的水手——哈勃传　　　　　　　　　　　　　32.00 元
　　盖尔·E·克里斯琴森著　　何妙福等译

美丽心灵——纳什传　　　　　　　　　　　　　　　　38.80 元
　　西尔维娅·娜萨著　　王尔山译

乱世学人——维格纳自传　　　　　　　　　　　　　　24.00 元
　　尤金·P·维格纳等著　　关洪译

大脑工作原理——脑活动、行为和认知的协同学研究　　28.50 元
　　赫尔曼·哈肯著　　郭治安等译

生物技术世纪——用基因重塑世界　　　　　　21.90 元

　　杰里米·里夫金著　　付立杰等译

从界面到网络空间——虚拟实在的形而上学　　16.40 元

　　迈克尔·海姆著　　金吾伦等译

隐秩序——适应性造就复杂性　　　　　　　　14.60 元

　　约翰·H·霍兰著　　周晓牧等译

何为科学真理——月亮在无人看它时是否在那儿　19.00 元

　　罗杰·G·牛顿著　　武际可译

混沌与秩序——生物系统的复杂结构　　　　　22.90 元

　　弗里德里希·克拉默著　　柯志阳等译

混沌七鉴——来自易学的永恒智慧　　　　　　16.40 元

　　约翰·布里格斯等著　　陈忠等译

病因何在——科学家如何解释疾病　　　　　　23.50 元

　　保罗·萨加德著　　刘学礼译

伊托邦——数字时代的城市生活　　　　　　　13.90 元

　　威廉·J·米切尔著　　吴启迪等译

爱因斯坦奇迹年——改变物理学面貌的五篇论文　13.90 元

　　约翰·施塔赫尔主编　　范岱年等译

第 二 辑

人生舞台——阿西莫夫自传　　　　　　　　　48.80 元

　　艾萨克·阿西莫夫著　　黄群等译

人之书——人类基因组计划透视　　　　　　　23.00 元

　　沃尔特·博德默尔等著　　顾鸣敏译

知无涯者——拉马努金传　　　　　　　　　　33.30 元

　　罗伯特·卡尼格尔著　　胡乐士等译

逻辑人生——哥德尔传　　　　　　　　　　　12.30 元

　　约翰·卡斯蒂等著　　刘晓力等译

突破维数障碍——斯梅尔传　　　　　　　　　26.00 元

　　史蒂夫·巴特森著　　邝仲平译

真科学——它是什么,它指什么　　　　　　　32.40 元

　　约翰·齐曼著　　曾国屏等译

我思故我笑——哲学的幽默一面　　　　　　　14.40 元

　　约翰·艾伦·保罗斯著　　徐向东译

共创未来——打造自由软件神话　　　　　　　　　25.60 元

彼得·韦纳著　王克迪等译

反物质——世界的终极镜像　　　　　　　　　　　16.60 元

戈登·弗雷泽著　江向东等译

奇异之美——盖尔曼传　　　　　　　　　　　　　29.80 元

乔治·约翰逊著　朱允伦等译

技术时代的人类心灵——工业社会的社会心理问题　14.80 元

阿诺德·盖伦著　何兆武等译

物理与人理——对高能物理学家社区的人类学考察　17.50 元

沙伦·特拉维克著　刘珺珺等译

无之书——万物由何而生　　　　　　　　　　　　24.00 元

约翰·D·巴罗著　何妙福等译

恋爱中的爱因斯坦——科学罗曼史　　　　　　　　37.00 元

丹尼斯·奥弗比著　冯承天等译

展演科学的艺术家——萨根传　　　　　　　　　　51.00 元

凯伊·戴维森著　暴永宁译

科学哲学——当代进阶教程　　　　　　　　　　　20.00 元

亚历克斯·罗森堡著　刘华杰译

为世界而生——霍奇金传　　　　　　　　　　　　30.00 元

乔治娜·费里著　王艳红等译

数学大师——从芝诺到庞加莱　　　　　　　　　　46.50 元

E·T·贝尔著　徐源译

避孕药的是是非非——杰拉西自传　　　　　　　　31.00 元

卡尔·杰拉西著　姚宁译

改变世界的方程——牛顿、爱因斯坦和相对论　　　21.00 元

哈拉尔德·弗里奇著　邢志忠等译

"深蓝"揭秘——追寻人工智能圣杯之旅　　　　　25.00 元

许峰雄著　黄军英等译

新生态经济——使环境保护有利可图的探索　　　　19.50 元

格蕾琴·C·戴利等著　郑晓光等译

脆弱的领地——复杂性与公有域　　　　　　　　　21.00 元

西蒙·莱文著　吴彤等译

孤独的科学之路——钱德拉塞卡传　　　　　　　　36.00 元

卡迈什瓦尔·C·瓦利著　何妙福等译

科学的统治——开放社会的意识形态与未来　　　　20.00 元

史蒂夫·富勒著　刘钝译

千年难题——七个悬赏 1000000 美元的数学问题   20.00 元
    基思·德夫林著   沈崇圣译

爱因斯坦恩怨史——德国科学的兴衰   26.50 元
    弗里茨·斯特恩著   方在庆等译

科学革命——批判性的综合   16.00 元
    史蒂文·夏平著   徐国强等译

早期希腊科学——从泰勒斯到亚里士多德   14.00 元
    G·E·R·劳埃德著   孙小淳译

整体性与隐缠序——卷展中的宇宙与意识   21.00 元
    戴维·玻姆著   洪定国等译

一种文化？——关于科学的对话   28.50 元
    杰伊·A·拉宾格尔等主编   张增一等译

寻求哲人石——炼金术文化史   44.50 元
    汉斯-魏尔纳·舒特著   李文潮等译

第三辑

哲人石——探寻金丹术的秘密   49.50 元
    彼得·马歇尔著   赵万里等译

旷世奇才——巴丁传   39.50 元
    莉莲·霍德森等著   文慧静等译

黄钟大吕——中国古代和十六世纪声学成就   19.00 元
    程贞一著   王翼勋译

精神病学史——从收容院到百忧解   47.00 元
    爱德华·肖特著   韩健平等译

认识方式——一种新的科学、技术和医学史   24.50 元
    约翰·V·皮克斯通著   陈朝勇译

爱因斯坦年谱   20.50 元
    艾丽斯·卡拉普赖斯编著   范岱年译

心灵的嵌齿轮——维恩图的故事   19.50 元
    A·W·F·爱德华兹著   吴俊译

工程学——无尽的前沿   34.00 元
    欧阳莹之著   李啸虎等译

古代世界的现代思考——透视希腊、中国的科学与文化   25.00 元
    G·E·R·劳埃德著   钮卫星译

天才的拓荒者——冯·诺伊曼传   32.00 元
    诺曼·麦克雷著   范秀华等译

素数之恋——黎曼和数学中最大的未解之谜　　　34.00 元
　　约翰·德比希尔著　陈为蓬译

大流感——最致命瘟疫的史诗　　　49.80 元
　　约翰·M·巴里著　钟扬等译

原子弹秘史——历史上最致命武器的孕育　　　88.00 元
　　理查德·罗兹著　江向东等译

宇宙秘密——阿西莫夫谈科学　　　38.00 元
　　艾萨克·阿西莫夫著　吴虹桥等译

谁动了爱因斯坦的大脑——巡视名人脑博物馆　　　33.00 元
　　布赖恩·伯勒尔著　吴冰青等译

穿越歧路花园——司马贺传　　　35.00 元
　　亨特·克劳瑟-海克著　黄军英等译

不羁的思绪——阿西莫夫谈世事　　　40.00 元
　　艾萨克·阿西莫夫著　江向东等译

星光璀璨——美国中学生描摹大科学家　　　28.00 元
　　利昂·莱德曼等编　涂泓等译　冯承天译校

解码宇宙——新信息科学看天地万物　　　26.00 元
　　查尔斯·塞费著　隋竹梅译

阿尔法与奥米伽——寻找宇宙的始与终　　　24.00 元
　　查尔斯·塞费著　隋竹梅译

盛装猿——人类的自然史　　　35.00 元
　　汉娜·霍姆斯著　朱方译

大众科学指南——宇宙、生命与万物　　　25.00 元
　　约翰·格里宾等著　戴吾三等译

传播，以思想的速度——爱因斯坦与引力波　　　29.00 元
　　丹尼尔·肯尼菲克著　黄艳华译

超负荷的大脑——信息过载与工作记忆的极限　　　17.00 元
　　托克尔·克林贝里著　周建国等译

谁得到了爱因斯坦的办公室——普林斯顿高等研究院的大师们　30.00 元
　　埃德·里吉斯著　张大川译

瓶中的太阳——核聚变的怪异历史　　　28.00 元
　　查尔斯·塞费著　隋竹梅译

生命的季节——生生不息背后的生物节律　　　26.00 元
　　罗素·福斯特等著　严军等译

你错了，爱因斯坦先生！——牛顿、爱因斯坦、海森伯和费恩曼探讨量子力学的故事　　　19.00 元
　　哈拉尔德·弗里奇著　S·L·格拉肖作序　邢志忠等译

第四辑

达尔文爱你——自然选择与世界的返魅　　　　　42.00 元
　　乔治·莱文著　　熊姣等译

造就适者——DNA 和进化的有力证据　　　　　39.00 元
　　肖恩·卡罗尔著　　杨佳蓉译　　钟扬校

发现空气的人——普里斯特利传　　　　　26.00 元
　　史蒂文·约翰逊著　　闫鲜宁译

饥饿的地球村——新食物短缺地缘政治学　　　　　22.00 元
　　莱斯特·R·布朗著　　林自新等译

再探大爆炸——宇宙的生与死　　　　　50.00 元
　　约翰·格里宾著　　卢炬甫译

希格斯——"上帝粒子"的发明与发现　　　　　38.00 元
　　吉姆·巴戈特著　　邢志忠译

夏日的世界——恩赐的季节　　　　　40.00 元
　　贝恩德·海因里希著　　朱方等译

量子、猫与罗曼史——薛定谔传　　　　　40.00 元
　　约翰·格里宾著　　匡志强译

物质神话——挑战人类宇宙观的大发现　　　　　38.00 元
　　保罗·戴维斯等著　　李泳译

软物质——构筑梦幻的材料　　　　　56.00 元
　　罗伯托·皮亚扎著　　田珂珂等译

物理学巨匠——从伽利略到汤川秀树　　　　　61.00 元
　　约安·詹姆斯著　　戴吾三等译

从阿基米德到霍金——科学定律及其背后的伟大智者　　　　　87.00 元
　　克利福德·A·皮克奥弗著　　何玉静等译

致命伴侣——在细菌的世界里求生　　　　　41.00 元
　　杰西卡·斯奈德·萨克斯著　　刘学礼等译

生物学巨匠——从雷到汉密尔顿　　　　　37.00 元
　　约安·詹姆斯著　　张钫译

科学简史——从文艺复兴到星际探索　　　　　90.00 元
　　约翰·格里宾著　　陈志辉等译

目睹创世——欧洲核子研究中心及大型强子对撞机史话　　　　　42.00 元
　　阿米尔·D·阿克塞尔著　　乔从丰等译

我的美丽基因组——探索我们和我们基因的未来　　　　　48.00 元
　　隆娜·弗兰克著　　黄韵之等译　　李辉校　　杨焕明作序

冬日的世界——动物的生存智慧　　　　　　　　　　　　52.00 元
　　贝恩德·海因里希著　　赵欣蓓等译

中微子猎手——如何追寻"鬼魅粒子"　　　　　　　　　32.00 元
　　雷·贾亚瓦哈纳著　　李学潜等译　　王贻芳等作序

数学巨匠——从欧拉到冯·诺伊曼　　　　　　　　　　　68.00 元
　　约安·詹姆斯著　　潘澍原等译

波行天下——从神经脉冲到登月计划　　　　　　　　　48.00 元
　　加文·普雷托尔-平尼著　　张大川等译

放射性秘史——从新发现到新科学　　　　　　　　　　37.00 元
　　玛乔丽·C·马利著　　乔从丰等译

爱因斯坦在路上——科学偶像的旅行日记　　　　　　　45.00 元
　　约瑟夫·艾辛格著　　杨建邺译

古怪的科学——如何解释幽灵、巫术、UFO 和其他超自然现象　60.00 元
　　迈克尔·怀特著　　高天羽译

她们开启了核时代——不该被遗忘的伊雷娜·居里和莉泽·
迈特纳　　　　　　　　　　　　　　　　　　　　　30.00 元
　　威妮弗雷德·康克林著　　王尔山译

创世 138 亿年——宇宙的年龄与万物之理　　　　　　　38.00 元
　　约翰·格里宾著　　林清译

生命的引擎——微生物如何创造宜居的地球　　　　　　34.00 元
　　保罗·G·法尔科夫斯基著　　肖湘等译

发现天王星——开创现代天文学的赫歇尔兄妹　　　　　30.00 元
　　迈克尔·D·勒莫尼克著　　王乔琦译

我是我认识的最聪明的人——一位诺贝尔奖得主的艰辛旅程　45.00 元
　　伊瓦尔·贾埃弗著　　邢紫烟等译

点亮 21 世纪——天野浩的蓝光 LED 世界　　　　　　　30.00 元
　　天野浩等著　　方祖鸿等译

技术哲学——从埃及金字塔到虚拟现实　　　　　　　　58.00 元
　　B·M·罗津著　　张艺芳译　　姜振寰校

第五辑

更遥远的海岸——卡森传　　　　　　　　　　　　　　75.00 元
　　威廉·苏德著　　张大川译

生命的涅槃——动物的死亡之道　　　　　　　　　　　38.00 元
　　贝恩德·海因里希著　　徐凤銮等译

自然罗盘——动物导航之谜　　　　　　　　　　　　48.00 元

　　詹姆斯·L·古尔德等著　　童文煦译

如果有外星人，他们在哪——费米悖论的 75 种解答　　98.00 元

　　斯蒂芬·韦伯著　　刘炎等译

美狄亚假说——地球生命会自我毁灭吗？　　　　　　42.00 元

　　彼得·沃德著　　赵佳媛译

技术的阴暗面——人类文明的潜在危机　　　　　　　65.00 元

　　彼得·汤森著　　郭长宁等译　　姜振寰译

源自尘埃的世界——元素周期表如何塑造生命　　　　80.00 元

　　本·麦克法兰著　　杨先碧等译